U0208414

本书系贵州省优秀科技教育人才省长专项资金项目“贵州省少数民族文化的审美特色研究”阶段性成果。

| 光明社科文库 |

审美文化生态适应性研究

以黔西北民居为例

银兴贵◎著

光明日报出版社

图书在版编目（CIP）数据

审美文化生态适应性研究：以黔西北民居为例 / 银兴贵著. -- 北京：光明日报出版社，2022. 10

ISBN 978-7-5194-6862-0

Ⅰ. ①审… Ⅱ. ①银… Ⅲ. ①民居—建筑美学—研究—贵州 Ⅳ. ①TU241. 5

中国版本图书馆 CIP 数据核字（2022）第 190858 号

审美文化生态适应性研究：以黔西北民居为例

SHENMEI WENHUA SHENGTAI SHIYING XING YANJIU：

YI QIANXIBEI MINJU WEILI

著　　者：银兴贵

责任编辑：杨　茹　　　　责任校对：杨　娜　李　晶

封面设计：中联华文　　　　责任印制：曹　诤

出版发行：光明日报出版社

地　　址：北京市西城区永安路 106 号，100050

电　　话：010-63169890（咨询），010-63131930（邮购）

传　　真：010-63131930

网　　址：http：//book. gmw. cn

E - mail：gmrbcbs@ gmw. cn

法律顾问：北京市兰台律师事务所龚柳方律师

印　　刷：三河市华东印刷有限公司

装　　订：三河市华东印刷有限公司

本书如有破损、缺页、装订错误，请与本社联系调换，电话：010-63131930

开　　本：170mm×240mm

字　　数：306 千字　　　　印　　张：15. 5

版　　次：2023 年 10 月第 1 版　　　　印　　次：2023 年 10 月第 1 次印刷

书　　号：ISBN 978-7-5194-6862-0

定　　价：95. 00 元

本书特点

一是本研究强调本源性，运用美学、民族学、人类学观点对黔西北民居建筑进行梳理、解读，寻找黔西北民居建筑与天道自然的内在联系；二是本研究强调民族性，在国家文化背景下，对黔西北民居建筑艺术文化进行发掘、保护和推广，保护民族文化的个性与独立性。三是本研究强调实践性，通过对黔西北民居建筑的考察，探究其独具个性的审美范式。四是本研究强调生命观，从生命的角度研究黔西北民居建筑，进一步解读黔西北特殊环境下人的生命观所形成的民居建筑的特定含义。

内容介绍

民居建筑和人类的生活紧密相连，是劳动人民生活智慧的体现，民居传承着历史信息，反映了人类不同时期生产力水平、社会经济、文化等各个方面的内容。本书主要研究黔西北各民族在其民居建筑上的审美文化特征，探讨并提出生境、民居与人的生命三者之间的动态关系，试图建构立体式的民居环境，并使之对当今的民居建设具有些许启示和借鉴意义，让栖居于新时代生态民居的人们真正地感受到一份属于自己的归属感。同时，本书从民居适宜性生态建筑技术层面上研究农村民居建筑生态化的发展问题，探讨符合黔西北地区山地环境的农村民居适宜性生态建筑模式，找寻该地区山地农村民居在环境、资源和经济承载力范围内发展的技术路线，以期对丰富和完善黔西部地区农村民居研究理论和实践建设起到积极作用。

序　一

银兴贵作为我的研究生，研习了我所提出的“三重生命理论”，并在这个理论的基础上对黔西北民居做了有新意的考察和研究，形成的成果对生命美学、生态美学、民族学、民俗民居理论，皆有一定的理论价值和实践价值，值得关注。

我认为，人的本质是生命。人的生命不同于动物的生命，人是三重生命的统一体。人不但有与一般动物一样的生物生命，而且有特有的精神生命和社会生命。人的三重生命都对人的生命活动有取向和动力作用，于是其作品、产品、创造就有了从属于人的三重生命的多面特色。从这个角度来考察一个区域的民居的审美文化和生态适应性，就有了不仅仅从人的身体、肉体、生物生命角度观察的新的发现和新的认识。这也就能够合理解释人造居所的多样性和文化复杂性。

银兴贵正是在这个“三重生命论”的理论构架上构建了他对黔西北民居的生态审美认识，由于生命哲学提供了三个新的考察维度，所以他的专项审美研究也呈现了一些新的特色。民居、村落的选址和建设，既有物质生态维度的考察——自然地理、生态环境的考察，也有精神生态维度的考察——文化的、艺术、宗教的、思想的影响和指导，还有社会生态维度的考察——历史背景、生产方式、民族融合等。本书写出了区域建筑的物质承载，写出了一地居民的诗意栖居，也写出了黔西北民居中的历史记忆。把区域建筑发展中的“万象”纳入了一个新颖的逻辑构架，便于阅读也便于掌握。更为可贵的是，在这个框架之下，银兴贵做了大量的田野调查和资料阅读，在黔西北民居的构建描述中添加了许多宝贵的细节、数据和饶有趣味的故事，增加了著作的可读性。

这部著作既是对生命哲学和生命美学原理的一次实践性证明，也是在生命哲学和生命美学指导下的领域性开拓。因此，其理论形态让人耳目一新。

当然，从门类美学来说，本次探索还是初步的、较浅层次的，个别理论解说定位还不太准确。银兴贵是一位勤奋肯学的学者，相信他必定还会在这个领域里进行更为深入的、更具有理论成色的发掘和开辟。预祝银兴贵取得更大、更好的成果贡献给学界和社会。

是为序。

封孝伦①

2021年10月于贵阳

① 封孝伦，贵州大学原常务副校长，文学博士，教授、博士生导师。

序　二

银兴贵博士的论著《审美文化生态适应性研究：以黔西北民居为例》即将付梓，兴贵请我为书作序。我接到此任务，颇为犹豫，因为我对论著所涉及的文化人类学缺乏研究，担心下笔说的多是行外话，贻笑方家。但是，最后我还是应承了此事，关于作者和他的成长经历等，我还是有话可说的。

首先，我要对兴贵表示祝贺，为他在学术道路上不断前行取得的成绩感到高兴。兴贵原是乌蒙大山深处的一名小学教师，他怀着对知识的渴望走出大山，来到省城求学，我见证了他从专科、本科、硕士研究生一直到博士研究生的求学历程。他不辞辛劳，一步一个脚印地跋涉前行，学业不断提升，知识视野不断开阔，对美学和文化人类学研究的能力和自信度也随之提升。翻看他的书稿，美学和文化人类学的理论和方法随处可见，文中的许多思考深刻而睿智，足以说明他多年的汗水没有白流，学习研究已结出了果实。

兴贵虽然离开家乡多年，但对家乡的爱却历久而更为深切。在读博期间，他带着对家乡黔西北的浓郁感情，多次重返故里进行田野考察，将研究视角投向自己谙熟的黔西北地区山地的民居建筑，从生境、民居与人的生命三者之间的动态关系等方面展开研究，得出民居建筑是人的三重生命在不同层次上的满足与实现的结论。关于文化人类学“地方性知识”的著述不少，兴贵的论著在充分梳理研究他人成果的基础上，以“生命美学”代表人物封孝伦先生的“三重生命论”为支撑，把黔西北民居建筑文化纳入“生命美学”的框架进行论述。他将其分为三个构成层次——人的生物生命的满足、精神生命的实现和社会生命的记忆，这不仅使本书有了美学的理论高度，而且使黔西北民居建筑的文化内涵得到了更为合理的阐释。民居建筑的审美性特点必然和它所处的自然社会环境、民族独有的文化精神风貌相联系，也同时代发展演进密不可分。房屋住居，首先能满足人们的安全庇护以及最起码的生活需求，在此基础上，人们才有可能进一步去追寻精神性与社会性更高层次的需求。各民族在居住意识与行为等各方面的表现，都是对自然环境与社会环境双重制约的反应，自然环境、社会环境和人三大因素的注入和渗透，在一定程度上也制约着民居建筑的发展演变，最后达到民居建筑、人以及自然的和谐，即人的生活与生命达到和谐。这也就是地域建筑革新与变革的动力。因而，我们可以说：在生境、生命与民居所建构的动态平衡关系中，民居建筑是人的三重生命在不同层次上的满足与实现。

兴贵的研究不仅有理论的高度和新颖的视角，而且关注现实、立足乡土、“把论文写在祖国大地上”，这是难能可贵的。他的研究提出了黔西北乡土民居演进的生态可持续发展优化策略，并立足于民居适宜性生态建筑技术层面，深入研究农村民居建筑生态化的发展问题，探讨符合黔西北地区山地环境的农村民居适宜性生态建筑模式。他深切地写道：“在黔西北地区，现代化进程还远未完成，这种乡土民居建筑文化，在它还未遭到较大的破坏之前采取必要的挽救保护措施，在今天具有较大的现实意义。保护乡土民居建筑文化，最关键之处不仅仅在于保护视觉符号，而在于能从更深层上理解其中蕴含着的超越形式与功能的文化含义，通过表面的形式去追寻内在的精神实质，只有这样，才能在现代化进程中给予它新的生命力。”这一认识具有深刻性，对进一步研究黔西北地区农村民居建筑文化有较大的启示作用。

早在两百多年前，贵州先贤陈法便在《黔论》一文中写道：“黔处天末，重山复岭，鸟道羊肠，舟车不通，地狭民贫，无论仕宦者视为畏途，即生长于黔而仕宦于外者，习见中土之广大繁富，亦多不愿归乡里。”时过境迁，时代发生了翻天覆地的变化，贵州贫困落后的面貌早已改观，尤其是近十年来，贵州全省实现了“县县通高速”的宏伟目标，交通不便已成为历史，贵州现已成为广大旅游者向往的旅游地。黔西北地区虽然横亘着高峻的乌蒙山脉，但交通的便利打破了地域的封闭，拉近了其与中心城市的距离。每当国内外游人踏上这片浑厚的土地，人们无不感叹于那雄奇的自然山水和丰富多彩的民族文化，黔西北地区民居建筑的独特的民族风貌也得以展示。自然山水、独特民居和民族文化所构建的“家”，不仅构成了一道供人可游可观的亮丽风景，更为主要的是，它曾为我们先辈的安身立命之地，是古往今来的人们寄托乡愁、抚慰情感的精神家园。兴贵集腋成裘、挥洒笔墨写出的论著，不仅呈现的是学术之“真”，而且还饱含着游子眷恋乡土的浓浓深情，是献给其黔西北家乡的一份厚礼。

最后，祝兴贵在学术研究的道路上取得长足的进步，收获更加丰硕的成果！

是为序。

吴俊①

2021 年 9 月写于贵州师范学院

① 吴俊，贵州师范学院文学与传媒学院原院长，教授、硕士生导师。

目　录
CONTENTS

第一章

绪　论

勒·柯布西耶（Le Corbusier）曾指出，建筑应成为时代的镜子。民居建筑①既能反映出其所处的地域特点，又能反映其所存在的时代特征。在很大程度上，民居建筑的地域特征是其调适、顺应自然环境的结果。可以说，生境、生命与民居，这三大要素同构着一种复合性的生态系统。

一、国内外研究的现状及水平

（一）国外民居研究概述

西方古代哲人曾云：居住是存在的基本原理或根本特性。早在古希腊时期，维特鲁威（Vitruvii）在其编著的《建筑十书》这一论著中，就对建筑与气候的关系进行了探索，同时，该书成为有记录的最早的关于建筑设计和气候有关内容的理论著述。而对传统民居气候适应性理论进行探讨的则是伯纳德·鲁道夫斯基（Bernard Rudofsky）在《没有建筑师的建筑：简明非政府建筑讨论》一书里，鲁道夫斯基重点阐述了世界不同地区建筑与气候之间的相互关系。

生物气候学设计理论的首倡者——杨经文（Ken Yeang），他从气候的角度出发，对地域性建筑的实践进行了系统的归纳。杨经文指出，房屋的建造要和当地的气候状况相结合，同时还要吸收传统民居建筑的经验，再利用新的材料来对房屋的结构进行改善，唯有如此，方能满足人们现代的居住需求。

“形式追随气候”这一设计理念的提出者印度建筑师查尔斯·柯里亚（Charles Correa，印度建筑师）指出，要以本国的自然经济、文化以及气候等基本要素为条件，同时关注建筑空间和气候之间的关联性，才能突破现代主义功

① 民居是国内学术界在过去的研究中一直沿用的术语。通常“民”指民间，“居”指的是居住建筑。因而早期的民居一词往往被解释成民间的住宅。事实上，这一概念的内涵和外延在近年使用中已被扩展，研究的内容也已不限于民间的居住内容，包括了交通建筑、居住建筑、文教建筑、宗祠建筑等各种建筑类型。

能至上的桎梏。在对印度传统建筑的继承与发展的探索中，柯里亚取得了巨大的成功，他提出的民居建筑模式，给第三世界国家的民居建筑发展道路指引了一个全新的方向。

哈桑·法赛（Hassan Fathy）是埃及关注地域性以及气候性的代表人物，他以传统材料、自然环境与建构方式以及自然的环保技术作为载体，在其所设计的作品中充分运用埃及当地的建筑语言，让传统与现代完美地结合起来，创造了不同于民族主义风格的建筑。他的《贫民建筑》（*Architecture for the Poor*）一书备受世人赞誉。

20世纪60年代掀起的本地域建筑风格的浪潮，主要就是以查尔斯·柯里亚、哈桑·法赛等人的理论（即创作实践与经验）为重要标志。

在1993年，随着《芝加哥宣言》的发布，国外的学术界迅速开始对生态设计进行大探讨。这一时期影响较大的专著主要有：西姆·范·德·莱恩（Sim Van Der Ryn）的《生态设计》（*Ecological Design Institute*）、布兰达·威尔（Brenda Vale）和罗伯特·威尔（Robert Vale）的《绿色建筑——为可持续的未来而设计》（*Green Archifecture*：*Design for a Sustainable Future*）、克劳斯·丹尼尔斯的（Klaus Daniels）《生态建筑技术——基本原理、实例和方法、构思》（*The Technology of Ecological Building*：*Basic Principles and Measures*，*Examples and Ideas*）、理查德·L. 克劳兹（Richard L. Krouz）的《绿色建筑》（*Green Architecture*）、詹姆斯·怀恩（James Wynn）的《绿色建筑》（*Green Architecture*）与劳拉·C. 兹赫德（Laura C. Zhead）的《生态建筑》（*Ecological Architecture*）等。这些论著有一个共同的特点，即在进行生态设计时，建筑的设计者们应当遵循结合气候设计、尊重使用者、节约能源、开发可再生以及替代资源整体主义等指导原则。

进入21世纪的今天，民族性、地域性文化与国际性文化相互交织，科学技术突飞猛进，为传统民居建筑技术拓展了更为广阔的发展前景。与此同时，那些蕴含在传统建筑技术中的朴素生态环境观，也只有在同现代科学技术相结合的过程中，才能焕发出新的生命力，进而建构起更具民族特色的可持续发展建筑模式。

总的来说，目前国外民居的研究，理论研究多与人文地理学相结合，学者们更加注重理论与实践相结合，而不再只看重理论上的研究。另外，从气候设计角度出发而对民居所进行的研究，国外时间较久，成果丰硕，这为我国的学者们在对传统民居在气候适应性研究方面，提供了许多有益的范式，可资借鉴与参考。

（二）国内民居研究概况

1. 国内民居研究现状

同国外民居建筑的相比，我国民居建筑遗产更为丰富、更为久远。早在旧石器时代晚期，黄土高原的大地上，就有原始先民掘土而居，这在《周易》《墨子》《礼记》等论著里都有记载，譬如，《周易·系辞》中云："上古穴居而野处，后世圣人易之以宫室"，《礼记》中曰："昔者先王未有宫室，冬则营居窟"。当然，这些都是关于"穴居"的记载，最为典型的例子，就是西安半坡仰韶文化遗址中所发现的呈方形或者圆形半地穴的房屋。①

众所周知，在我国闽浙、湘粤、巴蜀、三峡与云贵等众多的山地地区，有人类那里居住的历史十分久远，并且构成了许多大小不一的民居建筑聚落，直到今天有很多都还存留着，时间跨度很大，长达两三千年，这些留存着的民居建筑，为世人积累了许多山地民居营建的异常宝贵的实践经验。先民们从茫然于茹毛饮血的"人法自然"，逐渐构建起与"天道"既相区别又相联系的"人道"，此中艰辛，是经历了千万年山地文化的演变过程。

我国现代学者对民居的调查研究，经历了五个阶段。

一是从1900年之后开始，就有人类学家对我国的一些少数民族社区及建筑进行研究，如日本的鸟居龙藏和森丑之助对台湾卑南人的考察，费孝通对广西瑶族村寨的考察。

二是从20世纪30年代开始，龙庆忠（龙非了），梁思成、林徽因以及刘致平等人在《中国营造学社汇刊》② 上先后发表了有关民居的研究报告，主要有：《穴居杂考》（龙庆忠）、《晋汾古建筑预查纪略》（梁思成、林徽因）和《云南一颗印》（刘致平）等，这些报告，无论是从理论研究的方面，还是从实地考察的方面，都有重大贡献。

三是20世纪50年代，《徽州明代住宅》（张仲一等人合著）和《中国住宅概说》（刘敦桢）两部著作，给当时国内民居建筑的研究者们指引着前行的方向。这些人之后的又一批学者，如陆元鼎、单德启等，他们陆陆续续出版了

---

① 李百浩，万艳华. 中国村镇建筑文化［M］. 武汉：湖北教育出版社，2008：76.

② 由贵州开州（今贵州开阳）人朱启钤先生于1930年2月成立的"营造学社"，是中国历史上第一个专门从事古代建筑研究的团体。

《中国民居传统民居图说》（单德启）等一些论著，拉开了对中国民居进行初始普查性工作的帷幕，且多从宏观的视野梳理了我国乡土民居建筑的类型。

四是 20 世纪 80 年代，有很多学者对传统村落进行过大量的调查和研究工作，国内出版了一批优秀的村落研究论著，其中的《浙江民居》（李秋香等）反响尤甚。这些著作中所提及的研究方法以及观察对象的视觉至今仍然有着重要的意义。

五是 20 世纪 90 年代以来，新一代的学者，如李晓峰、单军、李晓东、朱光亚与戴志坚等人，他们开始专注于乡土民居建筑方法论的研究，并分别从不同角度，多视角地对乡土民居建筑的形成原因、影响因素进行了有力的论证与阐释，在一定的新乡土建筑实践活动的基础上，皆对乡土建筑保护与更新提出了相宜的理论。这期间的研究成果，首推戴志坚的《闽海民系民居建筑与文化研究》与李晓峰的《乡土建筑——跨学科研究理论与方法》两部重要著作。

为了便于理解，我们通过梳理、分析与归纳，将近现代学者们对国内民居建筑的研究大致做出如下几个阶段的分类（见表 1-1）。

表 1-1　民族建筑研究的发展

	时段	研究成果	研究特点
第一阶段	1900 年至 1930 年	如鸟居龙藏和森丑之助对台湾卑南人的考察（1896—1906 年）、费孝通对广西瑶族村寨的考察（1935 年）。	人类学家涉及对我国少数民族社区及建筑研究。
第二阶段	1930 年至 1949 年	《中国营造学社汇刊》的少量报告：《穴居杂考》（龙庆忠）、《云南一颗印》（刘致平）、《四川住宅建筑》（刘致平）、《西南古建筑调查概况》（刘敦桢）、《中国建筑史》（梁思成）、《晋汾古建筑预查纪略》（梁思成、林徽因）。	提出民居作为传统建筑的一种类型，仅对单个建筑进行考察。
第三阶段	1949 年至“文革”开始	《中国住宅概说》（刘敦桢）、《徽州明代住宅》（张仲一等人合著）、《福建客家土楼调研》（未出版）、《苏州旧住宅参考图录》（同济大学建筑工程系建筑研究室）、《北京四合院》（王其明）、《内蒙古陕甘古建民居》（刘致平）、《吉林民居》（张驭寰）、《浙江民居调研》（1960—1963，未出版）。对陕南，关中，苏州，湘南，湘西，浙东，晋中，江西吉安，广西壮族、云南白族、湘黔桂的侗族、羌族、藏族等十几个地区和民族的民居进行研究（未发表）。	调研深入，对于民居特点进行了分析，资料丰富。但对于历史性和地域典型性注意较少。

续表

	时段	研究成果	研究特点
第四阶段	“文革”后至1990年初	《中国居住建筑简史——城市、住宅、园林》（刘致平）、《浙江民居》（李秋香等）、《中国古代建筑史》（刘敦桢）、《云南民居》（王翠兰，陈谋德）、《福建民居》（高轸明），《广东民居》（陆元鼎）、《苏州民居》（徐民苏等编）、《新疆民居》（陆元鼎等编）《陕西民居》（陕西民居编写组）《中国传统民居建筑》（汪之力）、《中国传统民居百题》（荆其敏）《中国美术全集·建筑艺术卷：民居卷》（陆元鼎编）《中国古建筑大系·民间住宅：建筑卷》（茹竞华，彭华亮等编）。	资料丰富，研究范围广，有一定深度。但研究多关注建筑形态特征，仍然按照传统建筑学的方法进行分析，民居分类受到行政区划影响较大，成果多为资料性的。
第五阶段	1990年至今	《中国古代建筑技术史》（中国科学院自然科学史研究所）、《传统村镇聚落景观分析》（彭一刚）、《云南民族住屋文化》（蒋高宸）、《乡土建筑》（陈志华等）、《中国民居建筑》（陆元鼎）、《中国民居研究》（孙大章）、《乡土建筑——跨学科研究理论与方法》（李晓峰）、《岭南湿热气候与传统建筑》（汤国华）、《黎族民居的特征》（王瑜）、《中国东北少数民族住宅建筑格局与装饰》（谭志平）、《西南聚落形态的文化学阐释》（李建华）、《文化心理与瑶族民居建筑》（赵秀琴）、《浅谈云南少数民族建筑的文化特征》（王伟，余敏）、《东南亚民族历史文化比较研究》（马菁）、《中西建筑装饰文化差异及其表现形式》（王强）、《北川羌族传统建筑的美学生成研究》（鲁炜中）、《土家族民居建筑的美学观》（向龙）、《西藏地区建筑色彩美的构成因素》（王慧杰）、《西部少数民族居住民俗的美学思考》（李景隆），等等。	研究方法和角度呈现多样化，从单体拓展到群体研究，向文化学等学科渗透，但是对于应用性研究较少。

综上所述，国内民居建筑研究，主要呈现出如下特点：

一是我国民居的生态学研究与实践，大多从单体民居出发，关注传统地域技术的开发和改进，触及的仅是生态建设中部分层面的内容和手段，这种状况的出现，无法改进环境作用、资源保护同建造活动之间的对立关系，要处理好这些矛盾关系，需要进入更大范围的生态系统才能掌控好，这主要是因为，“生态原理也只有应用于较大尺度的建造环境（中、大型生态系统）才能充分发挥系统功能和结构的效率，系统也更容易稳定。单体建筑作为这一系统中的一部分，在更大背景下被重新设计，更实际、针对性地解决问题，这无疑是生态建筑发展的最佳道路”①。

二是致力于特定民族建筑的建筑构成与建筑风格等方面的研究。如王瑜的《黎族民居的特征》，细致论述了黎族民居的聚落选址原则、总体布局及其内外结构；谭志平的《中国东北少数民族住宅建筑格局与装饰》，系统介绍了东北地区蒙古族居住的蒙古包、锡伯族的帐篷和鄂温克族的“乌日格柱”三种民族建筑，并追溯其中的环境意义和生态意义。

三是运用文化人类学理论对民族建筑进行历史及文化的梳理。如李建华的博士论文《西南聚落形态的文化学阐释》，赵秀琴的《文化心理与瑶族民居建筑》，王伟、余敏的《浅谈云南少数民族建筑的文化特征》等。另外，比较方法的渗入也值得重视。如马菁的《东南亚民族历史文化比较研究》以及王强的《中西建筑装饰文化差异及其表现形式》等。

四是聚焦特定民族建筑的美学价值。此方面研究较为丰富，一类是针对特定民族的建筑进行美学阐释。如鲁炜中的《北川羌族传统建筑的美学生成研究》，讨论了北川羌族传统建筑的生态之美、独特空间结构韵律及其奇异的石木建筑之美。此类研究还有向龙的《土家族民居建筑的美学观》等。另一类是探讨特定地域民族建筑的审美价值，如王慧杰的《西藏地区建筑色彩美的构成因素》和李景隆的《西部少数民族居住民俗的美学思考》等。

2. 贵州民居研究状况

对贵州各民族民居建筑的研究，在现代学术意义上而言是从20世纪初开始的，之后逐渐发展，此过程大致可分为三个时期。

第一个时期是从20世纪初至1949年。1902—1903年，日本人类学家鸟居龙藏（Torii Ryuzo）以民族、语言以及考古遗址等作为考察的主要对象，对贵州、云南、四川等省进行实地考察调研，并在此基础之上，发表了一系列论文，论文中涵盖了部分民族村落、民居、古迹以及公共建筑艺术等内容，于1906年出版了个人专著《中国西南部人类学问题》。鸟居龙藏的文章，将贵州少数民族的民居聚落、民俗风情与生活情况向外界进行推介。鸟居龙藏之后，百鸟芳郎、铃木正崇等一批日本学者，在对西南（尤其是贵州）少数民族进行了的长时间的实地考察后，于1942年出版了《贵州苗夷社会研究》一书。书里的五十多篇论文，对于今天所从事聚落研究的人员来说，仍然具有一定的学术价值意义。1948年，戴裔煊出版了《干兰：西南中国原始住宅的研究》一书，该书是在考

---

① 刘先觉. 生态建筑学［M］. 北京：中国建筑工业出版社，2009：19.

察收集广西、云南、贵州等地的干兰式建筑之后所形成的理论成果。书中详细地对贵州少数民族建筑的建筑学方法进行了论述，并将干阑这一极具地方特色的民居建筑形制向建筑学术界隆重地推介出来。

第二个时期是从中华人民共和国成立后到20世纪80年代末。民族学、人类学界对贵州这个区域持续关注，并积累了不少民居聚落以及建筑研究的第一手材料。新中国成立后，20世纪五六十年代，国家曾组织开展了对少数民族社会历史的调查，并最终出版《中国少数民族调查资料丛书》，在丛书中，苗族、布依族、侗族社会历史调查的专题，可以说是贵州省少数民族综合制度的生动体现。1983年，贵州省开展了“六山六水民族调查”相关项目的调查活动，该活动遍及贵州全省的各少数民族，内容十分丰富，其中就有许多关于民居建筑的内容。

第三个时期是从20世纪90年代一直到现在。从90年代以后开始，对贵州各民族的民居建筑的研究日益丰富，不断有研究理论成果问世。这些著作中，有从“广”处着手的，主要构建整个贵州各民族民居建筑的谱系；有从“新”处着手的，他们着重挖掘新的典型建筑以及聚落；而从“深”处着眼的研究者们，注重深入挖掘民居建筑的形成与存在的影响因素、民居建筑内在功能结构以及民居建筑的外显价值等方面的内容。譬如，彭礼福、唐国安、吴正光、李先逵、金珏、郭东风、罗德启、王海宁等人，他们对苗、侗、彝等少数民族民居建筑的研究，皆是重量级的成果。

从总体上说，上述学者对贵州各民族聚落与民居建筑的研究，主要是从建筑学、规划学、人类学、民族学、文博、旅游等广泛的社会文化学的角度进行的，大致呈现出如下特点：

一是以往的研究经历了从重视建筑单体到重视聚落整体，从重视物质实体到重视社会经济文化对其施加影响的过程，从单学科研究到多学科综合研究的转变，并认为现在的热点在于进一步挖掘各民族聚落与建筑的内在价值，以及如何妥善应对文化保护与经济发展的诉求。

二是不局限于民居建筑的空间物质层面，同时采用学科综合研究的视野，研究的内容包括贵州各民族民居建筑的自然环境、民居建筑形成发展的过程、民居建筑中的社会文化要素、民居建筑所具有的特点以及民居建筑将来的发展趋向等。

三是在理论方面，民居建筑的研究主要表现在传统聚落的建造特点、产生历史以及当地居民生产方式、生活习俗等方面。而对今后的发展方向、当代新技术或新材料的结合状况以及人们在现代化进程中对居住质量的高要求等方面的内容涉及较少。

3. 黔西北民居研究状况

“黔”为今贵州省简称。黔西北，顾名思义，是指贵州西北部，黔西北作为一个民间概念，本书专指今毕节试验区。本文所涉及的黔西北民居，从地域范围上，依据黔西北民间概念，以毕节试验区为主要研究范围。

毋庸置疑，不能仅仅通过行政区域的划分去界定一个区域的文化属性，因此，我们在对黔西北地区的民居建筑进行研究时，应该同时兼顾黔西北地区与其周边地区的关系。否则，黔西北的历史文化脉络就会被割断，倘若以这样的研究方式进行，也就不可能获得有价值意义的结果。因此，本书在对黔西北文化历史地理等进行阐述时，地域范围难免会涉及其他区域。

在黔西北地区，居住有汉、彝、苗、回、布依、白、蒙古、壮、侗、黎、满、瑶、土家、哈尼、傣、景颇、仡佬、京、维吾尔等46个民族（含未识别民族）。据“六普”资料统计，少数民族人口占毕节市总人口的25.88%。2020年末，毕节市户籍人口950.29万人。

黔西北占据特殊的地理位置，是国务院批准的我国第一个喀斯特地区“开发扶贫、生态建设”试验区。当前，黔西北广大农村正在推进以“农民增收、产业拓展、环境改善、乡村和谐”为目标的和谐社会现代化建设的伟大进程，具有重要的历史意义。

我国建筑学家吴良镛先生说过：“如果能进一步弄清不同地区建筑文化的渊源和各地区建筑文化发展的内在的，而非臆造的规律，比较它们相互之间的差异，研究其空间格局，这将不仅大大深化我们对中国建筑发展的整体认识，并进一步阐明其个性所在，加深对整体个性的理解，且更有助于我们理解中国建筑的区域特色，从而培育具有地方特色的建筑学派，各逞风流，使中国建筑创作真正地实现和而不同，同中有异的繁荣局面。”① 这正是对黔西北各民族的民居建筑与其他地区民居建筑文化的有力体现，是“一”与“多”，“个别”与“一般”的逻辑呈现。

目前对黔西北全境进行族群研究的文献已有不少，如沈红的《结构与主体：激荡的文化社区石门坎》，杨然的《穿青人问题研究》、张永斌的《黔西北民族杂居区语言生态与语言保护研究》，郝彧的《明清时期黔西北彝族与中央王朝的关系研究》等，但从民居建筑文化角度切入的只有谭鸿宾、罗德启的《中国民

---

① 吴良镛. 建筑文化与地区建筑学［J］. 中外建筑，1996（3）：21-23.

族建筑·贵州篇》（1998年），书中涉及对黔西北彝族民居建筑的一些论述。在对研究贵州民居的论著中，《贵州民居——千年家园》（罗德启、谭晓东、董明合著）与《贵州民居》（罗德启著）这两部著作，到目前为止都还是最为重要、最为全面的专著，这两部著作以类型学的原理，遵循区域、聚落、建筑的分层次的原则，对贵州境内的所有区域的民居建筑全面梳理并进行了分门别类的研究。毋庸置疑，这些作者对民居建筑的研究范围当然也包含黔西北地区。

黔西北地区民居建筑的分布状况如下：近年来随着城镇化进程的加快，传统民居多数已被现代的混凝土楼房所代替，只有极少数县城乡镇中还有一些老街保留下来。在广大农村，那些位于公路沿线，交通相对而言较为发达的地方，虽然在建筑的过程中延续了少许民族建筑的特色，但是由于材料与施工技术的现代化，它们同传统民居相比，已经有了很大的变化，这主要体现在，石材与混凝土材料在建房中逐渐占据主导地位，同时，适应新建材的施工方式导致建房不再仅仅依靠传统的工匠。这在很大程度上，也是因为要适应这些地段随着经济发展而大量、快速地进行建设的需要。这些变化使建筑的用材、外观、工艺以及内部功能划分同传统内涵具有根本性的差异。

黔西北地区至今都还没有系统介绍本地民居的论著，这不能不说是贵州民居研究的一个缺憾。但是，就民居个案而言，到目前为止研究者们还是做了一些卓有成效工作的。

总体来说，黔西北地区民居建筑的个案研究已经取得的成果在贵州民居的分类特点、复杂地理环境以及民族关系等方面对民居的影响还缺少整体把握与研究。众所周知，民居研究体系的建构需要经过大量研究与实地调查，再综合人类学、民族学、历史学、建筑学以及美学等领域的研究成果，才会具有普适性。因而特有的地理环境与发展历史，决定了黔西北民居的多元性。可以说，造成对黔西北民居体系缺乏统一、系统认识的原因，主要有以下几点。

一是黔西北独特的地理环境与缓慢的发展进程，客观上导致了黔西北民居体系的多元化特性，为民居体系的建立增加了一定难度。

二是经济与社会发展滞后，使得人们对黔西北民居自身特点及重要性认识不足。

三是研究方法上欠缺，民居研究通常只作为实地测绘与建筑学的一部分，而对于民族学、人类学、社会学以及美学等学科的研究分析相对而言比较少，难以科学、客观地把握民居历史性演变和审美生成特性。

四是只重视黔西北单个的少数民族民居研究而忽视了汉族移民民居建筑的研究，也对全面构建黔西北民居建筑体系造成了不利影响。

（三）研究内容及框架

本书的研究内容，严格按照以下框架来进行撰写（如图 1-1）。

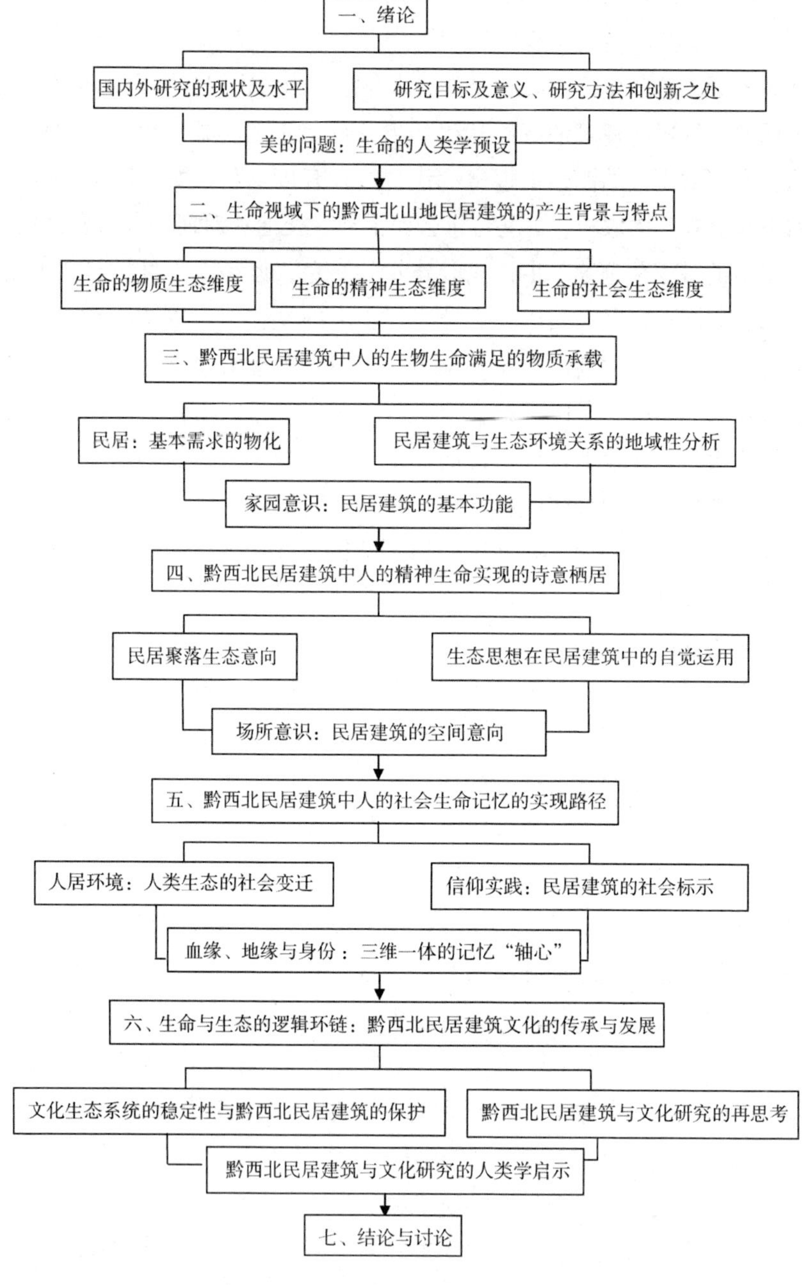

图 1-1　研究内容及框架

二、研究目标及意义、研究方法和创新之处

（一）研究目标及意义

一个区域文化的形成和分布，地理环境与生态因素在其中起着重要的作用。这是因为，任何一个族群，不但被自然条件所定义，而且同时也被族群关系、族群之间的交往活动和社会存在所定义。① 民居建筑是劳动人民生活智慧的体现，它同百姓的生活密切相关，民居建筑的发展既传递了历史信息，又反映了不同时期社会经济、生产力水平以及文化等各个方面的内容。

我们认为，在全球文化相互渗透、交融，国家文化发展与繁荣的大背景下，以审美的视野观察各民族的民居建筑，对之进行比较研究，发掘其共性与个性，探讨其深层次的美学内涵，对于进一步挖掘各民族的审美文化意识，彰显其文化独特性，参与构建地方新的文化形态，促进国家文化发展与繁荣，有重大的理论意义和现实意义。

一是揭示各民族建筑的审美文化特质，参与文化多样性构建，为维护全球化背景下的文化生态平衡做出努力。文化是民族的血脉，是人民的精神家园。

二是以生态学的相关原理为基点，将民居生态学研究立足于村落方面，把村落看作融合了自然、社会与人工等主要因素的复合生态系统，而民居建筑仅仅是该系统中的一个部分。同时，对当代民居生态化演进中的自然适应性和社会适应性进行调适。

三是为民族地区建筑审美文化的继承与创新提供理论支持，参与构建国家文化大繁荣的发展图景。党的十九大报告提出："我们要建设的现代化是人与自然和谐共生的现代化，既要创造更多物质财富和精神财富以满足人民日益增长的美好生活需要，也要提供更多优质生态产品以满足人民日益增长的优美生态环境需要。"② 而且不同文化背景中的个体，具有不同的认知、情感、态度和价值观，基于此，我们就要从具体的社区或者个案入手，通过田野工作的研究概况进而归纳出一般原理和原则。

本书旨在开启各民族民居建筑审美文化的"寻根"之旅，为地方政府制定相关法规，为民族建筑的设计、修建、修复提供一种模式，促进各民族文化的

---

① BARTH，FREDRIK. Ecologic Relationships of Ethnic Groups in Swat，North Pakistan [J]. American Anthropologist，1956，58 (6)：1079-1089.

② 本书编写组，编著. 党的十九大报告辅导读本 [M]. 北京：人民出版社，2017：49-50.

共生共荣，为国家文化大发展大繁荣的宏伟图景增添源头活水。

四是提升民族地区的文化自觉和文化自信，助推民族地区经济社会发展。党的十九大报告指出："生态文明建设功在当代、利在千秋。我们要牢固树立社会主义生态文明观，推动形成人与自然和谐发展现代化建设新格局，为保护生态环境做出我们这代人的努力。"①

本书旨在消解民族地区文化弱势所引发的文化焦虑和文化失语，提升民族地区的文化自觉和文化自信，助力民族地区旅游文化建设以及新的文化形态构建，推动民族地区经济社会发展。

（二）研究方法

第一个步骤：吸取以往研究成果的优点，确定黔西北民居建筑艺术的审美文化内容。本书探究民居建筑与环境、人的生命之间的适应关系，信息纷繁庞杂，涉及民族学、人类学、地理学、社会学与美学等众多知识内容，必须以多学科的视角和思维方式进行分析处理，对融贯综合的要求很高。

第二个步骤：使用文献研究法、田野调查法，找到黔西北民居建筑艺术形式的多元化特性。田野调查得到的资料是本书进行研究的一手资料，同时也是对黔西北民居建筑传统文化的翔实记录，将作为珍贵的历史资料，成为后续研究的基础。而更早的历史资料必须依靠史料记载，因此，地方志研究也是本书资料获取的另一条渠道。

第三个步骤：使用参与式观察、深度访谈、相关民居建筑资料收集整理等方法，进而对黔西北全境中各民族的民居建筑传统文化进行探寻。本书对黔西北民居建筑的考察包括从起源至今的全过程，不追求面面俱到，而注重对发展结构的提取，在坚持长时段视角的前提下，分阶段考察黔西北民居建筑的适应形制和环境的选择影响，通过对各民族民居建筑的历史、现状以及发展趋势进行梳理，旨在找到黔西北民居建筑传承的规律性。

第四个步骤：根据以上阶段取得的相关成果，对书稿进行细化、讨论、整合，最终形成论著。本书着眼于探究民居建筑生态审美适应性的宏观视野，同时也以单个民族的文化单元为研究对象，这些小而具体的调研案例为实证研究提供可能，呈现研究对象自身丰富的特点和具体的关键事件，进而得到更多普遍性的启发。

---

① 本书编写组，编著. 党的十九大报告辅导读本［M］. 北京：人民出版社，2017：52.

（三）准备采取的技术路线

采用“三层面相结合”的方法：在宏观层面上，描述黔西北民居建筑的历史与演变历程，探寻黔西北各民族民居建筑艺术传承的规律性；在中观层面上，分析黔西北民居建筑的影响因素与差异性特征；在微观层面上，考察黔西北典型的民居建筑形式，增加研究的真实感、生动性，增强说服力。

1. 文献分析法

本书采用实地走访与查阅文献的方式，收集有关黔西北全境民居建筑文化的研究成果，进而确定田野考察范围，为建立本研究的构想模式等方面提供参考。

2. 访谈法

本书旨在选取黔西北全境2—3个具有典型研究价值的民居建筑，作为考察调研样本，通过对走访所得的内容进行分析，总结黔西北民居建筑范式的传承规律。

3. 数据统计分析的方法

在本书中，主要采用探索性因素分析、验证性因素分析以及差异性因素分析等方法，对黔西北民居建筑建筑结构进行考察，旨在探寻黔西北各民族民居建筑艺术在各维度的表现，进而考量黔西北各民族民居建筑艺术的特点与其他地区的民居建筑艺术相比是否具有稳定性。

（四）拟解决的关键问题

在对黔西北民居建筑进行实地考察、分析、比较的基础上，凸显出黔西北民居建筑艺术的审美价值，为我们找到民居建筑艺术的民族学、美学范式，从而更好地服务于国家背景之下的精神文明建设。

（五）创新之处

一是本研究强调本源性，即运用美学、民族学、人类学观点对黔西北民居建筑进行梳理、解读，进而进行探源性研究，寻找黔西北民居建筑与天道自然的内在联系。根据现代生态建筑理论，将黔西北各族人民如何应对高原特殊环境的生态智慧，总结成为一种易于操作的建筑模式语言，以期对黔西北现代民居建筑的可持续发展提供借鉴。

二是本研究强调民族性，即在国家文化背景下，对黔西北民居建筑艺术文化进行发掘、保护和推广，保护民族文化的个性与独立。

三是本研究强调实践性，即通过对黔西北民居建筑的考察，形成“自律—

他律”的思路，以传统影响现代，以现代带动传统，探寻黔西北民居建筑在相互融合之中又独具个性的审美范式。

四是从生命观的角度研究黔西北民居建筑，进一步解读黔西北特殊环境下形成的生命观所建造的民居蕴含的特定含义。不是仅仅从民居建筑的物质空间环境要素着手，而是更深刻地从黔西北人民的精神层面、社会记忆层面探究其内在隐含的文化逻辑以及在相应物质空间环境中的体现。

三、美的问题：生命的人类学预设

美学史上，对于美的问题的答案有不同的观点。直到现在，仍没有任何结论可以被称为“美学的真理”。美学受一定时代文化的影响，必然存在各自特定的观点，一切都还走在通往真理的途中。

“美的本质问题经过了二千多年的讨论，问题不但没有解决，而且从现象上看，这一问题的解决反而显得愈来愈困难了。一些人所谓‘美学注定具有悲剧的色彩’指的止是这一点。”①

“美的本质”是传统美学研究的核心，这是一个巨大的问题群。美学史上所出现的“美”的定义，往往只是局限于“美”的某一个层面，并以此来否定其他的层面，把一个原本十分丰富复杂的问题简单化了，从而导致“美”的本真含义的遮蔽。

20世纪后期，语言分析哲学的兴起，曾一度把“美的本质”的问题当作没有任何意义的或者虚假的“形而上学”命题，将之搁置不提。然而，事实并非如此，任何现象必然有其本质存在，美的问题这一现象，也不例外。通过学人们的不懈努力，深藏于冰山一角的美的本质终将有浮出水面的一天，我们拭目以待。

（一）大众狂欢：真问题与假命题之论

关于美的本质问题，在西方美学史上，有过许多学派和观点。

苏联学者尤·鲍列夫在其《美学》中，将美的理论观点归纳为五种：第一，美是神（绝对精神）在具体事物和现象上的印记和体现；第二，美是主体强烈的（有目的地、积极地、深思熟虑地）感知对象的结果；第三，美是生活的属性与衡量美的人之间关系的结果；第四，美是自然现象的本质；第五，美是一

① 朱狄. 当代西方美学［M］. 北京：人民文学出版社，1984：141.

种客观现象，它的性质被人化，成为自由的领域。①

尤·鲍列夫所枚举的这五种范式，总体来说，美学史上有关美的本质的理论观点都可包括其间。实际上，也可以用以下三种方法对这五种范式进行分类。

第一，把美看作一种客体存在。这类观点一致认为，客观对象的某种审美特质的存在是美的最终原因，持这种观点的代表，有毕达哥拉斯学派、亚里士多德以及博克等人。第二，把美看作一种精神存在。这类观点认为，美在人的主观意识中，把对客体的研究转向了对主体的研究。这是现代美学的逻辑基点。持这种观点的代表，有柏拉图、休谟、克罗齐等人。第三，把美看成一种关系存在。这类观点认为，美在主观和客观相统一的关系之中，这种关系既不是美的客观性，又不是美的主观性。持这种观点的代表，如狄德罗（Denis Diderot）等。

在传统美学模式的三种探讨路径里，从客观到主观，再到主客观统一，对美的本质探索，似乎深陷泥淖之中，难以摆脱，所以西方一位美学家说："美是一项最难以捉摸的特质，它是那样的微妙，以至于看起来总像是在快要抓住它的那一刹那间又给它逃跑了。"②

中国古代没有专门的哲学形态的美学，关于美的本质问题，是从近现代王国维介绍西方美学开始的，循着"从主观、客观、主客观统一这个模式，中国美学家们似乎又踩着西方的步点重新走了一遍。当然不能说这是简单的重复，中国美学家的探索带有中国特色的丰富内涵③。"

在20世纪，我国的美学、哲学学者们曾先后展开四次大讨论、大辩论，时间从新中国成立初期开始直到七八十年代，一共出现了四种不同的意见：第一，认为美在主观，主要以吕荧、高尔泰为代表；第二，认为美在自然或美在典型，主要以蔡仪为代表；第三，认为美是主客观的统一，主要以朱光潜为代表；第四，认为美是社会性和客观性的统一，主要以李泽厚为代表。

西方美学史，可以说是一部关于美的本质的历史。美的本质问题对于美学而言，是一个决定性、先在性的存在，然而，无数智者哲人前赴后继，在两千多年的苦苦探索中，希望能解开"美是什么"这一"斯芬克斯之谜"，然而，结果却不尽人意，于是到了20世纪，美的本质问题遭到美学界无情的放逐。

---

① 尤·鲍列夫. 美学［M］. 冯申，高叔眉，译. 上海：上海译文出版社，1988：5.

② 朱狄. 当代西方美学［M］. 北京：人民文学出版社，1984：165.

③ 封孝伦. 美学之思［M］. 贵阳：贵州人民出版社，2014：19.

自18世纪以来，美的本质，或者质疑美的本质的方式受到了挑战。比如，狄德罗提出“美是关系”，甚至明确指出“没有绝对的美”时，就已经表明，苏格拉底（Socrates）那种追问“美自身”的方式已经被改换；费希纳（Fechner）提出了“自下而上的美学”，旨在通过对美感的分析，进而探讨美的本质。

而来自20世纪的分析哲学，却从真正意义上，对传统美学给予了釜底抽薪式的质问。维特根斯坦（Ludwig Josef Johann Wittgenstein）在《美学、心理学和宗教信仰的演讲与对话集（1938—1946）》一书中，提出了对20世纪美学影响深远的观点：“就我所见到的范围而言，（美学）这一论题是极大地甚至是完全被误解了。如果你能察看一下句子的语言学形式，那么你就会立刻发现对‘美的’这个词的用法甚至比其他绝大部分的词更容易被人误解。‘美的’这一词是个形容词，所以你就容易会误解地去说这件东西有种美的特质（quality）。”① 维特根斯坦认为美学与伦理学一样，“是不可说的”，“是神秘的东西。”② 维特根斯坦否认有一种美的特质，认为对“美是什么”的提问方式，在哲学上无法回答，是神秘的东西，“不可说”，倘若对“美的东西”之外的“美”进行探讨，将失去了意义与存在的理由。维特根斯坦的后继者们则根据其观点，不断推演出美的本质问题是一个假命题、伪问题的论断。

众所周知，本质和现象是对立统一的。本质是现象的内在根源，现象是本质的外在表现。人们对事物的认识是，“从现象到本质、从不甚深刻的本质到更深刻的本质的不断深化的‘无限过程’”③，“现象不单纯是某种没有本质的东西，而是本质的显现”④。

既然存在着各种美的现象，那么就一定存在着各种美的现象得以产生的本质根源。因此可以说，美的本质潜伏、存在于美的现象之中。由古希腊哲学开始的透过现象去深入事物本质的基本观念，是人类对世界的认识不断趋向“自觉”的一种反映。正如当代学者马泽西尔所言：“哲学美学需要回到美的本质问题，需要发展过去的哲学家用体系的方法所得到的深刻洞见。”⑤

---

① 朱狄. 当代西方美学［M］. 北京：人民文学出版社，1984：108.

② 朱立元. 现代西方美学史［M］. 上海：上海文艺出版社，1996：444.

③ 中共中央马克思恩格斯列宁斯大林著作编译局. 列宁全集：第55卷［M］. 北京：人民出版社，1990：191.

④ 列宁. 黑格尔《逻辑学》一书摘要（哲学笔记之一）［M］. 中央编译局，译. 北京：人民出版社，1956：157.

⑤ 伽达默尔. 真理与方法［M］. 洪汉鼎，译. 上海：上海译文出版社，1999：51.

简而言之，美的本质问题从“真问题”变为“伪命题”，主要是由于美与人关系的深刻变化以及人们对“人”进一步研究的结果。西方当代美学界在这一问题上总的倾向很明确，那就是走向人，走向人的心灵。

（二）当代境遇：美问题的人类学转向

古希腊哲学家柏拉图之问“美是什么”，开启了对美的本质的探讨，从此西方产生了美学。

从古希腊到文艺复兴时期，以本体论为中心的阶段，主要观点是美在和谐。在近代，以认识论为中心的阶段，从美在和谐的观点向美在自由的观点过渡；在现代，以人为中心的阶段，美的本质观点则以自由为中心。

人类需要美，是因为人类需要感到自己存在于这个世界之中。

美的本质，是人的本质的重要组成部分，它不能脱离人的本质而存在。虽然美的本质又不等同于人的本质，但是这两种理论都有一个共同的指向——用美学方式来解决人生的现实问题，正如黑格尔（G. W. F. Hegel）所说：“人首先作为自然物而存在，其次还为自己而存在，观照自己，思考自己，只有通过自我的存在，人才是心灵。”① 这个世界是人的世界，它打上了主体的印记，是人类生存活动的对象。

哲学的理想期待与人类学揭示的艺术事实都旨在表明，美的问题始终与人的问题密切相关。对美的过程的追问，恰恰在人与自然、人与社会、人与人以及人与自我所建构的审美关系中渐次呈现。人与美之间原本丰富而又切近的亲缘关系，通过对美的本质的深层探讨将会得到更加生动的展露。

在 20 世纪 50 年代开始的四大讨论及辩论中，最伟大的启示是关于美的本质与人类本质之间的共生关系的讨论。无论是劳动、实践、还是自由，美学家总是关注人。这是我们对美的本质进行人类学分析的理论线索和意识形态资源可资借鉴的原因之一。

美就客观地存在于人类的社会生活中，美是人类客观社会生活的产物。没有人类社会就没有美，美的本质反映的就是社会的本质、人类学的本质。正如克利福德·格尔兹（Clifford Geertz）所说：“不被特定地区的风俗改变的人事实上是不存在的，也永远不曾存过……不存在独立于文化之外的人性。”②

---

① 黑格尔. 美学：第1卷［M］. 朱光潜，译. 北京：商务印书馆，1979：38-39.

② 克利福德·格尔兹. 文化的解释［M］. 韩莉，译. 上海：上海人民出版社，1999：41-56.

对美的本质的探究，必然要着眼于人类文化。

西方在对美的追问路径上，有着文化上的差异。对美作出本质性的规定，这是人类认识史上的一种必然，但是，美的本质问题，在不同的文化情境中，会呈现出差异性与多样性。在当今思想和文化多元化的背景下，这种差异与多样是有益的，这是围绕着美的本质问题而出现的观点的差异，为了说明和反映这种文化的新发展，理论的改变是必要的。

人类只有调整好自己的实践步伐与文化方向，才能在现实世界与审美活动中，真正实现人与自然的和谐。而人与自然的和谐，具体呈现为人类以三种生存方式应对人类和对象客体自然的三重性格。

首先，原始生存方式。这种方式以人类自身的生产为基础，人们的物质生产与精神生产还未很好地发展起来，是一种动物式的生存方式，世界还未成为人的对象，人也还未真正成为主体，是一种血缘关系为基本内容的社会关系。

其次，现实生存方式。这是人类进入文明社会之后产生的一种生存方式。这种方式，以物质生产为基础，现实主体的对象是一切自然物与社会事物（包括物质产品与精神产品），精神生产依附于物质生产。在现实生存方式中，造就了片面发展的主体，也导致了片面的对象，是一种以经济关系为基本内容的社会关系。

最后，超越的生存方式。这种生存方式，是人类在现实生存方式的基础上，凭借自身的精神创造力创造一个属于超现实的自由领域，不依附于物质生产，是纯粹的精神生产，即审美与哲学活动。

人类的这三种生存方式，其实质是美的问题随着人类历史的发展对人的三种性格的展露。第一，从人的存在即生存的维度切入，使存在具有了自觉的可能性，从而领悟存在，揭示存在的意义，人作为实践主体，一切感性活动（广义的实践）就是现实的物质力量，这种力量（包括凭借工具、手段所拥有的力量）所作用的极限之内的客观世界，就是实践对象。第二，生存是存在的历史形式，使存在具有了现实的形式和历史的发展，它通过历史的演化接近自己的本质，揭示存在的意义。人作为认识主体，五官感觉（以及凭借各种科学工具）所反映认识的极限之内的客观世界，就是人类的认识对象。第三，人除了现实性以外，还有超越性，这正是人的本质所在，人作为审美主体，似乎介于实践主体（感性活动）和认识主体（理性活动）之间，人以这种感性和理性直接统一的情感观照的方式去掌握客体对象，对象便是一个审美对象。审美对象介于实践对象和认识对象之间，审美所追求的是对象和主体的和谐统一，是真和善的统一。

从对美的本质的追问中，不难发现，整个过程始终有“人”穿行其间，只是在现当代的语境下，人类的影响尤为凸显而已。无论这二者如何转化，它们都有一个共同的旨归：那就是人的生命。

（三）生命出场：人类生命的三个维度

美的观念与人类整体的对于生命、宇宙的思考有关。美的观念，能够在人类文明的不同阶段以及不同种族文化中都顽强地破土而出，即使面对中世纪相对残酷的宗教镇压乃至集中营里惨无人道的折磨，这样一个神奇的精神存在都不曾失去力量。因此，我们是否可以据此而得出一个推定性的结论：“捉住了生命，也就捉住了美的真正内涵，当我们把人的生命的秘密揭开，美的揭秘，也就自在其中了。”①

人有三重生命。

第一，从表面看，人具有生物生命。人对世界的审美活动，产生于人的本能需要，人为了生命的维持和发展，首要条件必须是利用自然界现成的材料，这一点，乍看好像同其他动物的生命活动较为类似，但是其实并不完全相同。这是因为，虽然人以及其他动物都要与物质世界打交道，但一般说来，动物仅仅是对物质本身进行追求，而人类则要进一步利用自然材料，并不仅仅满足现有的东西，人类要制造工具去对自然环境进行改造，生产出他们所必需的生活资料，进而满足人自身实用的需要。正是源于此，人便同其他动物区别开来了。因此，人不仅追求物质本身，而且更为重要的是，人类要追求物质呈现出的对人类自身所发生作用的意义。从这个角度而言，处于这一层次的人，他既在世界之中，又在世界之外。

第二，从中层的角度而言，人具有精神生命。物质功利的实用需要，是人类首先要满足的，但是更为重要的是，人类要在通过改造自然进而创造出物质产品的过程中，满足自己的精神需要，“人较之动物越是万能，那么人赖以生活的那个无机自然界的范围也就越广阔。从理论方面来说，植物、动物、石头、空气、光等，部分地作为自然科学的对象，部分地作为艺术的对象……都是人的精神的无机自然界，是人为了能够宴乐和消化而必须准备好的精神食粮；同样地，从实践方面来说，这些东西也是人的生活和人的活动的一部分”②。“我们不能说人的精神生命需要的满足比生物需要的满足更‘高级’”，而恰恰在于

---

① 封孝伦. 美学之思［M］. 贵阳：贵州人民出版社，2014：30.

② 马克思 . 1844 年经济学哲学手稿［M］. 刘丕坤，译. 北京：人民出版社，2000：49.

“精神生命不过是人类的生物生命的变式和补充”。①

人的精神生命，要得到显现、敞开与确证，只有通过人类博大的精神时空中的活动才能得到，而这种精神性的活动，也只有与人类的现实生命活动相对应时才更具意义。简言之，人的现实生命呈现出何种特色，精神生命便会在审美场中凸显出何种意义。

第三，从深层的角度而言，人具有社会生命。人的这种社会生命，“实际上是人的能够流传的符号生命”②。人类通过某种历史的记忆，对有限生命的一种超越，人的生命不只是活着，人的生命还要追求活着背后的深刻意义，即人的生命最终的价值取向。

我们知道社会生活本身是无止境的，个人的生命是短暂的。为了确证生命，我们必须超越个人的视野，站在社会生活中去肯定生命的全部，这是价值的根本所在。人类生命的追求，是人类历史实践的成果，体现了人的自然审美和文明建设的全面发展与进步。

诚然，在人类所有生命的生存活动中，不能把人的生命孤立、割裂开来，这是因为，人的“三重生命是人的生命存在历史中的三个不同的环节，是一个否定之否定的历史过程”③。三重生命“相互协调，互相补充，共同肩负着向永恒一次又一次冲刺的生命使命”④。

总而言之，美的本质问题必然是一个常新的哲学命题。因此，美的本质的奥秘探讨应该建立在多层次、可持续的发展理念上，沿着这条思路探索下去，美的本质——这个社会科学领域中的“斯芬克斯之谜”，或许将能被人们逐步地破解。

四、本章小结

本章主要从选题的国内外研究现状及水平入手，对国外民居研究进行概述，对国内民居研究现状进行分析归纳，对研究的范围和对象进行了界定。然后对研究方法及研究方向提出了要求，使研究的目的和重点更为明确，为接下来的研究打下了基础，为确定研究的内容搭好框架。最后从真问题与假命题之论、美问题的人类学转向以及人类生命的三个维度方面为本书找到一个理论上的逻辑起点。

---

① 封孝伦. 人类生命系统中的美学［M］. 合肥：安徽教育出版社，2004：101.

② 封孝伦. 人类生命系统中的美学［M］. 合肥：安徽教育出版社，2004：125.

③ 封孝伦. 人类生命系统中的美学［M］. 合肥：安徽教育出版社，2004：141.

④ 封孝伦. 人类生命系统中的美学［M］. 合肥：安徽教育出版社，2004：137.

第二章

生命视域下的黔西北山地民居的产生背景与特点

黔西北地处乌蒙山腹地，川滇黔锁钥，贵州高原屋脊，以长江、珠江为屏障，为乌江、北盘江、赤水河的发源地之一。历史悠久，文化灿烂，民风古朴。

一、生命的物质生态维度：自然环境状况

（一）自然地理要素

1. 位置面积的分布状况

黔西北位于贵州省西北部，主要隶属于贵州省毕节市管辖。长江流域与珠江流域两大水系贯穿其境内。其中，长江流域流经的面积95.38%，珠江流域流经的面积占4.62%。同时，黔西北也是乌江、赤水河、北盘江主要发源地之一。

黔西北处于东经103°36′—106°43′，北纬26°21′—27°46′之间，是滇东高原向黔中山原丘陵过渡的倾斜地带，地处四川、云南、贵州三省结合处。黔西北东部的交界处靠近贵阳市和遵义市，南面与安顺市和六盘水市相连，西部与云南省的昭通市和曲靖市毗邻，北面和四川省泸州市连接。

黔西北地区的国土面积占贵州省总面积的15.30%，约为26900平方千米。其中，位于地区西部的威宁彝族回族苗族自治县，面积占毕节市面积的23.41%，约为6298平方千米，威宁彝族回族苗族自治县地处滇东高原东延部分；大方县位于地区中部，面积占毕节市面积的13.04%，约为3500.11平方千米（含委托百里杜鹃管理区、金海湖新区管理乡镇），大方县地处乌江支流六冲河北岸；位于地区中北部的七星关区，面积占毕节市面积的12.68%，约为3412平方千米，七星关区地处川、滇、黔三省交界处；位于地区西部的赫章县，面积占毕节市面积的12.08%，约为3250平方千米，赫章县地处滇东高原向黔中丘陵的过渡斜坡地带；位于地区东南部的织金县，面积占毕节市面积的10.66%，约为2868平方千米，织金县地处乌江上游三岔河和乌江支流六冲河之

间；位于地区东北部金沙县，面积占毕节市面积的9.40%，约为2528平方千米，金沙县隔赤水河与四川省古蔺县相望；位于地区东部的黔西县（市），面积占毕节市面积的8.85%，约为2380.5平方千米，黔西县（市）地处鸭池河以西地带；位于地区中南部的纳雍县，面积占毕节市面积的9.12%，约为2452.32平方千米，纳雍县地处滇东高原与黔中山原的过渡地带。位于贵州省西北部、毕节试验区中部的百里杜鹃管理区管理委员会，面积占毕节市面积的2.59%，约为697.17平方千米；于2015年12月6日正式成立的毕节金海湖新区，面积占毕节市面积的2.21%，约为595平方千米，由原毕节双山新区和贵州毕节经济开发区整合组建而成。

2. 地质地貌的分布状况

黔西北地区境内多山，高原山地的面积占全地区面积的93.3%，境内山高坡陡，西高东低，沟壑纵横，峰峦重叠，河谷深切。黔西北地区属典型的喀斯特地貌。

境内主要山脉有西部的乌蒙山、北部的大娄山、西南部的老王山。地层出露较齐全，从元古界震旦系至新生界的第四系地层均有分布。地质构造复杂，褶皱断裂交错发育。岩溶地貌形态多样，在市内分布次序为：东部峰林、峰丛、谷地、缓丘、洼地，中部峰丛、丘陵、槽谷、洼地，西部高原、缓丘、岩溶、盆地。黔西北全境，以沉积岩为主，境内出露的岩石面积占总面积的92.81%，约为2.49万平方千米。其中，碳酸盐岩占总面积的62.2%，约为1.67万平方千米；煤系砂页岩面积占总面积的15.6%，约为0.42万平方千米；泥质岩类面积占总面积的2.1%，约为0.056万平方千米；紫色砂页岩和紫红色砂泥岩面积占总面积的12.9%，约为0.35万平方千米。岩浆岩较少，面积占总面积的7.19%，约0.19万平方千米。

在全国地势呈西高东低走势的影响之下，位于中国第二阶梯的黔西北全境的地势也呈西高东低走势，黔西北全境河流纵横，山峦重叠，山地、高原、平坝、盆地、谷地、洼地、峰丛、槽谷与岩溶湖等犬牙交错，相互连接。全地区，也是全省最高处位于赫章县珠市彝族乡与威宁彝族回族苗族自治县交界的韭菜坪，海拔约为2900米；位于毕节市金沙县、遵义市仁怀县和四川省古蔺县交界的赤水河谷处是全地区的最低处，海拔约为457米。全区平均海拔为1600米。

黔西北地势的分布也有三级阶梯：境内第一级阶梯，大致为威宁彝族回族苗族自治县和赫章县的西部、西北部和西南部，属高原、中山地带，平均海拔在2—2.4千米之间；境内第二级阶梯，大致为赫章县东部、七星关区、大方县、黔西市西部、纳雍县、织金县西部，属中山地带，平均海拔在1.4—1.8千米之间；境内第三级阶梯，大致为金沙和黔西市东部、织金县东部，属低中山丘陵地带，平均海拔在1.0—1.4千米之间。

黔西北境内大部分地方属亚热带季风气候，温凉湿润，各地多年平均日照时数为1101.8—17802小时，年平均气温10.5℃—15.0℃，一月平均气温17℃—4.3℃，七月平均气温17.6℃—24.9℃；平均年降水量848.6—1394.4毫米，月变化率大，70%左右的降水量集中在5—9月；无霜期205天—297天。

3. 土地资源的分布状况

依据毕节市第三次全国国土调查主要数据公报，截止到2021年底，黔西北耕地814056.18公顷（1221.08万亩）。其中，水田23619.39公顷（35.42万亩），占2.90%；水浇地1317.15公顷（1.98万亩），占0.16%；旱地789119.64公顷（1183.68万亩），占96.94%。

林地1390713.93公顷（2086.07万亩）。其中，乔木林地771271.15公顷（1156.91万亩），占55.46%；竹林地1777.43公顷（2.67万亩），占0.13%；灌木林地597777.76公顷（896.66万亩），占42.98%；其他林地19887.59公顷（29.83万亩），占1.43%。

草地31286.37公顷（46.93万亩）。其中，天然牧草地3861.78公顷（5.79万亩），占12.34%；人工牧草地267.50公顷（0.40万亩），占0.86%；其他草地27157.09公顷（40.74万亩），占86.80%。

湿地913.51公顷（1.37万亩）。湿地是“三调”新增的一级地类。其中，沼泽草地109.14公顷（0.17万亩），占11.95%；内陆滩涂412.49公顷（0.61万亩），占45.15%；沼泽地391.88公顷（0.59万亩），占42.90%。

城镇村及工矿用地129341.24公顷（194.01万亩）。其中，城市用地3867.67公顷（5.80万亩），占2.99%；建制镇用地13190.60公顷（19.79万亩），占10.21%；村庄用地100956.35公顷（151.43万亩），占78.05%；采矿用地10198.36公顷（15.30万亩），占7.88%；风景名胜及特殊用地1128.26公顷（1.69万亩），占0.87%。交通运输用地47218.34公顷（70.83万亩）。其中，铁路用地1285.65公顷（1.93万亩），占2.72%；轨道交通用地13.51公顷（0.02万亩），占0.03%；公路用地18278.18公顷（27.42万亩），占38.71%；农村道路27272.74（40.91万亩），占57.76%；机场用地335.08公顷（0.50万亩），占0.71%；港口码头用地10.74公顷（0.02万亩），占0.02%；管道运输用地22.44公顷（0.03万亩），占0.05%。

水域及水利设施用地 31167.55 公顷（46.75 万亩）。其中，河流水面 13866.02 公顷（20.80 万亩），占 44.48%；湖泊水面 2245.75 公顷（3.37 万亩），占 7.21%；水库水面 10499.26 公顷（15.75 万亩），占 33.69%；坑塘水面 2623.25 公顷（3.93 万亩），占 8.42%；沟渠 1425.91 公顷（2.14 万亩），占 4.57%；水工建筑用地 507.36 公顷（0.76 万亩），占 1.63%。

黔西北土地分布主要表现为：占总面积 37.29%的土地，海拔在 1.8 千米以上；占总面积 35.6%的土地，海拔在 1.4—1.8 千米；占总面积 22.6%的土地，海拔在 1.0—1.4 千米；占总面积 4.49%的土地，海拔在 1 千米以下。

耕地分布主要表现为：占耕地面积 30.12%的土地，海拔在 1.8 千米以上；占耕地面积 35.5%的土地，海拔在 1.4—1.8 千米；占耕地面积 33.73%的土地，海拔在 1.4 千米以下。

土地的坡度分布情况为：占土地总面积的 21.69%，约为 873.79 万亩的土地，坡度在 25—35 度；占土地总面积的 7.22%，约为 560.95 万亩的土地，坡度在 35 度以上。从这些数据可以看出，黔西北水土流失较为严重。

黔西北地区生物资源丰富，矿产资源富集。譬如，品质无烟煤总量占贵州探明储量的 48%以上，可采储量约为 256 亿吨；水动力量可开发 160 万千瓦，占理论储量为 222 万千瓦总量的 62.5%；火电与水电总装机容量为 660 万千瓦。矿产储量居贵州前列的有硫铁矿、铁、磷等；核桃、茶叶、油菜、辣椒、大蒜、天麻杜仲、五倍子等农特产品、中药材盛产于此、黔西北境内的一些县域有着“中国漆城”“竹荪之乡”“天然药园”的美誉；黔西北地区是全国四大烟区之一，烤烟产量占贵州省的 40%以上。

（二）严寒恶劣的气候条件

1. 气候特征

黔西北由于其独特的地形、地理位置和大气环流的影响，大部分地区都具有气候的季风性、高原性、多样性特征。①

一是季风性。冬季盛行偏北风，风从内陆吹来，气候寒冷干燥。夏季普遍盛行偏南风，风从印度洋上空吹来，气候较为温暖多雨。

这种季风气候对农作物的直接影响有：（1）水、热同期，物种资源丰富；（2）从当年 10 月到次年 4 月，冷空气入侵频繁，温度不稳定，通常会造成“秋

① 关于黔西北气候，参阅：贵州大学生物与环境科学学院环境科学系生态学科组编. 贵州气候 [Z]. 内部刊印，1985：3.

风”冷湿天气与春播烂种、烂秧天气；（3）由于年际之间季风有强有弱，进退早迟，停留时间长短有所不同，气候年际间变化比较大，雨量在时间与空间上分布很不均，常面临旱灾、涝灾的威胁，农业生产极度不稳定。

二是高原性。黔西北全境大部分地方海拔高度都在1000米以上，气候具有高原性特征。主要表现为：海拔较高使得空气较为稀薄，太阳直接辐射的大气削弱效应小，同时由于纬度较低，太阳高度角较大，每当天空晴朗少云时，太阳就会直射在地上，但由于两者的叠加作用，即使在冬天，气温也会较为温暖。但是每当天气阴雨时，阳光难达到地面，因而会有气温随着高度升高而逐渐下降的特点。

比如，从贵州省威宁彝族回族苗族自治县和其他省份地区同纬度气温的比较中就可以看出这一特征：虽然还处于盛夏，但有时也会显现出凉爽如秋的景象，具有“四时无寒暑，一雨便成冬”的气候特色（见表2-1）。高原性气候是影响作物晚于春播种的最大影响因素之一，而秋播期作物生长周期往往又会提前，在这种情况下，如果遇冷温，冷害程度将会增加。

表2-1 贵州威宁彝族回族苗族自治县和其他地区同纬度气温比较表（单位:℃）

纬度	26°51′	28°17′	26°48′	26°48′
地名	贵州威宁	江西贵溪	江西广昌	湖南茶陵
1月气温	2.3	5.6	6.0	5.6
4月气温	12.0	18.2	18.8	18.1
7月气温	17.8	30.3	28.8	29.4
10月气温	10.5	19.2	18.6	18.6

三是多样性。黔西北谷地纵横，山脉重叠，地形复杂多样，通常在较短的距离内，高度差异很大，导致温度和降水分布不均匀。因此，主要作物在栽培性状和品种上有明显差异，气候多样性导致物种具有多样性。

2. 气象灾害

黔西北地区的气象灾害最主要就是干旱，尤以春旱最为显著。干旱的严重程度，从东向西不断加剧，特别是以纳雍县、威宁彝族回族苗族自治县与赫章县等地较为严重。另外，也有低温冷害的现象，人们通常把这种天气称为“烂秧天气”或者“倒春寒”，在威宁彝族回族苗族自治县、大方县等地尤甚。再者就是冰雹灾害，冰雹的产生和地形有非常密切的关系，黔西北地区属于贵州海拔最高的地区，特别是在1600米和1700米的区域冰雹最多。最后就是霜冻灾害，霜冻在贵州各县都有，但总的来说，西部地区比中东部地区多，尤其在威宁彝族回族苗族自治县，最多可达 123.5 天。由此可以看出，黔西北全境的农业气候特点是高寒，春干旱。

正是由于这些气象灾害，所以人们很早就认识到，位于乌蒙山脉腹地的黔西北，悬崖深谷，重峦叠嶂，喀斯特地貌突出，地理条件不适合农业生产："大抵山丛蛮杂，地缺民贫，加之寇乱相寻，凋敝尤甚。"① 所谓"峻岭崇山，草木黄萎，舟楫罕达，荆棒塞途，鱼盐之利弗兴，商贾之足不至，故生殖难也"②。大方县等地则有"郡地高而土瘠，气诊而候愆，山岚郁蒸，四时多雨，及冬则白气弥山，漫入户牖，阴凝草树，望之皆雪柱冰车也，故土人谓之凌城。屋不可瓦，受冻则毁，以故茅屋居多"的记载，在贵州最为典型的高寒山地，主要是指威宁彝族回族苗族自治县："黔称漏天，威宁尤甚，沉阴积雾，浹旬淫霖，虽暑月犹拥裘。谚曰：乌撒天，常披毡，三日不雨是神仙。杨慎诗所谓'易见黄河清，难逢乌撒晴'者也。"③

由于受众多气象灾害的影响，使得黔西北主要农作物产量极为低下，因而在该地区有这样的歌谣：

山高雾大细雨多，庄稼一种几遍坡。
到了秋收算一账，种一坡来收一锅。
……，洋芋好比核桃大，
苞谷只有辣子粗，耗子进地跪着吃。④

（三）生态环境的脆弱

生态环境恶化已成为全社会普遍关注的问题。黔西北地区由于地理位置复杂，自然条件恶劣，进一步加剧了生态环境的恶化。与此同时，基础设施薄弱、经济落后，再加上当地居民为了自身的生存和发展的需要，对生态资源的过度开发和不合理的利用，致使原本恶劣的黔西北生态环境更加脆弱。其成因主要在于自然与人为等方面的影响。

---

① 黄永堂点校．贵州通志艺文志（卷七地理类）［M］．贵阳：贵州人民出版社，1989：23.
② 黄永堂点校．贵州通志艺文志（卷七地理类）［M］．贵阳：贵州人民出版社，1989：23.
③ 爱必达．黔南识略（卷二十四大定府）［M］．乾隆十四年修刊本.
④ 贵州编辑组．黔西北苗族彝族社会历史综合调查［Z］．贵阳：贵州民族出版社，1986：27.

1. 自然因素的影响

乌江上游流经的黔西北地区，绝大部分属石灰岩山区，喀斯特地貌特征凸显，地表上溶蚀盆地、石峰、石丛密布，地底下溶洞伏流纵横。在此环境下，地表之上的土层较为薄弱，植被很难封林，容易遭受破坏。同时，温暖、潮湿的气候，为山区的岩溶发育提供了条件。可以说，该地区生态环境的脆弱性主要来源于特殊的地质环境。蜿蜒崎岖的表面，碳酸盐岩密集，薄土，土壤肥力低、稳定性差以及抗干扰能力弱等众多因素，使得植被生长非常困难且容易受到损伤。因此，水土流失、干旱和洪涝灾害等经常发生。总体而言，自然因素主要包括：(1) 特殊的气候条件：水热同期、雨量充沛、温暖湿润的季风气候成为喀斯特地貌发育的侵蚀力源泉；（2）岩性影响：岩石质地纯粹，多为石灰岩和白云岩，易溶物含量高，容易流失，土壤浅薄、土层不稳定且分布零星，易于流失与滑坡导致岩石裸露；（3）地形地貌影响：地势高差较大，内、外动力地质作用较为强烈，水土容易流失，森林、灌丛以及农耕地容易转变。

这种喀斯特石漠化，是在喀斯特自然环境和人类不合理的干扰下，地壳的表面呈现出同沙漠景观相类似的土地慢慢退化质变的过程。李阳兵等人根据喀斯特生态系统退化的形成过程，将岩溶生态系统的石漠划分为三种类型：一是地质尺度石漠化，指在地质历史时期，各种岩溶生境与地貌部位都发生作用，这是一种自然石漠化过程，它的表层土粒不断减少；二是生态系统石漠化，主要表现为由喀斯特生态系统的地表单层结构脆弱性特点起决定作用的潜在石漠化；三是人为加速石漠化，强烈的岩溶化过程以及人类不合理干扰的土地退化。①

黔西北地区属干旱缺水地区，水资源严重短缺，水土资源不相匹配。大部分地方降水稀少，蒸发量大，且降水分布很不均匀。由于降水和蒸发变化很大，地表水少，在空间与时间上分布又极不均匀，从而导致该地区生态环境异常脆弱。

黔西北地区的主要生态灾害是水土流失严重和土壤贫瘠。由于岩溶土层分布范围广且较为松散，从而导致土壤抗冲击能力非常低。同其他地方相比，在降水量相同的情况下，较容易遭受水土流失之害，故而田间持水能力较弱，土壤贫瘠。再加上黔西北地区的一些地方由于农业耕作方法不当，如有的土地长

---

① 李阳兵，王世杰，容丽．关于喀斯特石漠和石漠化概念的讨论［J］．中国沙漠，2004（6）：29-35.

时间被闲置、丢弃，致使土地资源被破坏进而退化，因此也导致了石漠化这一严重问题的不断发生。

2. 人为因素的影响

乌江上游的黔西北大地成为重灾区，并非古已有之，而是近二百年来不断酿成的苦果。民族学家、史学家和经济学家们通过综合研究得出结果："乌江上游各民族早年的经济生活结构，以及这样的优化结构对抑制水土流失的作用，从而使人们看清乌江上游之所以成为水土流失的重灾区，并不是自然条件恶劣的必然结果，也不是对自然资源过度利用的结果，而是对自然资源单项超额利用而造成的灾变。"①

杨庭硕先生从生态人类学的角度出发，将这种对自然资源单项超额利用而造成的灾变称为"人为生态灾变"，这是人为因素导致的自然环境变迁，按照生态灾变的性质，杨庭硕先生把灾变的成因大致划分为三种："其一，无意识地误用了资源利用的对象与方法，长期积累后造成灾变；其二，为了短期利益，强行对生态造成破坏，直接给相关民族造成了灾难；其三，由于族际关系的裹胁，相关民族的生物性适应能力遭到社会性适应能力的冲击，导致资源的单向利用，经长期积累后酿成灾变。"② 可以说，自然条件恶劣与人类经济活动频繁，引发了黔西北地区滥垦滥伐。此外，近几十年来，黔西北地域原有的脆弱生态系统由于受到人口过度膨胀以及经济快速发展的强大压力，生态环境的恶化变得越来越严重，人地矛盾等诸多不良因素交错其间。

喀斯特石漠化实质上是一种土地沙漠化过程。喀斯特生态系统的脆弱与退化主要受岩溶生态系统的脆弱性影响，同时，由于人类强烈的活动，加速了脆弱的生态地质环境的石漠化过程，因此也属于一种独特的人为沙漠化。

在西部大开发战略实施的号角声中，黔西北全区的经济与社会发展水平也在不断提升。但是，随着人口的过度膨胀，土地不断贫瘠化，经济建设与资源开发的力度难以为继。黔西北地区当前面临的主要困境有：相对薄弱的基础设施、生态环境的日益脆弱、急剧膨胀的人口与低下的生活水平等。

（四）黔西北民居建筑的聚落选址类型

黔西北全境乡土民居建筑聚落的选址与当地各民族的生产特点和习惯密切

① 刘锋. 启动族际文化制衡是落实退耕还牧政策的关键——以乌江上游水土流失的治理为例［J］. 贵州民族研究，2003（1）：43-48.

② 杨庭硕. 生态人类学导论［M］. 北京：民族出版社，2007：122.

相关。比如大多数建在山间小坝子、河谷地带的村落，主要以稻作农耕为主，民居建筑多为前边有金带（流水）环抱、中间有平坝明堂以及后边有坐山背靠的风水宝地之处。而那些山腰之上抑或丘陵地带的村落，则主要以旱地烧耕为主。这类村落形成的主要原因是：在技术水平较低的情况下，人们没有能力与自然环境抗争，只能通过生产生活的特性来选择自己的居住地。但也可以从某种意义上说，由于客观技术水平较低在一定程度上形成了“顺应大地环境”的“天人合一”的观念。下面几种不同的村落选址就是黔西北民居建筑表现出来的主要形式（如图 2-1）。

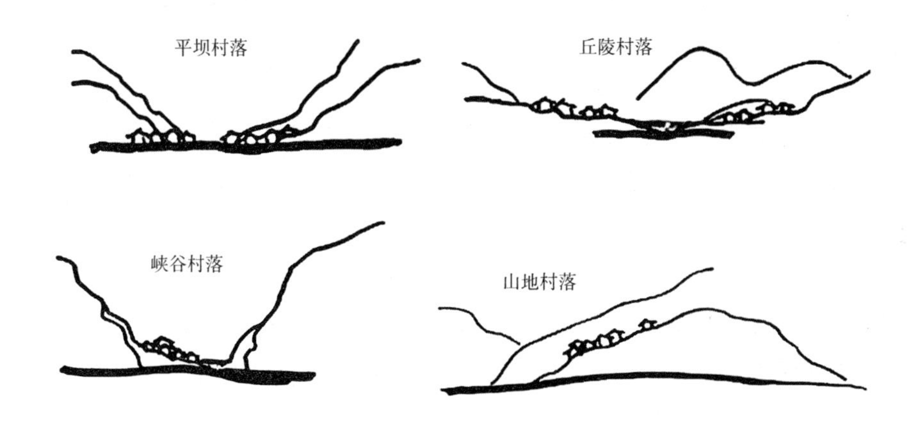

图 2-1　乡土民居建筑聚落的不同选址形式

黔西北全境乡土民居建筑的聚落形态，就分布在这复杂多变、绵延起伏的黔西北大地上，受各种历史因素的影响，黔西北乡土民居建筑的选址呈现出多样性与复杂性。根据我们的走访考察调研，将黔西北各民族的民居建筑的聚落选址类型，归纳为以下四种情况。

1. 山间坝子型

山间坝子型的民居聚落，主要在支流汇入河道的交汇处抑或河道曲折迂回处，地势通常都比较平坦开阔。由于河水冲击以及泥沙淤积等原因，通常会形成一块平坦的山间小坝子，这样的地块，空间开阔，水土丰茂，适于耕种，人口容量就比较大。在这样的地方，村民们选址时往往为了避免遭受洪水侵袭，会将房屋建在较高一些的二级台地上，民居聚落的形态根据环境造成团状、带状或者块状。

与一些居住在高山的民族（如彝族、苗族）不同，汉族乡民以居住在地势平坦之处为首选，在多山的黔西北地区，山间坝子被认为是最适合居住的地方。如果山间坝子中还有河流经过，那就更是环境优美的宝地了。因此，在黔西北大地上，但凡有平坝处必定会村落密集，人烟兴旺，良田成片。这种地方常常形成了很大的居住组团，更有甚者则会进一步发展成为小集镇。

山间坝子通常都散布在山地中间，而那些处于平坝的村落，较少居于平坝的中央，通常都会以山为依靠，面朝农田，即风水学上所说的“背山”（这在后面讲解黔西北民居聚落选址看风水时会有所阐述），这同时也从精神层面上传达出了一个多山地区的人们对山的依恋与热爱。黔西北地区的这种平坝村寨聚落，交通状况较好，在农业生产生活上，主要以种植水稻、蔬菜为主，同时辅以小手工业加工。

2. 山地丘陵型

丘陵地形主要指低于 200 米的小山丘，这是黔西北地区的主要地貌之一。丘陵山地的坡度较缓，高差小，耕作条件较好，土地利用率高，交通也较为方便，是仅次于山间坝子的宜居之地。

这一类乡土民居聚落，在汉族的民居建筑中占绝大多数。背靠山脚或者是较平缓的丘陵，出行便利，临溪涧小河，日常取水方便又不用担心大江大河洪水泛滥造成的灾害，因此，它成为建造民居聚落的理想场所。这类民居聚落，周围是延绵不断的丘陵抑或孤峰独存的山岭，民居聚落多数坐落在低矮丘陵向阳的一端，背靠丘陵，村前或附近有溪流、河水流过，狭长的田地沿着溪流、河水两岸分布着。通常是三里一村、四里一寨。有些溪流、河流的沿岸，连接着数个大小不一的民居聚落村寨。

如果村前没有河流，人们就会挖水塘蓄水，供牲畜饮用或者是便于居民浇灌田地。民居建筑依坡而建，由坡上向坡下、向田土中间延伸，排列错落有序，民居建筑朝向基本一致。此类村落平地较多，耕地较为肥沃湿润，水源也比较充足，因此民居聚落的分布较为集中，通常距离为 1 千米，一个村落大多在 100 户以上，较大的村落在 200—1000 户。

这类山地丘陵型民居聚落，通常也有沿着江河成线性分布的情况，这是因为其背靠丘陵而正面面水，一般都是从山脚向山顶方向修建。当然，越往上就会离水源越远，并且易受地形的限制，因此民居建筑顺坡向上建的层次不多。当村落的密度无以复加的时候，通常就会从村寨中搬迁一部分出来，另外建立新的民居聚落。

3. 山麓峡谷型

“地无三里平”是对贵州山地的形容，丘陵地带与山间坝子很少而显得弥足珍贵。由此可见，贵州多为山地峡谷起伏的地貌。因此，住宅建筑必然受到自然地形和生产用地等多种因素的制约，大量的住宅建筑必然在山上。在黔西北，处于峡谷地带的民居聚落选址通常都在山腰地带，以便于开垦山上田地，烧耕旱种。由于山地自然环境和社会环境相对较差，人们为了生存和发展的稳定性，必须选择生态环境较好之地，并要妥善处理日常生活以及生产安全等诸多方面的矛盾。

山麓峡谷型，其特点是将民居聚落选址在山脚之下，延绵的山脉到溪流、平坝之处截止，这种山脉前端被称为“龙头”。“龙头”面朝环绕的溪河抑或平坦的小坝子，背靠气势磅礴、连绵起伏的“龙脉”，而民居聚落就建在这样的“龙头”处，这从某种程度上迎合了黔西北各民族在风水学上对村寨选址“来龙去脉”的讲究。同时，民居聚落背山面水，依山可享林木之便，傍水可享开垦梯田、饮水、灌溉之利。这种民居型聚落更利于将山和水等自然因素和谐地运用到整体的景观构成中。

如大方县鼎新彝族苗族乡同心村姚家寨（如图 2-2），就是一个峡谷中的苗族聚居村寨，周围皆为高山环绕。姚家寨位于两山峰之脚，背靠大山，依山而建，面朝河流。民居建筑靠山而建，以便留出峡谷中珍稀的平地作为农田。

图 2-2 大方县鼎新彝族苗族乡姚家寨远景

4. 半山聚落型

前面三种民居聚落无论是位于山间小坝子、山地丘陵抑或是高山峡谷，都是以山脚、丘陵缓坡以及山间小台地等作为选址。除此之外，还有一些民居聚落，人们出于多方面因素的考虑将之构建于半山腰上。这类居于高山处的民居聚落，自然环境就较为恶劣，交通也比较落后，农业生产用地很少而且较为贫瘠，一些山林茂密处的少数人家还辅以打猎以维持生计，但是，随着经济的发展以及国家政策的大力扶持，这些民居聚落有向山下地势平坦、交通便利之处逐渐靠拢的趋势。

这种类型的民居聚落，周围群山环绕，地势较低。由于交通极为不便，人们生产与生活相当困难，这类村落，绝大多数都分布在相对高度在 30—300 米之间的缓坡上，且集中。由于山区地形多变，每个民族都有更多的选择，但同时也增加了构建居所的难度。

生活于这类聚落里的各民族在长期的生产生活实践中，一般都有明确的地理方位和日照导向的概念。他们把民居聚落靠山的一面视为养坡，它能为人们提供用于生产活动的广阔土地，而且可以减少高山寒冷的空气压力，挡风向阳。如在《大定府志》中称府属平远州（即今织金县）境内仡佬族民居聚落“居喜高阜，恒以傍岩依箐为安”①，就是对仡佬族喜居山腰居住习俗的真实写照。

半山聚落虽然在生活上不便，但是也有其自身的一些优势：一是阳光充分，只要是晴天，民居建筑的大部分时间都能处于阳光的照射下，防止雨水、湿气对木构建筑的侵蚀，保持地面干燥，便于人们晾晒谷物，同时也满足人们的日照需要；二是较高的地面，雨水的排出很方便，确保民居建筑不易受到暴雨洪水的影响；三是民居建筑背山而建，前景开阔，可以给人们带来舒畅的心情。

半山聚落，只能将民居聚落选址定在凹陷的山谷两侧，藏风聚气，形成环抱包围状，但是，由于山腰与山顶土壤都比较少，这样的村落规模都比较小，通常只有十几、二十户不等，并非理想的安居场所，好在山石坚固而无滑坡之忧。

二、生命的精神生态维度：人文环境状况

（一）多民族和谐共生的人文背景

1. 历史上黔西北各民族的生存方式

复杂多样的自然生境，会把那些具有不同文化沉淀以及来自不同文化系统

---

① 毕节地区地方志编纂委员会. 大定府志［M］. 北京：中华书局，2000：75.

的民族，吸引到黔西北地区安居，进而繁衍生息。

如《大定府志》等古籍文献中记载，黔西北这片大地之上早期就有夜郎人、羌人、僕人与越人在此生存。而今天的黔西北地区各民族与这些古代的民族到底有何关系，目前学术界尚无定论，但是可以断言，今天在黔西北大地上繁衍生息的各民族，肯定与这些古老的民族在文化上具有明确的传承关系。

例如，在《史记》中就记载了当时的西南夷存在着三种利用资源的方式：一是定居的农耕生活；二是半定居的农牧结合生活；三是逐水而居的游牧生活。今天黔西北境内的边远山区的彝族传承的是第一种生活方式；布依族、白族与汉族传承的就是第二种生活方式；仡佬族、苗族与少部分彝族传承的则是第三种生活方式。

对于在西南夷中生存的夜郎人，今天的人们仅记住了“夜郎自大”这个带有贬义的成语，却很少有人知道夜郎人在黔西北全境开发上作出的卓越贡献。《史记》中记载，当时的夜郎人可以乘船抵达南海之滨（今广东）从事正常的商业贸易，并且积聚巨额的财富，可以供养雄兵十万。《汉书》中记载，夜郎人可以铺架山间的供水渠道，用以确保生产与生活用水的长年充足。该书还记载，夜郎人所在的国郡能够生产各种稀有矿物，并以此作为贡赋。在《后汉书》中也提到，夜郎人仅仅凭借自己的实力，抵御了公孙述的大肆入侵，并派遣使臣样阿江道，不辞辛劳、远涉万里归顺了汉武大帝。虽然这些零星史料还难以廓出夜郎的真实面目，但是，夜郎人为黔西北地区开发上的首创之功，应永载丹青。

在三国、两晋和南北朝的混战时代，黔西北地区的各古代民族，也在汉文典籍中留下了浓墨重彩的一笔。诸葛亮对孟获七擒七纵、僕人大举入蜀、僚人开发南中地区以及爨人雄踞乌蒙，都是这一特殊时期震惊中原的重大史实。其中，瞨人与僚人则与今天黔西北地区的苗族和仡佬族有传承关系，而爨人就和今天的彝族有关联。

隋唐时期，社会稳定，经济蓬勃发展，黔西北各族人民获得了长期发展的机会。在唐王朝的支持下，黔西北地区的各族人民归属南诏王朝东路，并且参与到南诏王朝的三十八部，事迹皆记载在云南的德化碑上。当时的黔西北地区，盛产披毡、乌蒙良马与钢刀，因此在国内声名远播。值得一提的是，这些传统的优良产品与彝族农牧业生活方式相一致。

宋代统一全国后，采取了许多封闭黔西北各民族的措施，曾一度中断了黔西北地区各民族和中央王朝的朝贡关系，却未能隔断黔西北全境各民族和中原地区民间的正常往来。《岭外代答》和《桂海虞横志》中记载，南宋王朝从西南各民族中收购良马，而良马产地之一的毗那大蛮就是今天的织金县。① 元、明和清三朝时期的黔西北地区，主要是各民族土司代朝施政的时代，先后有水西、乌撒和普安三大彝族土司势力兴起，也正是在这种政治背景之下，朝廷才因此开辟了东西向贯通贵州全境的官方驿道。在水西土司的帮助下，开通了从贵阳直达黔西北的"龙场九驿"，同时，又开辟了从大方直达四川的"奢香通衢"，使黔西北地区和祖国内地紧密地开始联系在一起。但是，由于土司制度是一种代理统辖，所以在改土归流前，很少有汉文典籍的记载，实际情况至今尚不得而知。在清初，对水西、乌撒和普安完全改土归流后，原土司统治之下的苗族、仡佬族、白族、布依族以及汉族移民的史实才在清末成书的《大定府志》中有了较为翔实的记载。

2. 当下黔西北各民族"以人为本"的发展理念

从20世纪开始一直到今天，生活在黔西北大地上的各族人民，同祖国荣辱与共，但凡有国内、国际的重大活动，勤劳善良的黔西北人民，不仅积极参与，而且作出了重要的贡献，不断地培养出一代又一代的社会精英。

人文背景的复杂多样，既是黔西北民族关系与语言生态和谐发展的重要制约因素，同时也是自然资源多样化开发、利用的能动因素。在今天的黔西北地区，农、林、牧和狩猎等各种资源利用方式并存，交通、工矿、水电各项产业发展基础坚实，这正是各民族协同努力、和谐发展的结果，也是当今黔西北地区布局新发展理念的基石，更是各民族共谋生存、共同繁荣的现实需要。

20世纪80年代，黔西北经济落后、生态恶化、人口膨胀，人们生活十分艰难，陷入了"越穷越生——越生越垦——越垦越穷"的恶性循环怪圈。

1988年6月，国务院批复同意建立毕节试验区。

党的十八大以来，习近平总书记曾3次就毕节试验区工作作出重要指示批示，对推动实施好《深入推进毕节试验区改革发展规划（2013—2020年）》提出明确要求。

2018年7月，在毕节试验区建设30周年之际，习近平总书记作出重要指示，称赞毕节试验区是贫困地区脱贫攻坚的一个生动典型，要求"确保按时打赢脱贫攻坚战，努力建设贯彻新发展理念示范区"②，为新时代试验区改革发展

---

① 永斌. 黔西北民族杂居区语言生态与语言保护研究［D］. 北京：中央民族大学，2011：18.

② 2018年7月19日，习近平对毕节试验区建设30周年庆祝大会时做出的指示。

赋予了新的历史使命，指明了前进方向，注入了强大动力。

（二）农耕为主的生计方式

1. 黔西北历史进程中的农业生态观

在古代，黔西北地区农业生态的状况不仅仅局限于自然地理，应该说，中央王权的渗透和移民的涌入已经改变了黔西北地区的农业生态观。同时，由于各民族的立体分布状况，导致“高山苗，矮仲家，不高不矮是彝家，仡佬住在石旮旯”成为黔西北地区农业分布的特色之一。

明清两代，黔西北各民族的农业生产工具得到了极大的改善，生产技术有了很大提高。明朝时期，铁耙、铁锹、铁镰刀等农具在全地区广泛使用；清初，这些铁制农具的应用更为普及，甚至深入偏远山区，从生活用的锅、勺、针、锥到生产用的犁、耙、刀具应有尽有。牛耕的进一步普及推广，也是明清黔西北农业进步的显著标志。明朝时期，黔中、黔西北一带已经不再使用人力而是使用牛耕，生产力得到进一步发展。

根据20世纪中期对龙街、法地（威宁彝族回族苗族自治县境内）以及石板、金坡（百管委境内）等彝族、苗族聚居区的调查结果可以看出，在黔西北地区的一些少数民族集中的地方，新中国成立前已经广泛使用的农用工具有：犁头、耙子、挖锄、羊耳锄、风簸、斧头、弯刀、镰刀与连枷等。如生活在威宁彝族回族苗族自治县龙街的人们，在耕种不同类型的土地时使用的犁有琵琶犁与狗腿犁之别。同时，根据土质与作物的特性，选用类型不同的板锄、条锄与夹耳板锄等农具。众多的农具折射出农业生产的较高水平。这些工具尤其是铁制农具大都是从市场上向汉族购买，① 这从一个侧面证明了汉人移民对改变黔西北农业传统的重要作用。②

清代以来，黔西北地区民族种类逐渐增加，各民族的农业生态环境呈现出一定的差异。大量移民的涌入在一定程度上造成了种族冲突。族群之间的矛盾激化直接导致了黔西北地区生态应激机制的增强。高山垦辟终究是一种生存压力下的选择，而这种压力并不仅仅是由人地比例失调所造成，之中的族群冲突亦是主要原因。

---

① 贵州省编辑组. 中国少数民族社会历史调查资料丛刊——黔西北苗族彝族社会历史综合调查［M］. 贵阳：贵州民族出版社，1986：105.

② 温春来. 王朝开拓、移民运动与民族地区农业传统的演变——明清时期黔西北的农业［J］. 中国农史，2004（4）：81-87.

随着时间的推移，移民的大量涌入与人口压力机制使得人们生存的自然环境资源减少，造成生态的破坏和非科学种植，农业种植生态文化的优势逐渐抢占了山地畜牧业生态模式的地位，原来的畜牧民族对土地的占有观念日渐加强，使土地荒漠化、石漠化，对农业生态造成极其不利的影响。

清代以来的黔西北，刀耕火种这一农业模式带有一定的地域性特征，作为农业生产的基本形式，它具有广泛性。然而，它却是畜牧业向农业转变的选择方式。这是因为，刀耕火种所积蓄下来的草木灰含有大量供荞、麻等物种生长的养分，短期内能让农作物丰收。刀耕火种这一传统耕作模式，是黔西北人民大众为了获得农产品的稳定丰收以及维护生态环境的平衡而开创的，它具有本民族特色的耕作技术特色。"正是基于对土壤类型、气候，以及不同农作物生长条件的了解，彝族、苗族等做出了生态适应性上的最佳选择。"①

2. "开发扶贫、生态建设" 方略下的农业生产实绩

过去传统的生产方式已成为历史，黔西北各民族的农业生产注定会迎来可喜的明天。在国家实施西部大开发、黔西北地区成为"开发扶贫、生态建设"试验区的 20 多年时间以来，该区域的农业生产在各个方面都取得了可喜的成绩。

2019 年，全市坚持以习近平新时代中国特色社会主义思想为指导，深入贯彻落实党中央、国务院和省委、省政府各项决策部署，坚持稳中求进工作总基调，贯彻新发展理念，紧盯"打赢攻坚战，建设示范区"目标，统筹推进稳增长、促改革、调结构、惠民生、防风险各项工作，为加快推进决胜脱贫攻坚、同步建成小康社会奠定坚实基础。

比如，在 2019 年，全市地区生产总值 1901. 36 亿元，同比增长 8. 0%。其中，第一产业增加值 439. 36 亿元，同比增长 5. 7%；第二产业增加值 520. 67 亿元，同比增长 6. 8%；第三产业增加值 941. 33 亿元，同比增长 9. 9%。第一产业增加值占地区生产总值的比重为 23. 1%，第二产业增加值占地区生产总值的比重为 27. 4%，第三产业增加值占地区生产总值的比重为 49. 5%。人均地区生产总值 28378 元，同比增长 7. 5%。

全市农林牧渔业增加值 464. 4 亿元，同比增长 5. 7%。分行业看，种植业增加值 319. 9 亿元，同比增长 8. 5%；林业增加值 22. 8 亿元，同比增长 8. 0%；畜

① 袁轶峰. 文化与环境——清至民国时期黔西北农业生计模式［J］. 贵州大学学报（社会科学版），2008（9）：34-40.

牧业增加值 94.8 亿元，同比下降 1.4%；渔业增加值 1.8 亿元，同比下降 5.6%；农林牧渔服务业增加值 25.1 亿元，同比增长 5.5%。(见表 2-2)

表 2-2 全市 2015-2019 年全市农林牧渔业增加值

单位：亿元

指标名称	2015 年	2016 年	2017 年	2018 年	2019 年
农林牧渔业增加值	324.7	365.5	401.5	439.6	464.4
种植业	204.4	227.5	254.8	293.4	319.9
林业	15.7	18.5	20.3	20.9	22.8
畜牧业	83.3	96.1	100.8	98.3	94.8
渔业	1.9	1.9	2.3	2.7	2.2
农林牧渔服务业	19.4	19.4	21.1	22.9	24.8

全市围绕“113 攻坚战”总体部署，借助各级各界倾力帮扶“东风”，发动脱贫攻坚“春季攻势”和“夏秋决战”，把脱贫攻坚作为推进经济社会发展的统揽，扎实推进脱贫攻坚各项工作。

2019 年末全市剩余贫困人口 12.5 万人，比上年度净减少 31.9 万人，贫困发生率下降到 1.54%，出列贫困村 441 个，七星关区和织金县实现减贫摘帽。(见图 2-3)

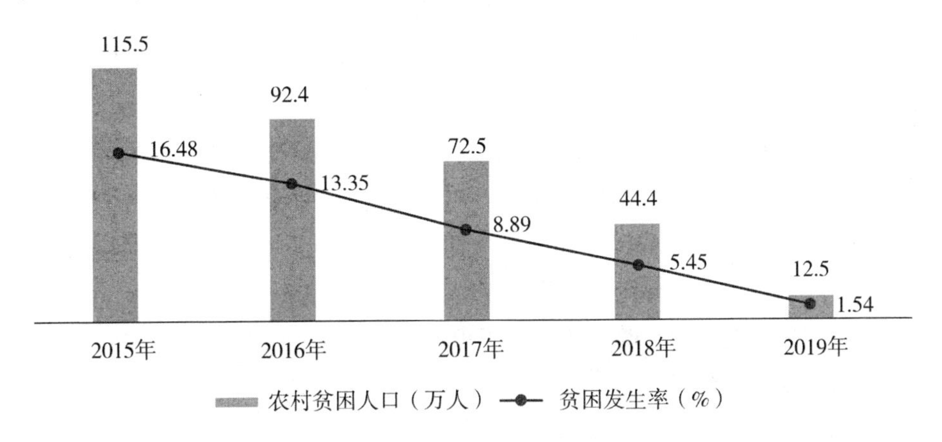

图 2-3 农村贫困人口及贫困发生率

总之，黔西北地区山路崎岖，气候寒冷，农业生产和发展受到自然环境的制约。在这种艰苦的环境中，只有战胜环境才能顽强生存下去。在漫长的历史岁月长河之中，各民族都逐渐适应了黔西北高山环境，在艰苦奋斗的过程中，形成了一套农业生态的山地农牧农业观。

（三）混杂融合的民族文化

在《农民社会与文化》一书中，美国人类学者罗伯特·芮德菲尔德（Robert Redfield）首次提出了文化的“大传统”以及“小传统”的观点。① 在罗伯特·芮德菲尔德看来，所谓的“大传统”，就是一个文明中，那些内省的少数人的传统；而所谓的“小传统”，则是那些非内省的多数人的传统。

1. 黔西北自身地域建构的文化小传统

黔西北地区因其独特的地理、气候以及封闭的地域，形成了与环境相适应的一系列民族文化。这一系列民族文化，正是美国文化人类学家罗伯特·雷德菲尔德提出的“小传统”的生动体现。概而言之，复杂社会中同时存在的两个不同层次的文化传统，以都市为中心，社会中少数上层士绅、知识分子所代表的文化（国家文化）就是“大传统”；散布在村落中多数农民所代表的生活文化（地方性的文化）就是“小传统”。

在长期的杂居和交往中，黔西北全境各民族形成的地方文化小传统，深受国家大传统文化的影响，且二者之间关系紧密。譬如，彝族人民在黔西北长期历史沉淀的文化有其自身生态的、人文的基础，是中华文明的重要补充，不能以经济的发达与否来对文化进行优与劣的划分。② 再如，黔西北地区彝族人民在同其他民族进行市场贸易、通婚、民间信仰交流的基础上形成了自己独特的文化圈，不同的价值观和文化差异造成了汉族人民与彝族人民的文化冲突和融合。

在中央王权千年以来的文化架构之下，黔西北地区各少数民族的行为与文化被认为是“冥顽不化”“鲜知礼仪”“难以训诲”“不知礼乐教化之事”等的代名词。但是随着发展的深化和交流的深入，“夷化”和“汉化”同时进行，文化传统不再是隔阂的源头，而是一种共享的生活方式。

随着时间的推移，黔西北的社会历史也发生了很大变化，尤其在明清时期更为迅速、深刻、广泛。

康熙乾隆年间，由于黔西北民间社会的变化，黔西北地区政权更迭，大量汉族移民文化的融入，并在与当地少数民族的交流与融合中形成了新的文化元

① 罗伯特·芮德菲尔德. 农民社会与文化 [M]. 王莹，译. 北京：中国社会科学出版社，2013：94.

② 陈克进. 中国古代民族关系几个问题讨论述略 [J]. 云南社会科学，2004（5）：73-79.

素，这些新的文化要素使旧的生活方式与社会结构发生转变。

2. 黔西北地区混杂融合的民族文化适应模式

在黔西北地区，大批的移民和当地各民族长时间错居杂处，大家在政治环境、经济生活中密切关联，文化生活的关系也日趋紧密。每个民族的文化都是按照自己的传统继承和发展的，但是，各民族之间的文化也会相互作用、相互影响。

民族文化的影响，有各少数民族族群间的相互影响以及各少数民族与汉族之间的相互影响，可分为“夷化”与“汉化”两种类型。在元代以及明代初期，散居在土司辖区的汉族人民，大量吸收当地少数民族文化成分，逐渐“夷化”。明代中后期以及清代，居住在流官统治区的城镇与交通沿线的一些少数民族则又日渐“汉化”，各民族文化在历史背景中传承和变异着。既不同程度地保有各自的文化特征，又有着若干相同的文化成分，构成丰富多彩的民族文化。①

生计方式的转变不仅预示着获取实物方式的改变，更是人们和自身生存的环境二者之间适应性文化的变化，进而引起了社会文化的变迁。不言而喻，促使社会文化变迁的因素，就是一个民族长时间赖以维系的生存方式由于外力原因，从而转变为另外一种形式，出现文化生存的问题。可是，地方习惯性的文化规约恰好适应着当地小生境的生态平衡，一旦外力作用介入，致使山地民族的生存土地被分割，难于实施传统的有序性生计模式，因此，生态环境的过度开发与文化涵化，导致黔西北地区混杂融合的民族文化适应模式。

（四）依托自然环境的黔西北民居聚落组合形态

黔西北地区地势高差大，复杂多变的地理环境和气候环境，极大地影响了农村民居的空间格局。山地环境中，要将建筑与自然融为一体，人们必须尊重并结合当地地形。黔西北民居建筑在与地形紧密结合的过程中，产生了各种形式的聚落组合形态。

1. 条带状

山地农村民居建筑的主要布局形态之一就是条带状民居聚落，这类村落主要分布在河谷地带，地势较为开阔，沿河流、公路呈带状布局。这类村落多数遵循山丘的位置方向而建，从几户到十几户不等，有的多达几十户，按一定的方式连在一起，进而组成一团。

随着山体等高线以及山势高低的起伏变化，条带状村落也随之变化，这类

① 侯绍庄. 贵州古代民族关系史［M］. 贵阳：贵州民族出版社，1991：331.

村落，高低错落，建筑布局多呈线形，一般呈现出层层递增的态势，从整体上看，这类村落具有丰富的立体层次感变化（如图 2-4）。这类村落虽然建在地形复杂的山地之上，但是由于地形的垂直高差不大，所以村落建筑数量规模较为庞大。

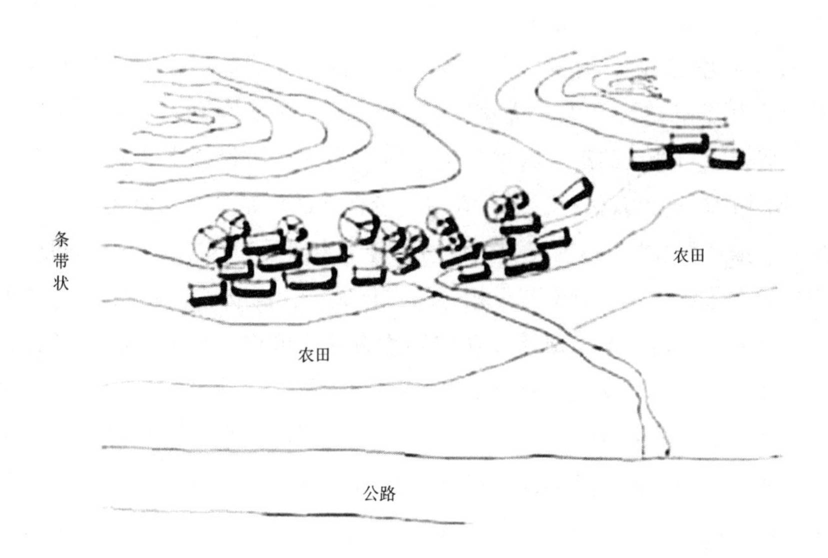

图 2-4　条带状

那些布局于公路两侧、水岸之滨的条带状村落，其形状常常取决于公路、河流走向同山势迂回度的结合。这类村落的特点是，多沿道路、河谷分布，在道路、河谷交汇处或在较宽的主要道路、河谷处相对集中。这种聚集性的村落，可以看成是多个村落聚集在一起的状况。

条带状分布的聚落，有的也以一条主要的巷道为主线，公共活动场所与居住空间都串接在这条巷道上。民居建筑沿巷道一侧或者两侧发展，通常情况下在部分民居建筑显现得比较稀松的地方，会通过人为的规划形成公共空间。由于线性的巷道不可能延伸太长，于是逐渐发展出垂直与巷道的鱼骨状分支，以扩充聚落容量。这类型聚落主要沿着交通要道、山脚以及河流岸边布局发展。

新时代下的这类聚落的形态，基于山形、水形等基础条件而多呈现出较为自由的格局，同时，在中国几千年文化影响下，这类聚落形成的街道圩镇较为整齐划一，表现出一定的风水意向与礼制特征，例如纳雍县苞窝乡黄河坝社区一角（如图 2-5）。

图 2-5 纳雍县苟窝乡黄河坝社区

2. 环状

环状的民居聚落空间的形成多因地形为山地，当地居住者顺应山势的地理位置而建，多选择在半山腰中建造，而山势陡坡较多，就以山环的平坦空地为基，呈阶梯状分布。这里指房子围绕山头形成“O”形，但依然是依山就势的布局形式，聚落之间有小路通过。村寨尽量采用中心集聚式布局，同时这种向心结构也向四周辐射。这种村寨形式分布于山脚或斑口处，沿着村中主要道路集聚或者发散，一般都由一条主巷及道路展开，围绕着主街巷沿等高线、道路及河流发展成环状组团。中心密度大，向外逐渐变小。村寨聚居密度也比较集中，人口密度相对较大，因此规模较大的村寨主要以此形态布局（如图 2-6）。

当聚落规模进一步扩大，环状分布的聚落会进一步发展为道路纵横交错的网络型聚落。这类聚落地域较为平缓开阔，村庄建设条件较好，民居聚集程度较高，基础设施相对完善，人口规模较大。比如大方县核桃乡木寨村（如图 2-7）。

河谷缓地以及地势不大曲折的山地中，建筑散落成几组分布并以道路相连，呈环状；或是山沟内外、河畔阶地，在不同的地块上村寨建筑成组分布，形成上、下、左、右的几部分，建筑之间也有稀疏的联系，再辅以道路串起形成珠串格局。

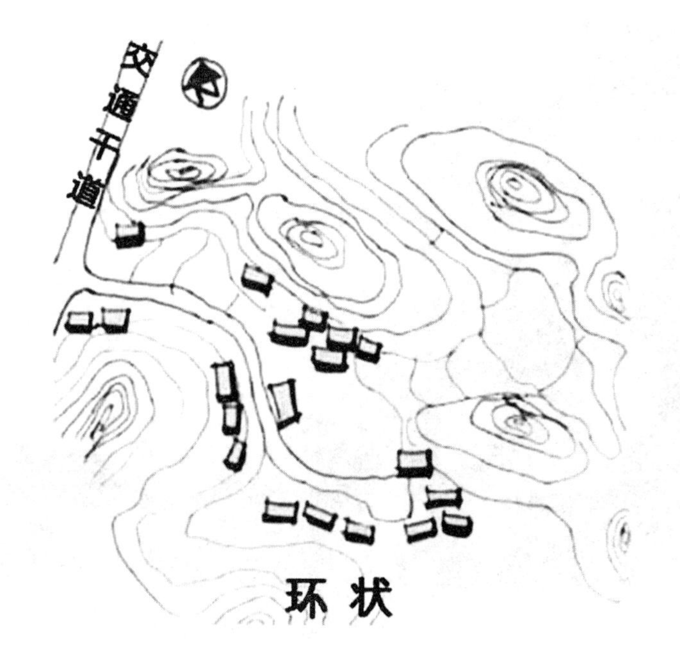

图 2-6 环状

图 2-7 大方县核桃乡木寨村

3. 团状或圆形

团状或圆形的民居建筑聚落，一般来说都有一个较为明确的中心，当然，这个中心，既可能是单个，也有可能是多个。同时，由于这种类型包含的面积都比较大，因此很容易形成比较大的聚落。村落也比较容易发展为成片连接，这类聚落既可以首先形成两三个点，然后在各点之间逐渐发展，最后连成一段，也可以同时从多点多方向不断地发展连接。这类村落，聚落轮廓并无定型，可根据山势自由地伸展。

这类村落，就是包含一个中心的一个组团（如图 2-8），可以表现为几种情况：一是许多组团围绕着最初的组团互成紧密的关系，彼此形成没有明确界限的整体；二是两个（或更多）定居点之间有一定的距离，之后双方都向外扩展，虽然由于地形或其他原因导致组团的层次较为明显，但是组团之间又通过某种方式有机地联系在一起，组成空间弹性较大、层次感极强的集群；三是两个（或更多）点相距遥远，在扩张与发展之后，仍然是一个相对独立的团体，仅仅凭借着团体之间潜在的某种联系，使它们相互呼应、相互统一。

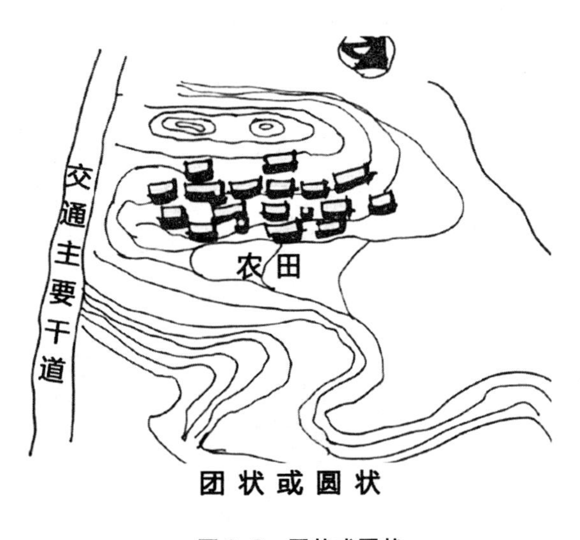

图 2-8　团状或圆状

团状或圆状的聚落，对地形的选择主要为平缓与开阔之地。这类聚落，多数都处在地形起伏变化明显的地方，多个组团形态共同形成整个村寨，这些组团内部密切相关，但这些相互关联的组团，由于受到道路的转折、山体的起伏隔断等众多因素的影响，因而民居建筑聚落形成的空间呈高低错落之态势。同时，这类聚落，通过一些具有代表性的基础设施，如道路、水体与广场等作为民居建筑聚落的联系空间，进而把整个民居村寨公共空间的主要作用呈现出来。如织金县少普乡金钟村小康寨村落，便是典型的组团状聚落形态（如图 2-9）。

村寨民居围绕着文化广场等公共场所，中间以道路形成纽带。

图 2-9　织金县少普乡金钟村小康寨一角

4. 散点随机状

散点随机状聚落，一般来说，规模都较小，民居建筑的分布较为分散、稀疏，具有较大的随机性，这类民居聚落难以形成具有整体性的建筑群体形态，因此就很少有完整的巷道系统。这类聚落，多位于地势较陡或者是偏远之处，村落民居呈星星状散点分布，无规则可循。(如图 2-10)。

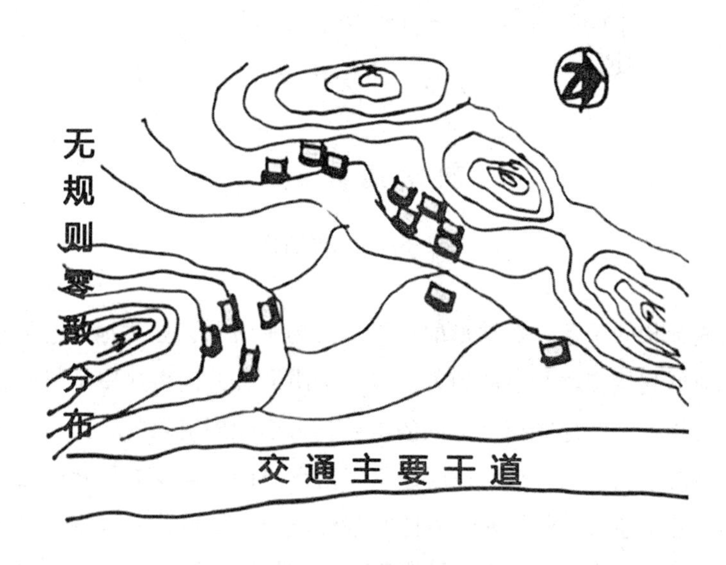

图 2-10　无规则零散分布

聚落中的建筑朝向、相互关系都比较随机，缺乏讲究。这种类型的聚落多为由于人地矛盾而离群独居的少数家庭或者是由于地缘、业缘关系迁徙而来的。由于地形条件的限制以及彼此间社会关系不紧密、缺少共同的信仰与习俗，这类聚落无法形成具有一定秩序感和共同特征的聚落形态。地形高低起伏、变化多样，耕地分布零散，交通极不便利。这是一种最为低级的聚落形态，主要分布在边远山区以及狭小的盆地地带，村民的民居建筑基本就分布在田地周边，便于日常耕作和管理。

在黔西北地区，这种散落性的住户非常多，有的在深山里，有的在山腰上，还有的在河流边的平地上，位置的不同、环境的差异导致建筑的整体形态的改变。这种聚落的形成原因主要体现在以下两方面：山地土地面积有限，耕地面积少，人口数量多，人们不断走向山坡去开垦土地，此其一；由于战乱等历史因素的影响，从而使得人们向更崎岖的山上迁移，此其二。这些位于高山辟垦之地的人民，许多还保持着自给自足的生活。

当然，这些高山深处的零散的民居建筑，与周围的环境共同构成一幅美丽的画境，有时也是一道独特的田园风光。在不少地方，如今慢慢变成了人们走近自然、追求自然的旅游景观（如图 2-11）。

图 2-11 纳雍县昆寨乡治沟村

总之，黔西北全境民居建筑聚落，在空间结构上还是遵循依山就势的原则，不论是哪种结构，其形成与发展总离不开贵州山地多样的地理环境，同时也离不开人的需要。因此，黔西北各民族民居建筑，都是受自然地理环境与人文背景双重影响之下的产物。

三、生命的社会生态维度：社会发展状况

（一）历史溯源和行政区划的大致情况

1. 历史上黔西北的归属情况

据《大定府志》等史书记载，黔西北全境在殷商时期归属荆州西南之地，周代时隶属蜀郡之东南境。

秦朝时为蜀郡属地，汉朝时归益州之牂牁、犍为两郡管辖，蜀汉时期分属于牂牁、朱提二郡，两晋时期属益州、朱提郡管辖。

隋朝时属爨蛮之卢鹿部，唐朝时期先归昆明国后属黔州都督府属地，五代十国时期分属郝州、龚州、晖州、禄州、宝州等不同之地。

宋朝时期置罗氏鬼国辖乌撒部、毗那部，元朝时属“亦溪不薛”（蒙古语，意为水西之地）宣慰司、乌撒乌蒙宣慰司所辖。

明朝时期分属水西宣慰司、乌撒军民府、永宁宣抚司以及毕节、乌撒、永宁、赤水四卫。清朝时期，康熙五年（1666年）设置大定（今大方）府、黔西府和平远（今织金）府，同时将四川乌撒土府改为威宁府；康熙二十二年（1683）将黔西、平远二府降为州隶属大定府；康熙二十六年（1687年）将大定府降为州隶属威宁府，统领大定、平远和威宁三州以及毕节、永宁二县；雍正七年（1729年）将大定州升为府，统领黔西、平远和威宁三州以及毕节县与水城厅。

民国初年撤府设县，全境内所有县归贵西道管辖；1935年，贵州省政府设置毕节第四行政督察专员公署，管辖辖毕节县、大定县、黔西县、威宁彝族回族苗族自治区和水城县；1941年在原建制基础上拆设纳雍县和金沙县，改织金县隶属第四行政督察区；1942年拆改威宁彝族回族苗族自治县东北设置赫章县。此后，贵州第四行政督察区共辖毕节县、大定县、黔西县、金沙县、织金县、纳雍县、水城县、威宁彝族回族苗族自治县、赫章县共九个县。

新中国成立之初，贵州省人民政府毕节地区行政督察专员公署成立，管辖民国末年第四行政督察区所属之各县。

2. 新中国成立后黔西北行政区划的大致情况

1950年，在县以下设置区人民政府，黔西北全境9个县，共管辖55个区。1953年，把全地区人民政府改为区公所，作为县人民政府的派出机构，区下设

置乡、镇人民政府，作为县辖一级政权组织。

1955 年，改建威宁县为威宁彝族回族苗族自治县。

1970 年，将水城县合并入水城特区，划归六盘水地区范围，同年，将毕节专区更名毕节地区，管辖毕节县、大方县、黔西县、金沙县、织金县、纳雍县、赫章县和威宁彝族回族苗族自治县共八个县。

1991 年，黔西北全境一共有 89 个区，736 个乡镇，其中，有民族乡镇 240 个（87 个镇，153 个乡）。

1991—1992 年，全国各地都在进行撤区建镇并乡的工作，也就是县以下的行政单位一般都被设置为乡和镇。

到了 1994 年之后，撤毕节县而专门设置为毕节市县级。

2007 年，贵州百里杜鹃景区管理委员会成立，并实行了百里杜鹃景区统一管理和领导。

2011 年 10 月，撤销毕节地区与县级毕节市，设置地级毕节市，原县级毕节市更名为七星关区。

2015 年 12 月，设立毕节金海湖新区，由原毕节双山新区和贵州毕节经济开发区整合组建而成，是中共毕节市委、市人民政府派出的正县级机构，实行“一套人员、两块牌子”的管理体制。

2021 年 3 月，撤销黔西县，设立黔西市（县级）。2021 年 5 月之后，毕节市共管辖七星关区、大方县、黔西市、金沙县、织金县、纳雍县、威宁彝族回族苗族自治县、赫章县 8 个县（自治县、市、区）和百里杜鹃管理区、金海湖新区 2 个正县级管委会，279 个乡（镇、街道），3701 个村（居），居住着汉族、彝族、苗族、回族等 46 个民族。2020 年末，户籍人口 950. 29 万人。

（二）双重属性的宗教信仰

1. 黔西北境内原始的宗教信仰

美国学者孟彻里认为：“对于一个少数民族群体，重要的是怎样在一个大环境里生存。有些就会采取宗教的形式，透过宗教来确认他们是与周围人群不同的，而且相信他们最终能够变成独立的群体。所以，他们不是在搞一种实质的政治对抗，而是一种宗教运动。”①

---

① CHARLES F. Mckhann “introduction” in Ethnic Adaptation and Identity：the Karen on the Thai Frontier with Burma ［M］. PH：Philadelphia Institute for the Study of Human lssues，1979：108.

历史上，黔西北全境基本上是以彝族、苗族、仡佬族等为主体的族群，各民族在与黔西北地域环境相互调适的过程中，绝大多数群体都存在原始宗教信仰。

黔西北境内包括汉族在内的许多族群，通常都有自己的仪式崇拜。如彝族的“撮泰吉”与穿青人的“庆坛”或者称为“跳菩萨”等仪式，年复一年的展演，使得这两个族群的文化意蕴也极富历史渊源。但从某种意义上来说，无论是“撮泰吉”，还是“庆坛”，其实质都是黔西北各民族多元文化之间交流、互动的历史再现，体现出万物有灵崇拜与祖先崇拜的朴素思想。

譬如，彝族“撮泰吉”仪式中，天父、天母、天神、地神、山神与锅庄神等诸神都是彝族人民所敬之神，“撮泰吉”的表演形式和表演内容可以让我们追溯到人类的产生到形成的初始状态，并深刻地了解人类从猿人转变到人的漫长历史，进一步掌握人类社会历史发展的客观规律，客观地诠释了人类逐步走向文明和进步发展的过程，清晰地展现了人类的产生和发展脉络。

2. 外来宗教因素对黔西北地区的影响

除了当地的宗教和信仰之外，国外的宗教因素也逐渐渗透到贵州相对落后和偏远的黔西北地区。16 世纪中后期，基督教的传播范围逐渐到达贵州。贵州也较早地成为天主教耶稣会的传教区域，随后巴黎外方传教会与西班牙多明会也将贵州划入它们各自传教的范围之内。但直到 1575 年贵州归属澳门教区，该教区才派遣耶稣会传教士前往贵州传教。1696 年，天主教贵阳教区成立。到了 19 世纪初，贵州的天主教徒已接近千人。1846 年，天主教会把贵州升为独立代牧区。1853 年，天主教已在贵州的十六七个州县建立传教点，教徒约 2000 人。①

历史上的黔西北地区苗族同胞已有多神信仰观念，认为世界存在着各种各样的神。具有族乡崇拜的苗族人民，在基督教传入的影响下由信仰多神的自然宗教发展到信仰单一神的基督教，可以说是其宗教发展史上的一次进步。② 新教传入贵州比天主教晚得多。

直到 1877 年，内地会传教士祝名扬和巴子成才到贵州开创教务。从此以后，内地会的传教士们，不远千里相继到来，传教范围逐渐扩展开来，并主要

---

① 杨策，彭武麟. 中国近代民族关系史：1840—1949［M］. 北京：中央民族大学出版社，1999：159.

② 王曼. 基督教新教文化对黔西北苗族社会的影响［J］. 山东省农业管理干部学院学报，2010（4）：133-136.

向彝族与苗族集中的地区渗透。

1884 年与 1888 年，内地会传教士白礼德、党居仁两人先后来到安顺地区，“专向苗、彝等少数民族‘布道’，逐渐扩展到平坎、普定、郎岱、黔西、大定、织金、水城、威宁等地区。以后，党居仁还派明鉴光到黔东南的旁海、下司、重安江等地建立教堂”①。稍晚，循道会牧师柏格里到威宁、石门坎等地传教，并在苗、彝民族中形成较大影响。

综上所述，黔西北地区历史悠久，其文化的形成与发展有着独特的历史境况。黔西北地区特殊的文化生态适应价值，正是在自然环境的、民族的、历史的以及社会的多方面因素的合力下形成的。人们在不断地改变旧有的生存环境与适应新环境的历史进程中，民居建筑聚落就是该地域人们的物质文明的一种生动体现。

（三）唯变所适的辩证思维对民居建筑的影响

1.“唯变所适”体现了黔西北民居建筑发展的适应观

《周易·系辞下》载：“易之为书也，不可远，为道也屡迁。变动不居，周流六虚，上下无常，刚柔相易，不可为典要，唯变所适。”② 这句话阐释了适变的哲学方法，主要有两层含义：第一层为“常易”。其阐述的易理是中国古代哲学思想的精要之一，其核心观念即是变化的永恒性。“生生之谓易”“一阴一阳之谓道”“刚柔相推，变在其中矣”，阴阳之变因生生不息而产生了万物现象。张载在《正蒙·太和》中云：“性与天道云者，易而已矣。”③ 又有云：“圣人语性与天道之极，尽于参伍之神，变易而已”。第二层为“适变”。既然变化恒常，那么就需要体会自然变化之道从而施行人道，适时应变，该止则止，该行则行，穷则变，变则通，通则久。

荀子在《荀子·天论》中主张“天道有常，不为尧存，不为桀亡。应之以治则吉，应之以乱则凶”。④ 也就是说，要认识到自然规律的客观存在性，同时也需要适应它并以此来趋吉避凶。

唯变所适的思想，就是要认识到处于永恒的变化发展之中的世间万物，需要适应性地随之加以变化发展，要因时、因地、因人的不同，针对具体情况制

① 杨策，彭武麟．中国近代民族关系史：1840—1949［M］．北京：中央民族大学出版社，1999：160.

② 南怀瑾．易经系传别讲［M］．上海：复旦大学出版社，2018：365.

③ 李敖．周子通书（张载集、二程集）［M］．天津：天津古籍出版社，2016：51.

④ 杨柳桥．荀子诂译［M］．济南：齐鲁书社，2009：317.

定解决方案。也就是说，民居的建造者在面对具体的不同问题时，要会不断变化、调整，对具体问题进行分析，从而得到解决办法，并实现得体适中的目标。这样进行设计操作可以将固定的规则变为“活法”，将有法变为无法，在每个设计中体现设计者的独特匠心。

众所周知，人们的生产和生活都同建筑密不可分。民居建筑的存在，解决了人类在居住中存在的许多问题，因而可以说，具体人居问题的解决，是设计建筑时首先应思考的。

由于每个建筑不一样，它们所面临的问题也各不相同，因而设计创作的结果也会根据这些问题的不同而有所不同，它需要因时、因地、因人而异。从这一角度来说，建造者必须熟悉各种规范，全面掌握需要应对的具体情况，不断地分析、归纳和总结，进而才能得到合理的解决方案。

2. 守中致和与唯变所适的相互关联

守中致和也是建筑判断标准，对于人们分析问题、选取解决方案，会产生一定影响。守中致和的价值观意味着在解决问题的过程中要把握好各种因素与条件之间的联系与平衡，比如，要处理好“新意”与“法度”的关系，力争做到出新意于法度，寄妙理于自然。为了做到得体与适中，就必须不拘泥于具体的规则，针对具体问题采用不同的解决方案，要采用“活法”，切实把“新意”和“法度”有机地统一在一起，做到“因宜适变”。

梁思成先生曾在《千篇一律与千变万化》一文中提出，好的建筑形式必须处理统一和变化之间的辩证关系。① 他以中国传统建筑为例，认为屋顶的基本构成是不变的，无论它如何变化，甚至可以认为是千篇一律的；但是当面对不同的环境时，如对不同的环境或功能要求有差异时，大的屋顶形状就会有各种变形，正是由于这种变形，使得中国传统屋顶形成了各种各样的美。梁思成先生认为，翻开一部世界建筑史，凡是较为优秀的个体建筑或者组群、一条街道或者一个广场，往往都以建筑物形象重复与变化的统一而取胜。说是千篇一律，却又千变万化。因此，在民居建筑的营造过程中，只有确定空间中的主次，处理好“一”与“杂”的关系，才能使整体的构图形式匀称。

人们所说的“一则杂而不乱、杂则一而能多”，是指对空间形式的处理需要讲求主次的均衡与协调，寻求“一”与“杂”的平衡，进而也才可能获得和谐统一的美，使空间中的实和虚能够有机统一起来。具体表现在：其一，在初期

---

① 张岱年，邓九平. 人世文丛 · 云梦生涯［M］. 北京：北京师范大学出版社，1997.

的设计阶段，必须处理好建筑与环境之间的关系，务必使两者相协调。这里的环境既包括自然环境，同时也包括社会文化环境。这就需要因地制宜、因势利导，只有充分结合场地的自然环境条件与文化因素才能进行创作，使建筑与环境浑然一体。其二，就是要利用好建造技术条件，在构筑方式上因材致用，根据相应的技术条件选择合适的建造方法。

事实上，不管是因地制宜还是因材致用，都是在守中致和的理论指导之下，强调设计必须要根据具体的情况和问题，才能找到合适的解决方法。只有这样，才能最终实现建筑适中得体之美，建筑与环境也才能有机统一，共同成为和谐的整体。

四、本章小结

广阔的黔西北地域环境，形成了其不同于其他地方民居的差异特色，使得这片土地上的民居具有独特的乡土气息，彰显出了鲜明的地域民居建造文化特征。本章主要阐述黔西北民居建筑的自然生态背景、人文环境文化要素以及社会发展状况，这三点共同构成了黔西北民居建筑形成的主要内在驱动力。

黔西北地区的自然生态要素可概括为：崎岖复杂的地形地貌、严寒恶劣的气候条件、脆弱敏感的生态环境，同时，依托于这几方面而形成了民居建筑聚落选址的四种类型：山间坝子型、山地丘陵型、山麓峡谷型和半山聚落型。

黔西北地区的社会文化要素可概括为：多民族和谐共生的人文背景、农耕为主的生计方式、混杂融合的民族文化，在此基础上，根据民居聚落所在局部地形和空间布局形式特征，将黔西北民居聚落组合形态划分为条带状、环状、团状或圆形以及无规则形零散分布四种。

黔西北地区的社会发展状况，从历史溯源和行政区划的大致情况以及双重属性的宗教信仰、为变所适的辩证思维对民居建筑的影响等方面进行了简要的阐述。虽然受多种因素的影响，黔西北民居聚落空间形态呈现出多种不同的类型，但是各种类型的村寨内却存在共同的构成元素和民居聚落内部空间构成。

第三章

黔西北民居建筑中人的生物生命满足的物质承载

民居建筑得以存在，是为了满足人们一定的需要。故而建筑是人工营构之物，是人们利用已有的物质技术条件所创造出的人为空间，它同时也是沟通人和自然环境以及社会环境的中间环节和桥梁。从这个意义上来看，人与民居建筑的关系可表述为：民居建筑是人为了适应环境而创造的，它成为沟通人类与环境的关键环节。通过民居建筑，人与自然形成了和谐的关系。

一、民居：基本需求的物化

（一）人居环境：人类生态的变迁

1. 从大自然到人工物

地球是太阳系的行星之一，由于特殊的日地关系，在其长期演变中，出现了生命现象，当生命进化到距今二三百万年前时，出现了人类。人类的历史与地球的历史相比较，只不过是非常短暂的瞬间。人类自从诞生以来，就与地球环境有着非常密切的关系。人类始终面临着适应环境与改造环境的问题，可以说人类的产生本身就是与环境不断调适的结果。

环境可根据与人的关系远近、影响的大小分为宇宙环境、自然地理环境（地球环境）和聚落环境等不同层次。宇宙环境是人类环境的极限，也是人类能够继续发展的最宏观的制约条件。没有这个环境，地球环境就无从谈起。自然地理环境是人类赖以生存的环境要素的总和，包括空气、阳光、水、土壤、矿物、岩石和生物等。这些要素在时空上呈现出圈层结构，即大气圈、水圈、土壤圈、岩石圈和生物圈等。这是与人类生存关系最为密切的环境，也构成了人类社会发展的宏观制约条件。

地球环境发生问题，人类的聚落环境就失去了存在的前提。这其实暗合了汉宝德讲过的关于中国建筑的理想状态。在汉宝德看来，中国建筑是“以人为主的，是没有理论的人本建筑。简单地说，中国文化在这方面一直保持其原始的、纯朴的精神，把建筑看成一种工具、一种象征。它既不是艺术，也不是科学，所以没有被读念书人弄拧巴，它从来就是为生活而存在的。……中国人从来没有在建筑应如何如何上面花脑筋，所以正史上除了讨论礼制建筑出现咬文嚼字的情形外，建筑只如同空气一样自然地在我们身边，任我们不假思索地享用，它是我们生活之当然"①。既然民居建筑是以人为本的，人生活在其中，也就无法脱离脚下的土地，人必须站在具体的大地之上存在。

2.“宅”在动态历史中的演变

每一种新事物的诞生，在其后续发展的过程中都可以成为不断发展和变化的源泉，同理，正是在人类活动以及环境的影响下，“宅”的创造和演化过程，也按照同样的路线一路前行、发展变化。

当然，“宅”的出现，并非轻而易举之事，而是许多代人筚路蓝缕投身于此的结果。从远古时代人类诞生后，“宅”最早的雏形便出现了。至于“宅”形成的最初原因是什么，它是什么样的形态，目前还尚无明确的定论，世界不同地方的研究者们，都只能根据后期考古专家们考古活动所得的结果，通过适当的推理，甚而加上想象，极力地勾画出“宅”最初出现的原型和其所处的环境。

但可以肯定的是，远古人一开始和其他野兽没多大差别，为躲避风雨与寒冷等自然灾害以及其他生物带来的伤害，都会选择自然界中天然存在的遮蔽场所，而洞穴就成为他们下意识的本能选择。自然洞穴，不是由劳动创造的，不应该被当作房子的原型。虽然洞穴有庇护功能，但是人类只有从洞穴中走出，才有可能创造出最为原始的栅栏空间。毫无疑问，这已经成为共识。

在中国古代文献中，曾记载有巢居的传说，如《韩非子·五蠹》：“上古之世，人民少而禽兽众，人民不胜禽兽虫蛇，有圣人作，构木为巢，以避群害。”②《孟子·滕文公》：“下者为巢，上者为营窟。”③ 因此有人据此推测，巢居也可能就是地势低洼潮湿而多虫蛇的地区采用过的一种原始居住方式。地势高的地区则营造穴居。

远古时期，人类祖先为了遮风避雨和防备野兽侵袭，往往利用天然洞穴（山洞、溶洞）、树杈等作为栖息场所，这些仅仅是可资利用的天然居所，都不

---

① 汉宝德. 中国建筑文化讲座［M］. 北京：生活·读书·新知三联书店，2006：181-182.

② 谭新颖. 韩非子［M］. 桂林：漓江出版社，2018：437.

③ 孟子. 孟子［M］. 哈尔滨：北方文艺出版社，2019：124.

是建筑。如贵州省黔西观音洞遗址。

位于黔西市观音洞镇的黔西观音洞遗址，距今有20万年到4万年，在中国旧石器时代考古学的发展史上，这一文化遗址具有重要地位。自1964年以来，该遗址先后有四次大规模的挖掘。岩洞分为上、下两部分，厚度为9米。目前，在该遗址中发现的石制品超过3000件，包括石片、石核、尖头工具、切割工具、石锥和雕刻品等。这些石器的原料、制作和类型组合，反映了西南地区旧石器时代文化发展的特点，具有鲜明的地方特色。

该遗址是一个大型的洞穴遗址。主洞口向西，其长度为90米，宽度为1—9米不等。内有南北两个支洞，面积约1000平方米。该遗址是人类早期的活动遗迹，属旧石器时代早期。这时的人类处在“晚期直立人”阶段，已经能够直立行走。那时的古人类以采集和狩猎为生，洞里留下了25种哺乳动物化石，其中尤以剑齿象、犀牛等为多，与早期人类的狩猎活动密切相关。较为遗憾的是，在这里，并没有发现任何古人类化石。

裴文中先生认为，黔西观音洞遗址是我国旧石器时代早期最重要的文化遗址之一，它的文化面貌独特，对于研究我国旧石器的起源和发展，研究华南地区旧石器时代早期的人类活动，具有重要的科学价值。白寿彝先生在《中国通史》中对黔西观音洞文化有着重要的评价：其一，在我国南方，属于更新世中期的遗址，首推贵州黔西观音洞；其二，观音洞石器加工之细致和方法之多样，为同期各地石器之冠。① 白先生中肯的评语，充分体现了黔西观音洞文化在南方乃至中国的重要地位与科学价值。观音洞以其独特而丰厚的文化内涵引人注目，在全国与北京周口店、山西西侯度鼎足而立。在中华大地上，早期的人类分别在不同地区创造文化，以后才日渐融“多元”为“一体”，而黔西观音洞文化就是这“多元”中的“一元”。

众所周知，随着生存环境的变化和人类的进化，人们开始对原始住所进行改善，因地制宜地搭建出人工的树枝棚、石屋等，形成了早期的建筑雏形。

无论是从穴居发展而来的“土”系宅，还是从巢居发展而来的“木”系宅，二者在早期都同属于一种平行式发展序列。

随着人类文明的发展，社会政治、经济和文化在各个方面都在不断进步，不同地区的民族群体慢慢地开始交流与互动，这一发展进程，使得处于不同系统的文化相互作用、相互渗透，正是因为如此，这两个系统的宅形文化在这一

① 白寿彝. 远古时代［M］//白寿彝. 中国通史：第2卷. 上海：上海人民出版社，2004：20.

过程中也积极地向前发展。

例如，“木”系宅在木结构技术上的优势，其中榫卯技术以及后来发展起来的斗拱样式被一些“土”系宅所吸收，而“土”系宅在后期的石基抬地、夯土技术则被一些干栏式建筑所借鉴。在这种相互影响与相互借鉴的作用下，不同地区的传统民居建筑以多样化的方式不断向前发展，最终形成了丰富多彩的传统民居建筑文化。

传统“宅”的发展路径，并不是一条直线性的轨迹，而是一种曲线交叉式的发展方式。毋庸置疑，历史的演变总是受到各种因素的影响和推动，这是一个动态的平衡过程。

传统“宅”的发展，其实就是随着历史的发展进程而不停地发展变化的过程。其中的规律大致就是：从单一功能到多功能，从居无定所到安居，从散居到聚居，从小空间到大空间。虽然发展的历程异常艰辛，但是对于探索更加适合自身安居这一进程，人类并没有停止过前进的脚步（如图 3-1）。

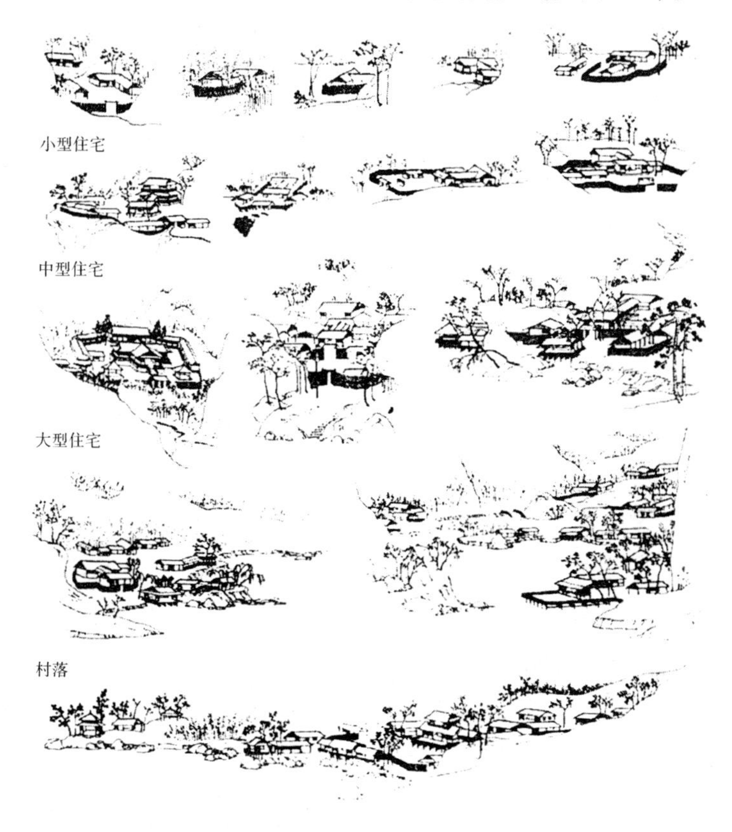

图 3-1　聚落的形成衍化

诚然，随着阶级与权力的出现，“宅”也在自身的发展轨迹中，伴随着阶级与权力的存在而被分解成不同阶级的模式。一为权力大厦，专为政权服务，另一为民用建筑，供平民百姓使用。

一般情况下，权力大厦这一建筑形态，在历史上一直作为主导地位，被载入史册，而民用建筑这一形态只能作为权力建筑的陪衬。如东方中国代表权威的宫廷建筑，西方国家代表神权的教廷建筑，它们都成为历代史书上举足轻重的组成部分。

与权力建筑相较而言，民居建筑没有那么恢宏的气势，而且这个过程较为缓慢。然而，从另一个角度看，历史发展中民用建筑的历史传承和演化一直延续着历史发展的原创性。

可以说，建筑发展史同时也是人类社会发展的有力证明，几千年来，由于人们对建筑功能要求的不断提高，促进了建筑材料、施工技术、建筑结构与建筑造型等各个方面的不断发展，为建筑发展史留下了无数光辉篇章。随着人类社会的发展，为适应人类的不同需求，建筑的类型也越来越多。人，可以被认为是单个的，也可以是群体的，甚至是整个社会的。我们这里说的建筑，应当能满足人在其中活动的各种需要，而且不仅满足单个人的，还应当满足人群的，乃至社会整体的。建筑为人所造，供人所用，所以建筑也就必然映射着人与社会。社会的各种新的特征随着文明的进展相继出现，这些新的特征，毫无疑问几乎都会通过某种形式在建筑中表现出来。

（二）黔西北当代的生态民居

1. 当代的“宅”

18 世纪中叶，欧洲大陆在蒸汽机的轰鸣声中，开始了工业革命，并在很短的时间内拓展到了世界其他地方。这是人类生产力的一次重大飞跃。

大机器时代的来临，深刻地影响着人类生活的各个方面，完全改变了整个社会的结构模式。在世界范围内，由于生产力的极大提高，城镇化步伐加快，世界以较快的速度不断向前推进。可是，中国人民由于长期处于传统的封建制度统治下，一直保留着日出而作、日落而息的自给自足的小农经济生活模式。

直到 19 世纪中叶，西方列强的侵略动摇了在中原大陆上延续了上千年的封建社会根基，促使其逐步解体。从第二次鸦片战争后的“洋务运动”到 21 世纪初开始，在这半个多世纪的时间里，中国社会面貌发生了翻天覆地的变化，呈现出了新的面貌。

现在，中国正昂首阔步走向世界，经济在快速地发展，城市化进程正在迅速向前推进。在此背景下，中国的民居建筑也发生了前所未有的变化。中国传统的生活方式与新出现的生活观念发生了冲突，催生了各种各样民居建筑的兴起。一方面，由于外来文化影响和生产力的促进作用，现代城市的景象迅速呈现，与此同时，在现代主义建筑风格的影响下，由于新技术、新材料的使用，现代别墅、高层住宅以及相应的城市规划和配套设施，已经形成了一个典型的现代城市体系。另一方面，在远离城市的偏远落后地区，城市与村庄之间的沟通、相互交往也不断加强，就算身处偏远地区的人们，也凭借这沟通、交流的便捷之利逐渐改变着自身的生活行为与生活方式。

黔西北各民族民居建筑所面临的情况与其他地方一样，在城镇化的进程中，也从未停止过自身民居建筑演化的脚步。

2. 民居的平面形制与建筑形态

虽然建筑类型多种多样，标准也难以统一，但是就通常的情况而言，无论何地的建筑物，大致都是由相同的部分组成。主要包括基础，墙体，楼地层，地坪，楼梯，屋顶和门窗等部件要素。

其一，民居建筑的基本组成部分。

基础。基础是民居建筑底部与地基接触的承重构件，它承受民居建筑的上部荷载，并把这些荷载传给地基，因此基础必须安全可靠，坚固稳定，并能抵御各种侵蚀。

墙体。墙体是民居建筑承重构件与围护构件，主要包括承重墙与非承重墙。墙的承重结构、承载物以及围护结构，都对墙的结构起着围护作用。民居建筑的墙体，应当具有足够的强度与稳定性，同时还应具有保温、隔音、防火与防水等功能。一般而言，墙体有很多种，有单一的墙体，有复合的墙体。在设计墙体的时候，要考虑围护结构、承载重量、节能与美观等因素，这是建筑施工的一项重要任务。

楼地层。通常情况下，建筑的使用面积主要体现在楼地层上，楼地层的形成包括结构层和外表面层。楼板是较为重要的结构构件。按房间层高将整栋民居建筑沿垂直方向分成若干部分。楼板承受着家具、设备和人体的负荷以及楼板的自重，并将这些荷载传递给墙体。楼板不仅必须有足够的强度与刚度，它还需要有隔音、防潮和防水等性能。

地坪。地坪是底层房间与土层相接触的部分，它要承受底层房间的重量，因此应具有一定的强度与刚度，同时还需要具有防潮、防水、保暖与耐磨的性能。

楼梯。楼梯是一种重要的垂直交通构件，有些民居建筑因为交通或舒适的需要，也安装了电梯或者自动扶梯，但是，它同时也必须有楼梯用作交通与防火疏散的通路。

屋顶。屋顶是民居建筑最上部的密封结构与承载构件。有平屋顶、倾斜的屋顶和其他形式的屋顶。由于日照角度不同，民居建筑的屋顶的保温、隔热与防水要求比外墙要高得多。

门窗。门主要用作交通连接，窗的作用是采光通风，同时，窗户也起分隔与围护的作用。一般来说，门窗都是无承重负荷的部件。但是，门窗的使用频率非常高，因此它要求经久耐用，安全性高，当然，在选择门窗时，也要注重经济和美观。

除了以上的基本组成部分，建筑物还有不同的功能和部件，如阳台、雨棚、平台和台阶。

其二，住房的基本功能组成部分。

客厅。在农村居民建筑中也被称为“堂屋”，客厅是家庭的必要场所，是组织生活的关键所在，也是人们生活和对外交流的中心。随着人们经济条件改善，人们对客厅的使用功能有了更高的要求，虽然现代人的宗族观念有所淡化，但是农村客厅仍然具有供奉祖先与祭祀、喜庆聚餐、祈福求祥等多种功能，同时也能休息、会客、休闲、讨论全家家庭事务，以便满足现代生活方式的要求。有些地方还用于存放小型农具、晾晒农作物、进行家庭副业生产，如刺绣、编织等。因此，对客厅的设计，应能充分反映人们对生活空间物质、精神与社会层面的需求。

国家新发布的《住宅设计规范》中要求，客厅应自然通风和采光，具有开阔的视野，并确保客厅的面积在 12 平方米，同时有一个长度不小于 3 米的直线距离，确保在一个相对稳定的角落里安排一组沙发。农村民居建筑的客厅应该有足够的尺寸，有充足的光线。大门可以集中布置，也可以根据实际需要安装，以适应各种活动的需要。

卧室。原始先民构木为巢，挖土筑穴，其目的就是建造一个栖身之室。卧室是一个从事私密性活动和储物的地方，它是住宅中安静性、私密性要求较高的功能空间，一般来说会围绕着客厅布局。农村住宅居室的数量和面积大小，一般由家庭人口数量、家具规模、日常室内活动空间等因素决定。

《住宅设计规范》中规定，主卧室的面积不应小于 10 平方米，单人卧室不应小于6平方米，而卧室兼起居室不应小于12平方米，且皆尽可能朝南，满足采光和通风阳光要求，主卧室不仅是为了满足看电视、休息、储存衣物等基本要求，而且也要符合工作和卫生保健等综合需求，在有条件的情况下，主卧室的要求不能随意压缩，面积应该在20平方米左右，净宽度不应小于3米，房间布局还应营造出温馨浪漫的感觉。老人的卧室应该布置在其行动方便的地方，便于家庭照顾。

餐厅。民以食为天。过去很长一段时间以来，餐厅大多只是厨房或客厅里的一张桌子。随着人们生活面的扩大和生活水平的提高，餐厅在现代生活中起着非常重要的作用。餐厅也成了一家人一起吃饭、招待朋友以及休闲娱乐的场所。餐厅的面积取决于家庭人口和经济状况。

厨房。在农村住宅中，厨房是生活与生产之间的连接点，除了用于做饭，还用于家禽饲养，所以它的使用区域通常比一般的城市住宅厨房面积要大。

《住宅设计规范》中规定，使用液化气和燃气等作为燃料的厨房区域不应少于3.5平方米。使用优质无烟煤一类燃料的厨房区域不应小于4平方米。以原煤一类为燃料的厨房区域不得少于4.5平方米；用木柴作为燃料的厨房区域不应少于6平方米。厨房的窗户底下可摆放水池，但是不宜摆炉灶，因为炉灶上面的抽油烟机会占用窗户，造成油烟不好打扫，开窗不便。厨房的布局，最理想是“L”形。

卫生间（厕所）。室内建筑的卫生间，应该要有直接的室外采光通风窗，同时厕所门不应直接对准餐厅或厨房。室外的厕所要有墙有顶，厕所坑和存储化粪池无渗漏、干净，基本无臭，同时废物必须通过特殊结构（如沼气池式、双瓮漏斗式或三格化粪池式等）处理，以此来对排泄物中的致病微生物与寄生虫卵进行有效灭活处理。

3. 黔西北生态民居的典型形态

黔西北地属山区，自然条件并不优越，但是，黔西北民居建筑却能因势利导、因地制宜改善环境、适应环境，尽可能使之利于生活和居住。虽然从表面上看来，黔西北的乡村民居建筑聚落似乎都是自发形成，没有什么规划与秩序，但是并不意味着它们就没有遵循客观规律。这些看似不经意安排的建筑之所以能长期地存在于这片广袤的土地上，虽然是不自觉地遵循客观规律办事的结果，但表现出一定的科学性与合理性。

当下，在社会主义新农村建设的时代浪潮下，黔西北全境紧紧围绕“四在农家”的创建要求，在“五园新村”（致富田园、生态庭园、特色庄园、文化乐园、和谐家园）的建设方针指导下，以“决战贫困、提速赶超、同步小康”为统领，按照“依山傍水、显山露水、亮出田园风光”的理念，坚持规划引领，加强农村基础设施建设，着力产业培育，加强农村环境建设，促进精神文明建设，大力推进“四在农家·美丽乡村”建设。新农村建设尊重村民意愿，反映了当地的民族文化特点。对民居建筑进行合理布局，并同产业集群、村庄农田保护、生态保护以及其他空间布局、农村生产、生活服务设施和公共事业计划一起作为一个整体，进而对农村基础设施形成一个良好的长效机制，促进城市公共服务延伸到农村，不遗余力构建“天蓝地洁、山清水秀、神清气爽”的绿色靓丽新毕节。

黔西北民居通常按照“小青瓦、坡屋面、穿抖枋、雕花窗、白灰墙、彩柱子、转角楼、矮墙裙”八大元素建设标准来进行建造。

（1）坡屋面的做法。坡度大于等于3%的屋面，此处指贵州民居中使用的悬山屋面。坡屋面的坡度在四分水至六分水之间，建筑宜选用木屋架。

檩条材质宜选用材质紧实、干燥、纵长曲度直、无裂缝、刚度达到坡屋面荷载要求的木材，梢径在80毫米以上，宜选用杉木或者松木，其他杂木不宜选用，禁止选用腐朽木、发酵木。椽皮材质宜选用不易变形、不易腐烂、防水、刚度达到瓦面荷载要求的木材，宜选用杉木、松木、梓木或椿木，不能选用杉条，宽度为100—120毫米，厚度为20毫米。

小青瓦质量应符合《烧结瓦》JC709-1998标准的规定，一般为180毫米×180毫米，厚度不小于5毫米。可与地瓦、盖瓦、滴水瓦等几种构件配合使用。

提尖山墙材质优先选用水泥标准等承重砌块，山墙厚度为240毫米。开间不宜大于4米，檩条梢径不应小于80毫米，间距500—600毫米之间，间距达700毫米时，需做“人字木”加固。檩条支撑处应设置厚度不小于30毫米的垫木，垫木宽度同墙厚，长度不小于1.5倍墙厚，垫木与檩条端部应钉牢固，防止檩条移位，垫木下铺设MU10砂浆垫层并采取固定措施。

屋面在山墙面处应出挑，出挑距离根据房屋建筑层数、房屋高度确定，一层出挑长度为600毫米，二层以上800毫米，周边有相邻建筑时，应根据现场情况因地制宜确定出挑长度。屋面前后的出挑距离根据房屋建筑层数、房屋高度确定，一层出挑长度为800—900毫米，二层以上1200毫米。

内山墙上部檩条应满搭，采用夹板对接或燕尾楔连接。椽条与檩条搭接处应满钉，钉钉时上口要平直，且椽条接头在檩条上。同一檩条上的椽条接头应相互交错并保证受力均匀。椽条间距应根据瓦片宽度确定，底瓦挂在椽条上的搭接距离应在30—40毫米。

提尖山墙单片墙长度大于5米且中间无连接墙体时应加设构造措施，并结合穿抖枋式样设置构造柱，构造柱截面尺寸为240毫米×300毫米，内配4ф12纵筋，箍筋用ф6@150，用C20混凝土现浇，增强山墙的稳固性。在砌筑山墙时应同步砌筑出穿抖枋式样。山墙砌筑时应对房屋原有女儿墙、拦水圈及檐口装饰物进行清理，撤除或降低女儿墙高度，再按照屋面坡度要求砌筑山墙，山墙砌筑高度应根据屋面坡度确定，应避免出现“双眉毛”的现象。

坡屋面铺设瓦片应达到140—160片/平方米，局部风口较大的地方应达到160片/平方米，避免瓦片被风掀翻造成安全隐患。小青瓦铺设应均匀一致，搭接比例应达到“盖七留三”，部分风口较大的地方搭接比例最低应达到“盖八留二”。小青瓦铺设方式应由下至上铺设。

在坡屋面转角处形成的斜天沟处应选用成品缸瓦（沟瓦），先斜天沟两侧的椽条上铺设250—300毫米，厚20毫米木望板，望板边钉30毫米×30毫米木条，再铺设一道高分子防水卷材或丙纶防水卷材一道，其上满铺钢丝网，用螺钉固定在水泥砂浆卧浆上，最薄处30毫米，由下至上铺设沟瓦，沟瓦两边搭盖宽度不低于150毫米，然后弹黑线编号，将多余的瓦面切割平整后按号码次序安装，沟两侧用防水砂浆封堵抹平。斜背参照剁脊位置做法，须保证背瓦搭盖在二坡面瓦上至少40毫米，间距应均匀。

建筑层数超过三层时，屋面可采用平屋面，先拆除原有女儿墙，再在建筑屋面四周做坡檐处理。

坡檐出挑长度0.6米，做法是在外墙墙梁位置植入两排16（HRB400）@200预埋筋，在其上支模浇筑长240毫米宽240毫米高挑梁，挑梁内配筋：上部3根18（HRB400）钢筋、下部2根16（HRB400）钢筋，箍筋用ф6@200，应与植筋绑扎在一起，现浇C20混凝土成型，挑压比为1∶3左右，在挑梁根部浇筑长240毫米宽240毫米高混凝土连系梁，内配4根12（HRB400）纵筋，箍筋用ф6@300，现浇C20混凝土成型，在连系梁上面砌筑女儿墙，墙高不应低于1.2米，女儿墙用长240毫米宽120毫米厚钢筋混凝土压顶，内配5ф8纵筋，箍筋用ф6@300，现浇C20混凝土成型，再在挑梁位置提尖，上铺檩条和椽条及小青瓦，坡度为5分水，施工要求与其他坡面屋一致。

（2）端檐的做法。端檐指坡屋面的最外边缘处屋檐的边缘部位。

封檐板材质宜选用不易变形、不易腐烂、防水的木材，宜选用杉木、松木、梓木或椿木。封檐板有三种形式，第一种为平板式（单层板），板厚30毫米，宽度150毫米；第二种花纹式（单层板），据地方差异切割出不同的花边并应保证最窄处不低于80毫米；第三种重叠式（双层板），分两层设置，底层板宽度为150毫米厚度为20毫米；上层板厚度为20毫米，并根据地方差异切割出不同的花边且应保证最窄处不低于80毫米，两层板直边对齐错缝用钢钉钉在一起。封檐板颜色以白色为主，也可刷成深板栗色或者其他带有民族特色的颜色。

望条材质宜选用不易变形、不易腐烂、防水的木材，宜选用杉木、松木、梓木或椿木，表面光滑平整，长度根据檐口出挑长度决定，宽度为30毫米，厚度20毫米。

瓦垫（瓦当）呈弧状倒梯形堆制在渗透水的小青瓦上，上大下小，上、下断面尺寸根据瓦片大小设置，一般断面比瓦片两端缩退25毫米左右，高度50毫米左右，下断面比上断面小20—30毫米，安装时瓦垫应比檐口处底瓦和端口处缩退10—15毫米并确保结合紧密后再刷白。瓦当有两种做法：一种用C20混凝土预制，另一种用C20细石混凝土现场制作在渗透水的小青瓦上。

檐口处应做滴水处理，一种方式为选用成品滴水瓦，滴水瓦挑出封檐板50毫米，并确保安装牢固，不浸湿封檐板。另一种方式为沟瓦挑出封檐板50毫米，并确保安装牢固，不浸湿封檐板。盖瓦及瓦垫也相应出挑50毫米，檐口处有屋面眉毛板的，檐口应超出眉毛板250—300毫米，再做滴水处理。

封檐板以钢钉或榫头固定在屋面檐口处，前后檐口处呈斜下方向，略向房屋墙面倾斜，山墙处封檐板平行墙面并固定在檩条上。须保证封檐板平整及平直。

封檐板与墙面之间应加装望条，以遮挡外露的桷子板，间距在15—20毫米，间距跨度必须统一，面层刮白。

（3）剁脊的做法。剁脊又叫“花脊”，用于建筑的屋脊装饰上，用小青瓦、砖堆制形成或预制成品安装，贵州民居中主要是用小青瓦堆制形成。

正脊剁脊先在正脊中心线两侧的椽条下铺设长200—300毫米厚20毫米的木望板，其上满铺钢丝网，用螺钉固定在满铺C20细石混凝土（内掺5%防水剂）卧浆，最薄处30毫米，之上铺小青瓦，然后在正脊中心线两侧各120毫米范围内支模预埋 ф10@1500，锚筋应与 ф6@200钢筋网相接，用C20细石混凝土（内掺5%防水剂）找平。

以上剁脊有三种做法：第一种为加气混凝土小标砖钻 ф12孔，穿于 ф10钢筋之上错缝用专业砌筑砂浆砌筑，用1∶3水泥砂浆（内掺5%防水剂）挂钢丝网粘接抹平，再用纯瓦铺设一层，铺设过程中用1∶3水泥砂浆粘接；第二种为使用纯瓦堆制，堆制过程中用1∶3水泥砂浆粘接；第三种为混合式，即先用小青瓦堆花，其上支模浇筑240毫米宽120毫米厚的C20混凝土，内配ф6@200钢筋网与预埋ф10锚筋相接，再用纯瓦铺设一层，铺设过程中用1∶3水泥砂浆粘接。

斜脊剁脊先在斜脊位置的檩条上满铺椽条，在椽条上平行檩条位置满钉钉30毫米×30毫米的木条，木条宜选用不易变形、不易腐烂、防水的木材，宜选用杉木、松木、梓木或椿木，在铺好瓦过后放置2根ф8纵向钢筋，横向钢筋用筋ф8@300点焊形成钢筋网片。

以上剁脊有三种做法：一是支模浇筑180毫米宽240—300毫米高的C20混凝土，面层做法详见白墙面章节，上面由下至上用纯瓦铺设一层，铺设过程中用1∶3水泥砂浆粘接；二是浇筑C20混凝土突出瓦面50毫米找平，再用纯瓦堆制，堆制过程中用1∶3水泥砂浆粘接；三是混合式，即为先浇筑C20混凝土突出瓦面50毫米找平，用小青瓦堆花，其上支模浇筑240毫米宽120毫米厚的C20混凝土，内配ф6@200钢筋网与预埋ф10锚筋相接，再用纯瓦铺设一层，铺设过程中用1∶3水泥砂浆粘接。

在正脊两端和斜脊端部应做翘檐（翘角），翘檐向外斜上方伸出，有以下几种做法：一是在正脊和斜脊浇筑的梁上预埋ф10@200钢筋，用加气混凝土砌块切割成翘檐样式或者成品翘角，并在上面钻ф12孔穿于ф10钢筋之上，接头位置用钢丝网搭接，层面做法详见白墙面章节；二是在正脊和斜脊脊梁上用纯瓦堆制，堆制过程中用1∶3水泥砂浆粘接。

脊花体量应根据房屋自身、瓦屋面大小、气候等条件确定，一般情况下脊花长度与房屋开间总长度的比例控制在1∶4—1∶5，高度是脊花总长的1/5，高度控制300—500毫米，风脊花堆制过程中用1∶3水泥砂浆粘接。应注意与周边协调统一，安全、美观。

在风大的地方应在保证屋面安全的前提下选用脊花样式，脊花样式应选用较牢固的要素，同时应控制脊花的高度不能超过300毫米，避免因为风大而造成脊花被风吹垮的现象。

（4）穿抖枋的做法。穿抖枋原指传统穿料式木屋架构房屋山墙面的主要结构形式的外观体现。这里是指用砖或混凝土等材料砌筑或浇筑形成，样式根据传统民居建筑框架的特点提炼形成的穿料和料坊，体现了传统民居建筑的结构特点。

当原建筑墙体材料为水泥标砖或烧结砖时，其规格尺寸的要求为：竖向料坊（立柱）宽240毫米，横向穿抖枋宽180毫米，枓坊凸出墙面70毫米，穿坊凸出墙面60毫米，分层现宽度及凸出墙面要求与穿枓一致。要做到棱角分明、平直，表面平整。

当原建筑墙体材料为水泥空心砖时，穿坊和枓坊皆采用画的方式，应保证画的时候线条平直，墙面平整。

颜色以深板栗色为主，不宜选用纯度较高的颜色，如红色、蓝色、绿色、黄色等。外墙漆颜色由厂家统一调制，保证整个区域协调统一。

枓坊做法有三种：一是用2排ф6钢筋沿竖直方向间距500毫米植入墙体之中，植入长度不应低于100毫米，钢筋露出墙面30—40毫米，再在钢筋之上挂钢丝网片，点焊连接，支模现浇50毫米厚的C20细石混凝土，刷界面剂一道，再用13毫米厚1∶3水泥砂浆打底（两次成活扫毛），7毫米厚1∶2水泥砂浆找平压光水带出小麻面，刮腻子一道，再在之上刷外墙漆（二道成活），第二道漆加亮油，喷憎水剂一道；第二种做法是将加气混凝土砌块按50毫米厚切片，用水泥钢钉固定在墙面上，在接缝处挂钢丝网，用水泥钉固定，填补缝隙缺损均匀湿润，刷界面剂一道，再用13毫米厚1∶3水泥砂浆打底（两次成活扫毛），7毫米厚1∶2水泥砂浆找平压光水带出小麻面，刮腻子一道，再在之上刷外墙漆（二道成活），第二道漆加亮油，喷憎水剂一道；第三种做法是使用水泥标砖，用水泥钢钉固定在墙面上，在接缝处挂钢丝网，用水泥钉固定，再用13毫米厚1∶3水泥砂浆打底（两次成活扫毛），7毫米厚1∶2水泥砂浆找平压光水带出小麻面，刮腻子一道，再在之上刷外墙漆（二道成活），第二道漆加亮油，喷憎水剂一道。

（5）外墙面的做法。墙面颜色以白色为主，少数民族村寨和以发展旅游为主的村寨可适当根据民族特色选用具有自己民族特色的颜色，但尽量不要使用纯度较高的颜色。

外墙漆应选用符合国家标准要求的合格产品。墙面应平整、光洁，在广场旁边的墙面可以绘制一些带有农村气息的画作点缀。施工工艺过程：清扫墙面→填补缝隙缺损均匀湿润→刷界面漆一道→7毫米厚1∶2水泥砂浆找平压光水带出小麻面→刮腻子一道→刷外墙漆（二道成活）→喷憎水剂一道。

裸露外砖墙先用13毫米厚水泥砂浆打底（两次成活扫毛），7毫米厚1∶2水泥砂浆找平压光水带出小麻面，刮腻子一道，再在之上刷外墙漆（二道成活），第二道漆加亮油，喷憎水剂一道。外墙贴有面砖的墙面，有两种做法：一是剔除原有瓷砖，清扫墙面，再用13毫米厚水泥砂浆打底（两次成活扫毛），7

毫米厚 1∶2 水泥砂浆找平压光水带出小麻面，刮腻子一道，再在之上刷外墙漆（二道成活），第二道漆加亮油，喷憎水剂一道；第二种是在原有面砖上面刮一道原子粉找平，再在之上刷外墙漆（二道成活），第二道漆加亮油，喷憎水剂一道。

（6）雕花门窗的做法。所谓“花窗”，往往是指窗扇的格心部分有图案，进行分隔的窗。格心的样式灵活多变，错综复杂的窗，带有吉祥、向上的寓意。

雕花门窗材质采用木质或者铝合金制品，按窗户规格制作并上漆后再安装。门、窗须安装门套、窗套。门套、窗套宽 100 毫米厚 10 毫米，门、窗框、门套、窗套颜色应与穿枓枋颜色一致。

雕花窗花格选用 20 毫米×15 毫米的杉木木条或者铝合金，样式根据实际情况和居民意愿选择合适样式，由厂家统一制作安装，以图案精细为美，中间镶嵌代表美好寓意的字或文化元素点缀。

门窗、门套与墙面之间缝隙应用 1∶3 水泥砂浆填充密实。门窗、门套与墙面之间连接螺栓等应满足国家标准要求。墙面上窗的开启大小要协调统一。

现状门为卷帘门的房屋一般情况下在卷帘门四周增设门套，门套顶部可增设雕花图案。

经济条件好的住户建议拆除卷帘门，选用钢制或铝合金成品仿古雕花门，也可选用成品仿古雕花木门。由厂家统一制作安装。雕花图案以精细为美，中间镶嵌字或文化元素点缀。

（7）砖墙裙的做法。砖墙裙即为勒脚，是为了防止雨水反溅到墙面，对墙面造成腐蚀破坏，为窗台以下一定高度范围内进行外墙加厚从而保护墙面的加厚部分。一般外抹水泥砂浆或外贴面砖、石材等防水耐久的材料，外贴青色仿古面砖即为墙裙。

砖墙裙高度为 600—800 毫米。墙裙材料选用青色仿古面砖铺贴，面砖尺寸为 240 毫米×60 毫米，厚度为 10 毫米。墙裙勾缝应选用白色水泥勾缝。裸露外砖墙先用 14 毫米厚 1∶3 水泥砂浆打底（两次成活扫毛），8 毫米厚 1∶2 水泥砂浆（内掺建筑胶或者专业胶黏剂），贴青色仿古面砖，1∶1 白色水泥浆勾缝。

外墙贴有面砖的墙面，有两种做法：第一种做法是剔除原有瓷砖，清扫墙面，再用 13 毫米厚 1∶3 水泥砂浆打底（两次成活扫毛），8 毫米厚 1∶2 水泥砂浆（内掺建筑胶或者专业胶黏剂、5%憎水剂），贴青色仿古面砖，1∶1 白色水泥浆勾缝；第二种做法是在原有面砖上面刮一道原子粉找平，8 毫米厚 1∶2 水泥砂浆（内掺建筑胶或者专业胶黏剂、5%憎水剂），贴青色仿古面砖，1∶1 白色水泥浆勾缝。

（8）栏杆的做法。栏杆高度不应低于1100毫米，材质主要为混凝土预制宝瓶栏杆、铸铁仿木栏杆、木栏杆。预制宝瓶材质分为混凝土预制、陶瓷两种。

在栏杆转角处及墙柱对应位置设置加强柱，并在加强柱位置梁上预留钢筋。加强柱内配4根ф10纵向钢筋上下部锚入水平压顶和阳台梁，箍筋ф6间距200毫米，板面凿毛，支模现浇C20混凝土。

混凝土栏杆扶手内配4根ф10横向钢筋，箍筋ф6间距200毫米，预制宝瓶纵筋与扶手钢筋绑扎，支模现浇C20混凝土。面层做法参照墙面做法，扶手颜色与穿抖枋协调一致，宝瓶可为白色。

栏杆为铸铁仿木栏杆、木栏杆时，栏杆样式参照毕节市“四在农家·美丽乡村”民居建设图集，有厂家成品制作安装。

（9）转角楼及特殊类型建筑处理方式。转角楼俗称“走马转角楼”，表现形式有二合水、三合水。以二合水较多。为二合水时，房主在正房的左或右修建转角楼，一般为两层。为三合水时，或左修转角楼，右修厢房，或右修转角楼，左修厢房。转角楼为每扇4柱撑地，横梁对穿，上铺木板呈悬空阁楼，绕楼转角三面有悬空走廊，檐廊装有木栏杆扶手。

在民居改造过程中会出现“大面宽”“大进深”“大额头”“双眉毛”等几种特殊情况。

针对这几种特殊情况提出以下解决办法：“大面宽”（大开间）处理方式：面宽尺寸20米以上，应进行分段设置屋面，可采用平屋面与坡屋面结合的方式或采用坡屋面高度不一的方式弱化屋面的长度和面积，形成错落有致的建筑屋面；“大进深”处理方式：进深16米以上，应进行分段设置屋面，可采用坡屋面、平面屋、坡屋面结合的方式弱化屋面的长度和面积；“大额头”，即为现状建筑在二层位置房屋出挑。遇到这种情况时，可采用“骑楼”的方式处理，即在挑梁端部位置设置立柱。立柱有两种做法：第一种为砖砌立柱，用标准砌筑240毫米×240毫米的砖柱，抹灰、刷漆做法同穿抖枋做法一致；第二种为制作200毫米×200毫米方形木柱，在木柱底部设置柱墩，柱墩为混凝土预制柱墩或者成品石材柱墩。再在原房屋上做穿坊及料坊；“双肩毛”，即为现状建筑在屋顶位置屋面现浇混凝土板出挑，遇到这种情况时，应拆除女儿墙及原有装饰物，并保证檐口应超出眉毛板250—300毫米后再做滴水处理。

在一些村寨还有一些传统木结构房屋，针对这类木结构房屋，应以营造良好的“人居环境为主，改造房屋为辅”的原则，避免大拆大建，在评估房屋安全性的基础上再改造，结构安全性好的房屋应按照以下解决办法：在原有房屋的穿料、料坊等木质构件位置先杀虫，避免虫蛀现象发生，再打磨处理木构件表面，然后顺木纹刷底子油一道，主要起防腐、防水、防虫作用，再刮腻子一道，应保证木构件无蜂窝，缝隙填充密实，表面应光洁平整，再刷底子漆一道，干透后用腻子抹刮干裂及残缺处，最后上面漆一道。穿抖枋颜色应以板栗色为主，墙面颜色以白色为主，在少数民族村寨可采用一些具有民族特色的颜色，但应保证穿坊和料坊颜色一致。

（三）常规新民居建筑营造类型与手法

常规新民居建筑营造类型与手法是在继承和发展传统民居建筑的基础上而产生的。和传统民居建筑相比，其有着自身的一些优势，当然，在其漫长的发展过程中，也有需要进一步改进的地方。

1. 营造类型

个人自发兴建。随着社会经济的快速发展，人们对经济的自由支配能力大大提高，对生活环境的追求也越来越高。许多有一定经济能力的村民开始自发地建造自己的民居。这种自发构建的新型农村民居建筑模式也是最普遍的营造类型方式。然而，由于是自发的建筑，并受当代城市钢筋混凝土结构住宅形式的影响，当地的砖瓦工匠成为第一批建造新民居的实践者。这种自建民居，房屋的所有者一般都要请风水先生选择吉日，然后根据工匠的经验，再加上家庭的一些基本要求（如民居建筑造型通常是按照建筑工人自身的技能和经验进行设计的）而建筑。因此，建造出来的民居建筑形态是散点式、无规则地分布在村落的各个不同的地理位置的。

集体筹资兴建。村级干部通常为领导组织者，他们根据村民的实际需要，定期定点进行集体融资建设。这种营建方式的前提条件是，至少要有多户居民有建造新宅的诉求，并且在集体动员下，拉动一些在建与不建边缘徘徊的居民参与新宅的兴建队伍，这通常是一种集体改善居住环境的有效举措。营建过程中，一般由集体商议选址、每户的基本户型尺度，并由负责人请来房屋建造人（泥瓦匠、木匠、小工）开始兴建。最后各项费用统计平摊到每户居民，落成住宅具体选择户头，抽签或兴建前已相互协调好。这种新民居不同于个人散点式的各起炉灶，而是具有统一的外形与室内格局，并且省时、省料、省人力，具有一定的优势。

政府出资援建。这种新的民居建筑，主要是为了应对农村边远贫困地区的恶劣生存环境而进行修建的，当地村民自身很难改善他们的生活环境，政府为了改善农村生活环境，出台了一系列带动村民出走高山深沟、脱贫致富的移民政策。另外，如地震、台风、泥石流、火灾等自然灾害对村民住宅造成的损毁，政府也会出资对新民居项目进行援建。这种集体的新民居建设，通常由政府领导，相关官员监督，按政府规划和设计单位的设计方案统一规划和建设。

2. 营造类型对于传统民居环境的改变

这三种新型民居的建筑类型，可以说是当今中国新农村建筑最常见的形式。从某种意义上来看，它们都改善了农民的居住环境，在硬件设施的物质性保障方面有着良好的推动作用。与此同时，我们也注意到了这种各个地域环境普遍存在千城一面、千篇一律的民居建筑类型，使得本该有着各个不同地域文脉与生活方式相异的人们，都逐渐走向一种普遍性的生活秩序。各民族在拉近生活模式理念距离的同时，日常生活中内在的生活规律也在不同程度上被打乱了（见表 3-1）。

3. 现代做法与传统做法差异对比

现代民居建筑做法与传统民居建筑做法相比，二者之间的差异变化可以通过下表明显地体现出来（见表 3-2）。

表 3-2　现代做法与传统做法比较

建筑构建	现代房屋	土掌房	一颗印	木楞房
墙体材料	砖混、钢筋混凝土框架、砌块	夯土、土坯	夯土、土坯、砖	圆木或方木
结构形式	叠砌、框架	框架	框架	围护、框架
屋顶	钢筋混凝土屋面，板上铺保温、防水材料	夯土质	木构架上铺椽、瓦	闪片顶
勒脚	在墙内设二道防水层，外面贴面砖	石勒脚	石勒脚	石勒脚
门窗、栏杆	铝合金、木、钢门窗、钢筋混凝土过梁，铁、木等各种形式栏杆	木门窗、木过梁	木门窗、木过梁、木栏杆	木门窗、木过梁
室内外装饰装修	粉刷、贴面砖等	夯土墙用泥刀补平	一些外墙进行粉刷	外墙抹泥保温

表 3-1 常规新民居住宅营造类型与手法

营造类型＼描述内容	营造背景	营造程序	营造手法	住宅形态	改善	欠缺
个人自发	个人经济水平的提高	风水先生选址、匠人营建	根据住户要求、匠人经验设计	无规划、散点布置，外观为普式砖混结构形式	空间使用面积大幅度改善，抗震、保暖性能提高	
集体筹资	集体经济水平的提高	风水先生选址或集体商议选址、匠人营建	根据住户要求、匠人经验设计	较规则、集中布置，外观为普式砖混结构形式	空间使用面积大幅度改善，抗震、保暖性能提高	缺少人性的宅型设计，打乱了村落传统住宅形态的地域文脉，住宅缺少对生活方式的沿承，建筑伦理功能的缺失
政府援建	政府性脱困、援灾政策	政府聘请规划、设计单位，部门整体规划、设计，并请施工队兴建	根据规划设计要求、施工队兴建	规则、集中布置，外观多为普式砖混结构形式，具有改良过的居室功能	空间使用面积大幅度改善，抗震、保暖、通风性能得到保障，具有人体工程学上的功能布局	

现代做法的优势之处体现在以下方面。

（1）技术更为先进：主要体现在结构、用材、施工过程中，保温材料、防水选择多样，经过工艺加工以后提高了延展性、耐腐蚀老化、耐热性等性能，运用防潮层、沥青、涂膜卷材、高分子改性沥青卷材等作为防水材料，使用陶粒混凝土作为保温材料。房屋的构型建造等众多细节常常借助于机器与先进工艺，而不是像原始的房屋建造时多采用人工建造。这就节约了物力、人力成本。而且，结构技术与先进的材料使得房屋不再局限于层数较低、开间较小的设计，而是可以往高处、大跨度发展，这样便可以节约用地，同时解决大量人口的居住问题。

（2）施工进度加快：钢筋混凝土结构或砌体结构，建筑墙体由砖或砌体构成，施工速度加快，建筑结构更加规范统一。如果屋顶用混凝土浇筑，工期显然就比传统的柱、梁、椽、檩体结构要快得多，这是因为传统屋架需要一根一根铺设椽子，而混凝土屋顶则没有这么烦琐的工序。

（3）牢固性好：钢筋混凝土结构，砖砌体强于夯土砖和土坯砖。钢筋混凝土结构整体性能较好。现在的梁是由钢筋混凝土组成的，它更坚固，而原来则要在外墙每隔几米的横向处设木筋作为圈梁，才能增加整体性，同时也便于抗震。

（4）工艺精细且质量高：由于所使用的材料质量比传统的好，同时工艺也较为先进，这些因素使得房屋整体建造质量比传统的高。

（5）预制化程度较高：在进行建造的时候，对于构件的施工，通常都采用先进的设备并且具有较高的预制水平，这种方式很好地提高了施工效率，并且节省了成本。

（6）适用性更有优势：钢混、砖混结构的房屋，适用范围广泛，在任何地方都可以建造，它不像木结构房屋（特别是井干式房屋），需要花费大量的木材，且容易造成浪费，也不像须建在山上或者山边的大多数土结构房屋那样，同时还必须选取具备黏性的土。

传统民居建筑主要有以下一些优势：

（1）做法较为环保：传统的用料多半都是就地取材，倘若房屋因某种原因需要拆除，则房屋建造之时所用的材料也将回归自然。这些建筑材料对人体健康无害，不会造成污染。

（2）更具生活化：反映了各地的风俗、生活习惯，贴近生活。许多构造形式灵活，便于生活。

(3) 具有地方特色：各地的材料就地取材、因地制宜，因此，建筑形式多样，所使用的材料丰富，体现出不同地域别具一格的民族特色。

(4) 体现出手艺的精湛与高超的智慧：在一些传统民居建筑的附属性结构上面，许多房屋在木雕上展示了传统工艺的精湛，如木雕、木框装饰等手工技艺，既是手工艺人高超技艺的体现，又是当地民居特色中十分宝贵的文化财富。

(5) 较为简单易行：传统的民居建筑与现代建筑相比，建造的方法较为简单一些，居民为了节约人工成本，一般来说可以组织起来自己建造房屋。

(6) 造价低廉：建筑比较简单，可用当地材料，劳动力成本和物质资源需求相对较低，所以民居建筑成本通常较低。

二、民居建筑与生态环境关系的地域性分析

黔西北地区的生态民居建筑（其实也包括传统民居建筑）是根据当地的地形特点、气候特点、生产生活的需要、建材利用的条件、地方文化沉淀，再加上周边不同文化圈的影响而形成的。

（一）民居建筑的地域性因素

1. 建筑形态契合地势

日本建筑学者藤井明在《聚落探访》一书中曾说到，只有灵活运用自然地形的特点，才能赋予自然地形的潜力，从而更加凸显出地形的特征，“传统民居建筑根据其所处地质条件的不同而具有不同的形态。[①] 在我国西北的黄土地区，由于黄土颗粒凝聚力强，土质坚实、干燥，壁立不倒，于是人们挖掘成住人的地下式窑洞民居，这种生土建筑形态独具特色，而在河渠纵横、水网密布的江南一带，传统民居建筑则把水面和居住紧密联系起来，根据水乡临河地形创造了傍流临水民居的独特建筑形式”[②]。在《中国民居建筑》一书中，依据不同地形与民居建筑底面的相互关系，陆元鼎先生把我国传统民居建筑划分为四大类型——地面式、地下式、架空式以及临水式（见表3-3）。

---

① 藤井明. 聚落探访［M］. 宁晶，译. 北京：中国建筑工业出版社，2003：23.

② 陆元鼎. 中国民居建筑［M］. 广州：华南理工大学出版社，2003：101.

表 3-3 不同地形地貌的传统民居形态分类

分类	特点
地面式	建筑底面直接与地面接触，建筑依附于地面而建，有筑台、提高勒脚、错层、掉层等形态
地下式	建筑建于山体地面之下，有靠崖窑洞、下沉窑洞、半下沉土坯拱窑等形态
架空式	建筑底面不直接与地面发生接触，通过悬挑和支撑架空于地面之上，有吊脚楼、干栏、悬挑等形态
临水式	民居与水面有机联系起来，建筑都傍流临水，有水面出挑、水上吊脚、跨流、依桥等形态

地形是民居建筑的物质支撑与自然背景，因此地域建筑得以形成的重要原因就是人们对地形的态度。众所周知，在技术不发达、控制环境容量有限的情况下，倘若想要改造四周的自然环境，古代先民通常别无他法，只能被动地去适应环境，因此，最为常见的办法就是因势利导、遵循山形水势，进而，选择建造场地趋利避害（如图 3-2）。

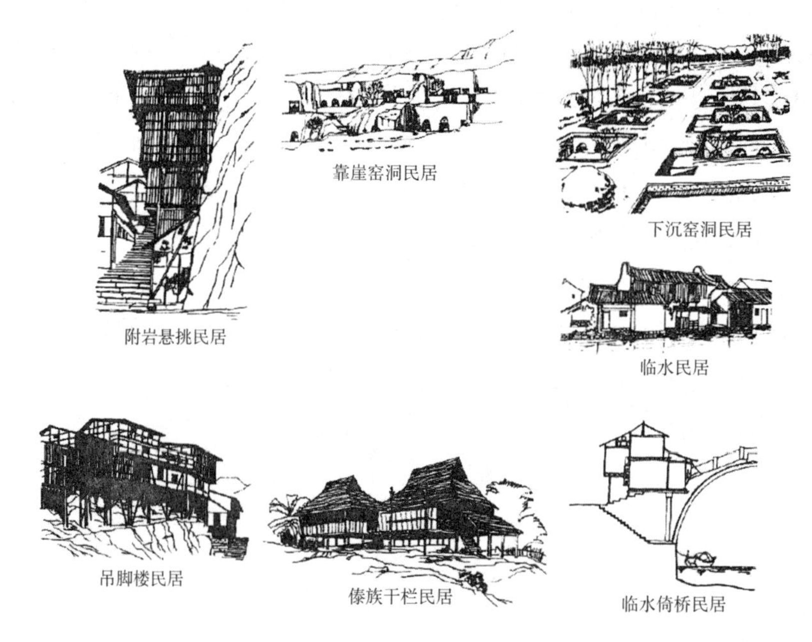

图 3-2 地形地貌对建筑的影响

在黔西北地区，山地民居建筑与地形的契合性关系非常明显，当地的民居建筑为克服自然地形的限定，人们采取各式各样的解决办法。

黔西北各民族的主要生产活动就是山地农业，这是黔西北各族人民生活资料的重要来源。对于人们来说，山区耕地弥足珍贵，因此人们总是在不适合耕作的斜坡上建造房屋，而把那些相对平坦的田地作为山区耕地。这种方式，说明人们并没有大肆改造自然地形，而是顺应地形。同时，又去找寻适合的形式，随高就低借势而起，来缓冲地形的起伏变化。

黔西北文化区内复杂的地形特点，迫使许多同胞选择居于高山险境之地。当时的人们毫无能力对地貌做较大的改变，只有尽可能地利用原始地貌环境中的坡、坎、沟、台与水面，随高就低营建房屋，最大限度地利用地物条件、地形，目的在于不做过多的挖填，在减少对原生地形地貌过度破坏的前提下，采用就坡筑台与巧于因借等处理手段来适应各种复杂地形地势，创造并衍生出了灵活多变、适合任意复杂地形、各种坡度的建筑形态。

黔西北位于云贵高原的西南边缘，地处全国地势的第二阶梯，山区面积广泛。各族人民在进行民居建筑的过程中“填挖构屋”，这种方式对利用地形、争取空间有着得天独厚的优势。因此，其在黔西北广大的乡野农村，有着非常广泛的运用价值，大致可以分为如下几种类型（如图 3-3）。

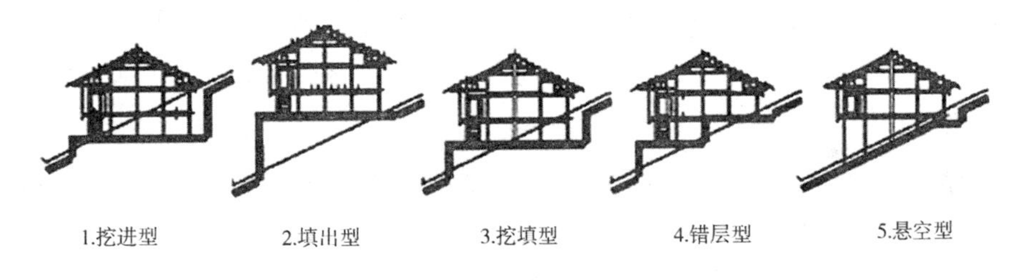

图 3-3 干栏民居对地形的处理方式

挖进型，即将大部分坡地挖开使其平整而进行建房；填出型，即在屋后无地可用的前提下，通过将前面的缓坡逐渐填平，从而在此基础上建造民居；挖填型，首先把缓坡地的一部分挖出来之后，再填至所挖的下方缓坡地，通过一挖一填，从而达到平整的目的；错层型，即并不是通过整平地势，而是将房屋错层架在山坡上，以便层层退让从而顺应山势；悬空型，在房屋的底层浇灌柱子，其目的是将房屋悬空建构于在山坡之上，使得整个房屋挑出。

2. 形态构成适应气候

民居建筑从本质上而言，是人类创造的一个“遮风避雨”的场所。在长期的建造实践活动中，从远古的穴居、巢居一直发展到今天的建筑“空间”，民居建筑适应气候是一个永恒的法则。人们掌握并积累了许多技术与经验，以此来适应不同的气候类型，并努力使民居建筑尽可能达到宜居的标准与目的。

“……住宅形态的地域性和多样性不能以气候决定论进行解释。然而，气候作为塑造形式的重要因素，对满足人们需要的宅形仍然具有深远的影响。当技术水平有限、缺乏控制自然的有效途径时，人们往往只能顺应自然。在这种情况下，气候的作用就更加明显了。”① 早期传统乡土民居建筑的基点，实质上就是人们如何合理地利用这些外部气候资源，凭借现有的条件，通过努力进而获得良好的生活环境。

因此，传统民居的空间与形态构成对气候条件有很大的依赖性，生活在不同气候条件下的人们，在遵循气候原则的前提下找到适宜的居住形态和施工方法。譬如，那些陡峭的斜屋面与通透轻盈、可拆卸的维护结构以及底部架空的民居形态，通常出现在多雨、潮湿、高温地区；而那些建筑形态多呈现为严实墩厚、立面平整与封闭低矮的民居，通常出现在高纬度寒冷的地区，这类民居建筑的首要目的是保温和防风；在荒漠地区的民居，由于需要减少高温天气对居住环境的不利影响，因此用绿荫来遮阳，并对外封闭。

黔西北地区属亚热带高原季风气候，年平均气温 13.6℃。降雨丰沛，年降水量在 1500 毫米以上，湿热多雨，常年相对湿度在 70%以上，素有“天无三日晴”的说法。因此，为了适应黔西北地区的气候条件，该地域的民居建筑，防潮、散热、防凌冻等方面就是首先要考虑的因素。防潮的最有效方法就是通风。避雨主要采取的措施主要体现在——出檐深远，小青瓦、坡屋面。当然，这种结构特点也较为利于遮阳。在黔西北地区，由于寒冷的天气较长，因此要务就是防寒。同时，气候的湿度较大，冬天的寒冷就会加剧，为了防寒，火塘即应运而生，故在该地区回风炉的使用较为频繁。

在黔西北地区，回风炉里的火通常一年四季不熄。正是由于要应对气候的寒冷，煤炭烧火成为黔西北民居日常生活中不可或缺的一部分，也被长久地保留下来，成为当地的居住文化的一部分。(如图 3-4)

---

① 阿摩斯·拉普卜特. 宅形与文化［M］. 常青，徐菁，李颖春，等译. 北京：中国建筑工业出版社，2007：82.

图 3-4　黔西北地区人家日常生火用的回风炉

由于黔西北地区的平均海拔为 1400 米，高原地区气候条件恶劣，各民族择屋选址多是无遮拦的山体部分，为了遮风避雨与避免山腰强烈的日光辐射，房屋正中主要采光口为门。此外，房屋四周都是很厚的实墙，能够更好地抵御外部的气温变化，利于山区保温防寒。昼夜温差较大，为了提高室内温度，民居屋顶近似于黑色，可以在白天充足的日照条件下大量吸收热量，晚上可以保留白天的热量。加之坚固的墙体，都有利于保持室内温度。

民居建筑既是人类对自然的改造，同时又是自然景观中的一个主要的构成元素，气候作为自然环境中最为重要的一部分，直接抑或间接地影响着建筑形态的构建。因此，毫无疑问，民居建筑会打上环境的印记，生动地反映人和自然的关系。

黔西北地区的天气状况瞬息万变，气候条件复杂，但是也正因为这种极具特点、得天独厚的气候条件，才使得人们对民居建筑形态的创造力得到极大的发挥。在建筑施工的过程中，人们有意或无意采取各种措施和技术来适应气候，没有额外的附加的烦琐复杂的装饰，仅仅凭借自然本性的流露，在相对艰苦的自然环境中创建舒适的庇护之所。

气候诸因素对人类生活有着极其重要的影响。黔西北全境大部分地方属亚热带季风气候，因而这里夏季高温多雨，冬季低温少雨、多雾，全年阴天多而日照少，“天无三日晴”就是对这种多阴雨气候特点的生动描述。加之受起伏较大的地形、大气环流以及纬度等因素的影响，当地气候垂直差异十分明显，呈多样性的特点，故有“一日之中，乍寒乍暖，百里之内，此燠彼凉”的说法。在这种复杂而恶劣的气候条件下，当地各族人民不断延续和创新前人的实践经验，进而形成了适应当地气候的民居建筑聚落景观模式。

每一个区域的建筑形态都会受到气候的影响，比如寒冷地方的建筑，门和窗小，墙体厚，且建筑大都围合起来，以抵御寒冷，形成室内微气候。炎热地方的门窗大、墙体薄，便于通风降温。多雨地方的屋顶多倾斜，以便提供良好的排水通道，以应付充沛的雨水。多风的地方门窗开间小，用平顶来减少阻力，这样就避免了风掀翻屋顶，以及防止沙尘进入屋内。

夏热冬冷地区，各种被动式策略的有效性比较接近，较之其他气候区被动式策略的有效性不高。夏季自然通风有效性较高，发挥夏季隔热作用。冬季材料蓄热性能较高，发挥冬季保温作用，其外墙及屋面的热阻接近或稍高于现代砖房，热惰性较现代砖房要小（如图 3-5）。

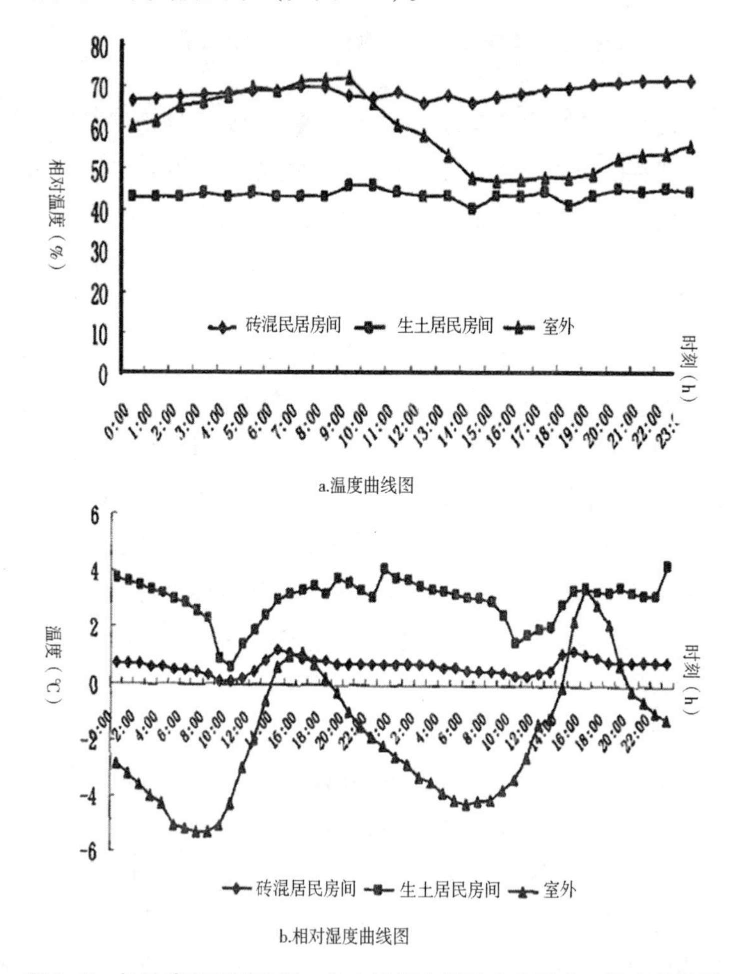

图 3-5　冬季砖混民居房间、生土民居房间及室外温度、湿度曲线图

3. 材料选择因地制宜

建筑学家梁思成先生说过，“建筑之始，产生于实际需要，受制于自然地理，非着意创新形式，更无所谓派别。其结构之系统及形象之派别，乃其材料环境所形成"①。各民族在最初的建造活动中，对建筑材料的选用主要取决于当地资源及资源可供利用的程度。一个民族长期使用某些材料，久而久之便成为一种习俗而代代相传，逐渐积累起了丰富的经验，从而成为自身文化的一部分。

地方建筑材料的匠心独运及其独特的建造工艺是民居建筑展现其地方特色的主要因素之一。正是因为这些材料的巧妙运用，才使得建筑的地区特性得以彰显。贵州大部分干栏建筑的房屋支撑结构与墙体围护的材料是木材，但是在黔西北地区，由于木材较匮乏而石材资源丰富，因而在其主体建筑中多用石材。在大部分使用石材的地方，木材主要用于民居建筑的辅助构建部分。

民居建筑所用建材主要有石材、木材、土砖、小青瓦等，在制造和使用过程中，这些基本上是天然建筑材料，可以称为绿色建筑材料。其中，石材、木材、生土等完全是生物材料。这些材料在建筑中的利用，对生态系统的物质循环负面影响比较小，只是把原来需要在自然环境中完成的循环过程转换到建筑物中来进行罢了。也就是说，这些材料在建筑物中使用的过程，充其量仅是生态物质循环的一个环节，人们对它们加以充分利用，却不对环境造成危害，这是传统建筑的生态思想的超越与创新。

黔西北喀斯特地貌地区，石漠化严重，山区的大部分地方都是一层薄薄的表层土，而随处可见的则是裸露的岩层。建筑所用的石材一般都源自当地的山石，这是一种沉积岩，成分复杂，主要是由黏土沉积经压力与温度的作用形成。具有耐久性、易于开采以及强抗压性等优良特性。黔西北地区各民族人民，在民居的设计中广泛地使用石材，例如民居建筑的基础、墙体等，甚至一些地方的人民的庭院之中，人们通常会把石材进行加工之后，作为桌椅板凳等家具搁置于民居庭院之中，专供家人交谈抑或吃饭之用。

石料还具有以下一些特质：一是良好的热稳定性。岩石板热惰性高、热容量较大，可以有效地减少夏季热辐射带来的室内温度波动，有效提高室内的热稳定性。二是较强的不透水性。黔西北地区常年降雨量较大，降雨日数较多，相对湿度较大，采用岩石作为墙基和墙裙，岩石致密而不透水的特性能有效阻止雨水的侵蚀，增强外围护构件的耐久性能，防霉变、防腐，不透水性强，耐水性与抗冻性较好。三是耐火性好。由石英及其他矿物质组成的页岩具有良好的耐火性能，有效地减少了火灾隐患。四是由石料烧成的石灰，是一种具有良

---

① 梁思成．中国建筑史［M］．天津：百花文艺出版社，2005：139.

好保水性以及可塑性的胶凝材料。虽然其生产过程相对来说略显复杂，但是其便于取材，来源较为广泛，不需要很高的成本就能获取到。

木材也广泛应用于当地的住宅建筑之中。黔西北地区民居建筑在建造时优先选用当地建筑材料，同时科学地利用土、木、石等地方材料，结合传统的施工建造工艺，就料施工、因材设计，使民居造价低廉而且极富地方特色。为保持生态环境减少自然资源的消耗，该地域的人们通常会在田间地头或者在房前屋后，种植一些适应当地气候耐寒、抗旱的杉木，建房时用于门、窗、家具的木料多取自于此。

除了对材料的选择，在此更想强调的是对材料特性的顺应。如在蒙昧野蛮时代的人们，只有就地取材的可能，而除了石材，还用到木材、黏土、砾石等多种材料，说明在获取材料的难易程度上石材并不具有特殊的优势。而对石材青睐有加，说明人们此时已经充分认识到了石料的特性，能够有针对性地进行加工以便更好发挥其性能优势，特性之优劣成为材料选择的主要原因之一。随着生产工具的不断革新，人们还能够根据石材特性进行精细加工。

在房屋的建造上，可利用的材料对建筑形式有巨大影响，材料与材料的合理结合对建筑的基本功能具有显著的意义。首先，在经济、技术和运输条件极低的情况下，使用本地资源作为建筑材料，不仅可以避免长途运输的麻烦，而且可以减少能源消耗，对当前可持续发展具有积极意义。其次，从建筑形态的角度来说，不同的材料以及对材料组合的不同运用方式，使得各个地方的民居建筑呈现千差万别的造型与风格。正是因为如此，对于建砖房或者是建木房，黔西北各族人民各有不同的考虑（见表 3-4）。

表 3-4　黔西北地区住宅建筑材料比较

建材	材料优势	材料缺陷	居民反馈
木	适应当地环境，取材方便，造价较低，是当地民族传统建筑形式用材	防火性差，稳定性差，易腐朽，建造工期长，工序复杂，建成后需日常维护	出于居住习惯等因素仍喜欢住木房，作为民族文化符号得到一定认可
砖	安全性、稳定性与隔音性能好，建造工序简单	宜居性差，造价高	既考虑其材料优势，又看重其象征意义，成为一种新的选择

倾向于建木房的人们出于对居住习惯的考虑，同时也认可木房子的宜居性

和低造价，而倾向于砖房的人们则多从防火性和稳固性来考虑。当然，根据我们的访问统计，这种判断具有很强的主观性，与受访者的经历和年龄有很大关系。实际上当人们面临着建造自己房子的时候，有很多因素会影响他们的选择，比如家庭的劳动力和经济能力，这些都有更大的不确定性。同时，还要综合考虑各方面的因素，诸如在建筑施工方面，木房工期较长，需要聘请专业的掌墨师傅来做结构设计，这需要另外支付人工费。相对而言，砖房建设难度相对较低，可以由朋友和家人协助完成，不需要再聘请师傅，劳动成本较低。

此外，木房建成后容易出现结构性损坏，需要定期维护。砖房比较结实，不需要经常保养。从民居建筑舒适的角度来看，木房是防潮的，对健康有益，人们习惯住在木房子里。但隔音很差，家庭成员之间的干扰更大，与砖房的防火隔音相比，这是木材不可避免的缺陷。更重要的是，作为城市建设常用的建筑材料，砖块在人们的心理上被认为是“高级”的象征。

（二）黔西北民居建筑的生态意识分析

1. 民居建筑与生态的关系

“生态”，主要是指生物在一定的自然环境下生存和发展的状态，也指生物的生理特性和生活习性。现在一般用来表示生物的生活状态。其中“生物”包括人、动物、植物和微生物。具体来讲，生态是指人与自然的关系，生态建筑应该处理好建筑与自然之间的关系，创造一个舒适的空间环境（即健康宜人的温度、湿度，清洁的空气、好的光环境、居住环境，并有灵活和开放的空间等）。同时，我们应该保护自然环境，减少对自然的需求，减少对自然环境的负面影响。其中，前者主要是指较少使用自然资源，包括节约土地，循环利用能源和材料以及使用可再生资源。后者主要是减少排放，妥善处理有害废物（包括固体废物、污水和有害气体），减少光污染和噪声污染。

发达国家在20世纪50年代以后，大气、水、土壤等受到污染，人类生存和健康受到威胁，引起各种社会危害，成为一个主要的社会问题。这是对人类的一记警钟，它不仅危害人类自身的生存，还会阻碍其他社会方面的发展。这些问题在生态学领域引起了极大的关注，许多学科与生态学相结合，试图从生态学的角度来解决环境污染和生态平衡问题。

生态建筑正是在这样的背景下应运而生的。生态与建筑的结合有两种解释：一种是利用生态方法或理念构建或建构一种活动，第二是生态建筑。

最新的《现代汉语词典》下的定义为：“根据当地自然生态环境，运用生态学、建筑学和其他科学技术建造的建筑。它与周围环境成为有机的整体，实现自然、建筑与人的和谐统一，符合可持续发展的要求。"① 这是目前学界比较公认的定义。

生态建筑本质上，就是尽可能地使用当地地理条件和相关的自然因素（如阳光、空气、水等），使其符合人类居住，并减少不利于人类身心健康的环境因素的影响。

生态建筑的核心内容即为根据当地的实际自然环境，运用建筑学、生态学的基本原理，合理安排建筑与其他相关因素的关系，使建筑物与其周围环境成为一个有机的结合体。具有节水、节地、节能、减少污染、延长建筑寿命、改善生态环境等优点。

2. 生态学对民居建筑的影响

生态学理论为生态建筑提供了科学依据，也是人们对建筑科学理解的一种新的思维方式和研究方法。

（1）生态建筑与环境是一个有机的整体。生物群落与其生存环境中的各种生物、非生物因素有着十分紧密的关系，而建筑是生态系统的一个"器官"，其在建设、使用、改修以及废弃的过程中，通过和周围环境之间能量的输出和输入，演绎着其承担的生态角色，生态学要求我们把建筑当作具有复杂性的整体来研究，把其看作相互作用的关系网络的整体来研究。

（2）建筑所在的生态系统有着一定的自我调节能力。生态系统具有一定的反馈机制，但是，这种反馈机制的能力有一定的限度，倘若超过一定的"阈值"，生态系统就会受到破坏。从建筑学的角度来说，就是控制度的问题，城市的建设以及乡村的发展都应当控制在一定"量"之下，也就是控制在生态系统自我调节与可承受的范围之内，只有这样，才能避免对人类的生存环境造成破坏。

（3）实现人与自然关系的协调是生态建筑的目的。人是自然的一部分，必须把人与自然的相互作用重新放置到生态系统的有机关联之中，这关联到人与自然重新定位的问题，生态建筑不应只考虑人类的生存空间，还应该考虑把人与自然的整个生活和居住空间作为一个整体。

（4）生态建筑应使整个生态系统处于良性循环的平衡状态。生态系统中能

---

① 中国社会科学院语言研究所词典编辑室. 现代汉语词典：第五版 [Z]. 北京：商务印书馆，2007：1220.

量和物质的良性循环，可以使整个系统处于动态的平衡状态，这给建筑学研究提供了一条评价标准与基本准则。生态建筑把生态效率作为基础，不以人的意志为转移，它的评价是客观的，是一种科学客观的评价标准，生态的良性循环原则就是生态建筑的“质”。

生态学的发展，为生态建筑的研究提供了一个科学的、客观的依据和原则，从而使更多的建筑师和规划师走向“生态学”与“建筑学”相互结合、相互影响的发展道路，他们依靠生态学的原理来研究建筑与自然环境之间的关系，并解决各种人居环境面临的危机。

3. 生态建筑应具备的特征

（1）生态建筑的“建筑性”特征。生态建筑活动所涉及的基本内容与常规建筑活动相同，但更要关注建筑活动对资源、环境、生态及人类健康的影响。常规建筑活动的基本内容包括建筑选址规划、场地设计、建筑布局以及外环境和景观设计等基本内容。这些内容也是生态建筑活动涉及的基本内容。只不过在考虑这些内容时，是基于更高的认识水平、更广的范围和更适宜的技术手段，更是基于生态系统概念上的考虑。

（2）生态建筑的“持续性”特征。生态建筑的最终目的是更好地满足人类生存和可持续发展的需要，这就是生态建筑“以人为本”的内涵。生态建筑既要满足人类的生态需求，又要满足其他自然生物的生态需求。要在更高层次上考虑人类的需要，才能实现人类社会的可持续发展。

（3）生态建筑的“生态性”特征。生态建筑具体目标体现在，通过对建筑内、外空间的各种物质要素的合理设计与组织，使物质在其中得到顺畅循环。能量在其中得到高效利用；在更好地满足人的生态需要的同时，也满足其他生物的生存需要；在尽量减少环境破坏的同时，也体现建筑的地域特性。

（4）生态建筑的“系统性”特征。生态建筑致力于实现建筑整体生态功能的完善和优化，以实现建筑、人、自然和社会这个大系统的整体和谐与共同发展。生态建筑活动必须同时整合自然生态系统和人工生态系统，使两者和谐共生。生态建筑的环境因素为自然因素和人文因素。自然因素指当地的非生物因素和生物因素，其中，非生物因素包括地质、地势、地形、土壤特征等与地有关的因素，以及阳光、雨水、风等气候因素；生物因素除了包括人的生物属性外，还包括各种植物、动物、微生物等因素。人文因素是指由人的社会属性所形成的因素，包括观念、文化、宗教、生活习俗等。

（5）生态建筑的“全程性”特征。在思想观念上，生态建筑必须尊重自然，必须关注建筑所在地域与时代的环境特征，必须将建筑与其周围环境作为一个生态系统看待，从可持续发展的角度仔细研究建筑与周围环境各因素间的关系，以及整体生态系统的机能。在方法措施上，必须借鉴生态学的原理和方法，同时结合建筑学，以及其他相关学科的适宜技术和手段，才能实现建筑、人、社会和自然的和谐统一和协调发展。在生态评判上，必须从建筑活动的全生命周期出发，分析评价其对生态环境的影响，以及自身对环境的适应性，也就是说，生态建筑不仅仅是指在选址规划阶段注重生态，在设计、建造和使用阶段以至最后的拆除阶段都要注重生态。

4. 民居建筑中应具备的生态设计原则

从生态学的角度来看，建筑的本质是对人类生存和发展的外部环境的适应或改造。无论是原始简陋的巢，还是今天的高楼大厦，它的本质都是为了满足人类的各种需要。

人们的各种需求是建筑存在的基础。建筑能否满足和适应人们的需要决定了建筑的不同存在方式。每个建筑都是权衡了物质基础、气候、社会文化、经济技术和其他因素而建造的。因此，它对环境有一定的影响，对环境具有一定的适应性。

民居建筑是人类生活方式的重要体现，其形式、功能及布置方式等，均在适应气候、生活方式等环境因素中不断变化发展。现存的传统民居建筑是自然长期选择的结果，其中有不少的生态思想和生态做法是值得我们挖掘和借鉴的。同时，它们也正经受着或将经受各种环境因素的考量。

（1）被动式生态设计。被动式生态设计指的是要遵循建筑环境控制原则，充分考虑当地气候条件以及环境等因素，结合建筑的基本功能和形态特征，合理安排建筑的各要素来对建筑进行规划设计。建筑在不使用其他设备的情况下能调节并适应周边气候，可以很好地节能减排，营造出良好的室内外建筑环境。

被动式生态设计的目的就是在投入最少、资源消耗最小的情况下尽可能地获取最大的收获和使用价值，也就是说要适应气候，还要节约能源、减少排放。所以，被动式设计这种设计策略早就被建筑师们所重视，并得到广泛的应用。

比如要获取较好的采光效果可以采用圆形的平面，利用烟囱效应来加强自然通风，改单层玻璃为双层玻璃来增强保温隔热效果，采用立体绿化来减少夏天的太阳辐射，同时在冬季可以减少热量的散失等。

（2）普适性生态设计。生态构思不等于生态建筑，在通常的建筑设计中同样关注生态方面的问题，更确切地讲，所有供人使用的建筑都饱含着创作主体的生态构思。

在建筑设计中也有一些普适性的生态规律，比如，利用“烟囱效应”① 有助于自然通风，采用生态立体绿化降温和调节建筑微气候以及窗墙比考虑等。建筑师的生态设计策略的好坏决定了其物理环境是否良好、空间环境是否宜人以及与生态环境是否有可持续关系，这都取决于建筑从设计到营造的整体过程。所以我们认为，设计师将这些普适性技术应用到设计中，可以称为普适性生态设计。

将发达的科学技术运用在建筑上，使之成为艺术，人们是可以接受和欣赏的，因为在建筑设计中运用新技术已经成为潮流，并具有了一定的地位，同时也开创了全新的发展局面。

这一切，著名建筑大师柯布西耶早在20世纪初便讲过，经过一个多世纪的不断变化，建筑结构和装饰的形式也在不断地发生变化。而在钢筋水泥出现之后的50年里，人类在对建筑作出了一定贡献之后，又正经历着一场更为彻底的变革。

三、家园意识：民居建筑的基本功能

民居，最是人间烟火味。遮风挡雨、取暖避寒、织布纺棉、炊烤饮宴、行歌坐唱、传习风俗、婚丧嫁娶、绵延宗嗣等，基本都是在这个弥散着人间烟火味的屋檐下得以展开的。民居建筑，因此具有很强的功能性，同时由于其规模小，它的更新和改造是高度灵活的，它的空间进化可以及时、灵敏地反映出人类生产和生活方式的变化。

（一）遮风避雨，生命免受不必要的危害

1. 人的生物生命与自然同进化——生命诞生的奇迹

在两千五百年前的春秋时代，《道德经》里就写道：“道生一，一生二，二生三，三生万物。”用今天的话说，就是地球上的生命是由少到多，慢慢演化而来的。在西方，伴随着达尔文《物种起源》一书在1859年的问世，使得生物科学发生了前所未有的大变革，同时也为人类揭示生命起源这一千古之谜带来了

---

① “烟囱效应”指户内空气沿着有垂直坡度的空间向上升或下降，造成空气加强对流的现象。在有共享中庭、竖向通风（排烟）风道、楼梯间等具有类似烟囱特征——即从底部到顶部具有通畅的流通空间的建筑物、构筑物（如水塔）中，空气（包括烟气）靠密度差的作用，沿着通道很快进行扩散或排出建筑物的现象，即为“烟囱效应”。

一丝曙光，它就是现代的生物进化论。

人类生命的诞生的确是一个奇迹。“从时间上说，在100亿年的时间长河中，人类占有多少呢？300万年，而且其中的99%以上还属于未开化的原始社会。若将这100亿年比做1年，那么1000年的时间只相当于其中的1秒钟，由此算来，原始生命是在这一年的12月14日诞生的，人类是在12月31日23时45分诞生的。而在20世纪的我们只相当于零点零几秒，在这样短暂的时间里去探求整整‘1’年的事情，实在是不可能的。从空间上说，假如把这100亿光年的空间想象成地球，那么跨度为10万光年的银河系只是一枚直径为10米的巨大‘铁饼’，太阳也只是像氢原子一样，只有用显微镜才能找到，我们人类更是连沧海一粟也算不上，我们又如何去探索空间。”① 而在1995年5月3日的《参考消息》转载的一篇文章则介绍说：“‘若以概率来计算，地球上出现生命的可能性，科学家们得到的概率基本是0……45亿年前，地球上出现生命的概率是10的负30次方。这么微小的数字衬托出，人的存在简直是奇迹。’然而，我们无论如何也无法否定一个基本的事实，就是人毕竟已经出现了。这个‘奇迹’的发生恰恰告诉我们：非决定性是生命之源，正是因为有了它，生命本身才丰富多彩、充满生机。由此可见，没有什么结果是事先就被注定的。我们对任何事物，都无法准确说明它的未来，而只能估计它的未来的概率。”②

从上述简单的数据的描述中，我们可以看出，不管以何种方式去揣度人类的生命、诠释人类的生命，它本身都是苦难而持久的，经过了漫长岁月的进化演变之后，不管以何种方式，人类的生命还是“奇迹”般地在这多姿的大地上驻足了。

地球的生态环境是人类生存和发展的基础，它是由46亿年的进化形成的。然而，人类的历史只有200万—300万年，人类一出现就开始适应和改变自然环境了。

2. 人类生存，首先是在自然界的生存

面对自然的强大力量，人类利用文化的力量对抗自然，解决人与自然的矛盾。例如，在自然环境中创建自己的居室，从自然环境中获取食物和能量，满足自己的生存需要。然而，许多的需求不能直接从自然中得到，需要通过改造自然，使自然界适合自己的生存、满足自身需要。

---

① 潘知常. 生命美学论稿［M］. 郑州：郑州大学出版社，2002：94.

② 潘知常. 生命美学论稿［M］. 郑州：郑州大学出版社，2002：307-308.

1943 年，美国心理学家马斯洛（Abraham H. Maslow）提出了著名的“需求层次论”，他将人类的需求分为五个层次（如图 3-6），分别是生理需求、安全需求、爱的需要、尊重需求和自我实现需求。总的来说，这一理论揭示了人类心理需求的规律。

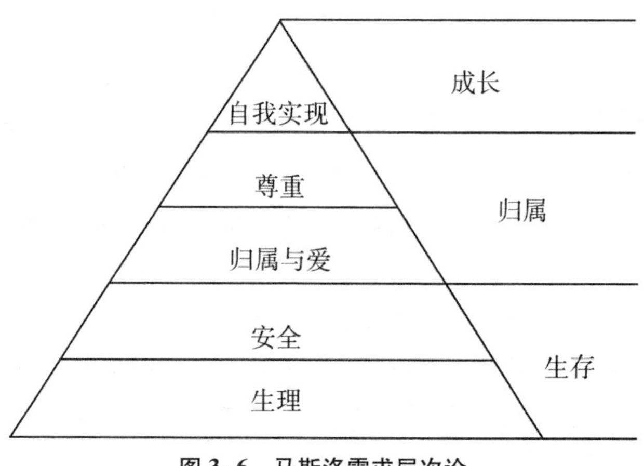

图 3-6 马斯洛需求层次论

空间发展和人的需求的关系，同样是以生理需求为最基本的需求。传统民居建筑的发展也是如此，从传统民居空间的发展历程分析，原始人基于生理需要使建筑适应外界气候是传统民居空间发展的原动力。随着社会生产力的发展，施工技术的进步，人们才慢慢地在满足了生理需求的基础上去追求精神需求与社会生命的需求。

人类是需要安全的，满足基本的生理需求是首要的，这实际上也是最基本的心理需求。对安全的需求，实质上是人在空间中对领域的界定，也就是“限定空间”。当动物遇到敌人时，它们的本能反应是退回自己的洞穴，它们在自己的领域表现出强烈的安全感。就像动物一样，人在自己的领域里会感到更安全，也更容易保护自己，因此人总是试图通过创设一个排他的、有疆界的地域，通过对这一领土的掌控，进而保护自己。

无论是对动荡乱世的戒备，还是对自然神灵的恐惧，经过漫长岁月的历史变迁，这一切都积淀成为黔西北各民族的集体潜意识，即一种较为久远的防卫心理。

人类的住居离不开求安意识，“安居”最基本的一层意义就是获得“居住的安全性”。个人、家庭的私人活动以及社会群体的公共活动，多数都发生在各自领域相对应的物质空间中，有了这种个人抑或特定群体所专有的空间，居者的安全感就能极大地得到满足。

民居建筑的建造就是满足这种需求的生动体现，人们需要使自身在周围环境的边界之中得到独立。原始农业、狩猎、畜牧都需要靠天吃饭，每一种自然灾害都有可能将人类置于困境。那时人类的认知能力和生产能力都很低，面对强大的自然力量，往往显得无助。人们对许多自然现象，如闪电、风雨、太阳、星星等，还有人类的生理现象，都很难理解，并持有恐惧心理，他们常常认为有一种超越自然的"异己"力量，一直在主宰这一切的运行。正如马克思所说："自然界起初是作为一种完全异己的、有无限威力的不可制服的力量与人们对立的，人们同自然界的关系完全像动物同自然界的关系一样，人们像牲畜一样慑服于自然界……"①

正是基于此，人们在自身居住环境的营建活动中，展现出了对于安全与领域感极为强烈的需求以及为了缓解冲突进而找寻妥善解决方式的种种努力，这是民族记忆长期沉积的历史经验，是民族群体特定的生存条件下得以生存发展的一种适当保证。

（二）构筑屏障，生命免受他人的伤害

1. 庇护为建筑之本

根据现代生命学的起源——达尔文进化论的观点，所有生物（也包括了人类的建筑形式和建造技术），都要依据环境的变化而不断进行自我变异以创造最佳的生存条件，即所谓的"物竞天择，适者生存"。人类最早进行建筑活动的目的就是要能遮风避雨，躲避野兽，以抵御自然灾害；防止入侵，保护自身，以抵御人为加害。人类最初的建筑形式只能算是藏身之所。远古人类常常根据其所处地区的自然状况、气候条件、风俗习惯、建造技术等因素就地取材建造自己的栖身之所，这种生活方式在漫长的发展过程中，形成了独特的建造技术及建筑形式并传承下来，这就是我们常说的地域建筑、传统建筑等形态。

无论是人类还是动物，都必须以适应环境作为生存的先决条件。大地之上，人从"一个不尽如人意的处境开始……现在已横行于地球，征服了各种环境和栖息地。他可以适应北极的风土，也能适应热带的丛林。他居住于山坡，也栖

---

① 中共中央马克思恩格斯列宁斯大林著作编译局. 马克思恩格斯选集（第 1 卷）[M]. 北京：人民出版社，1995：81-82.

息在汪洋大海环绕的小岛”①。人类优于其他生物的原因主要取决于文化。由于生态环境的多样性，土地造就了文化的多样性，即文化多样性是由于生活环境的适应性变化造成的。因而，“土地文化是一种人类为适应生态而创造的‘工具’”②，人类生活在不同的土地上，通过自身的能动性与土地发生各种关系，依靠土地来生活、生产并习得相应的文化。

黔西北地区属于亚热带季风气候，地形条件以山地为主，古时山林之地多蛇虫、野兽，生存的自然环境条件无疑需要庇护。可以说，此时庇护所的情况，一类是纯粹的“原生态”型，不加任何雕琢的居所——天然岩洞（如前文所述的黔西观音洞遗址）或树木，直接利用自然界本身。之后，人们逐渐使用粗制石器等简单工具掏挖土穴、搭制窝棚或者构木为巢。另一类是粗放加工型，也就是早期的地面建筑与干栏建筑，技术的进步及立柱夯筑等构造的发明运用，使人们逐步摆脱了对纯粹原生态的依赖，促进了居所的形成。

但总体来说，这一时期的住所形式仍旧相对原始。原生态居所受制于自然界现成资源的局限，不能完全满足人们的基本需求，洞穴可躲风避雨，却不可能有良好的采光通风，巢居可躲避野兽，但很难承受风吹雨打。发展至粗放型住所，才得以防寒驱热、避雨纳阳、防潮除湿、避虫豸之害，满足人类对安全的基本需求。

此时人们仅仅在自然界争取到恰好可以生存的空间。尽管后期原始农耕与铁器制作在黔西北地区已发展成熟，但在很大程度上，人们对自然的依恋并没有被打破，最初的形式是适应人与自然环境的关系。人类主观能动性较弱，反映了自然环境的有力制约作用。

当今生态民居的出现，是人类对抗并适应自然环境，以获得自我庇护的结果。

2. 躲避死亡，保持对死亡的觉醒

摩尔根（Lewis Henry Morgan）在《古代社会》中指出：“在低级野蛮社会中，各个部落常住的家是用栅栏围起来的村落……在中级野蛮社会中开始出现了用土坯和石头盖造的群宅院，似于一个碉堡。但到了高级野蛮社会，在人类经验中，首次出现以环形垣垒围绕的城市，最后则围绕以整齐叠砌石块的

---

① 马林诺夫斯基. 多维视野中的文化理论［M］. 庄锡昌，顾晓鸣，顾云深，译. 杭州：浙江人民出版社，1987：153.

② 蒋高宸. 云南民族住屋文化［M］. 昆明：云南大学出版社，1997：12.

城郭。"①

在新石器时代的早期，原始社会的经济发展以农业和畜牧业为主，人们开始定居，原始先民就懂得充分利用天然障碍或者用人工在住地周围挖掘壕沟以此来以保护部落免受其他部落的突然侵袭。例如，属于仰韶文化（公元前5000年至公元前3000年）的西安半边坡遗址。

生物的防御功能，如生物的生长、发育和繁殖，是生命的基本属性。从单细胞生物的细胞膜到多细胞生物系统，都带有从低等生物到高等生物的共同特征，它是使生命从周围环境脱离开来的"边界"或"表面"，是生命的原始防御结构，同时也是生命独立存在以及进行一切生命活动不可或缺的条件。

作为高级生物的人类，人们在自身的生活环境中构建了一个更为复杂的防御机制，那就是构筑属于自己的"场所"（lace）。随着"场所"的建立，居住者便会获得空间的领域感。

在《宅形与文化》一书中，拉普卜特（Amos Rapoport）将人对"领域"的防卫机制进行了划分——物理防性卫机制与心理防卫机制。② 物理防性卫机制是指通过物质实体对敌人进攻进行防御的防御措施，而心理防卫机制③，则指借助文化的手段构建属于他们自己的心理生活空间，缓解了精神压力和灾难的恐惧，以便使他们得以于此地安居乐业。

黔西北各族人民，出于对安全防护的需求，他们根据当地地域条件与社会历史的不同，对民居建筑的构筑形态表现出不同的选择方式。

基于物理防性卫机制，获得安全感的主要方法就是聚众而居。在人类社会的早期，人口数量少，生产力低，人们为了对抗自然灾害，凶猛禽兽以及敌人的攻击，需要力量与智慧的聚合，就需要采用集、聚、众、密的住居形式。

正是缘于此，直至今天，很少有孤零零的黔西北民居单独矗立，它们尽可能多地聚集在一起，少则几户聚在一起，多则达到十几个甚至上百户聚居在一起。一些山地民居的地形非常复杂，单个民居建筑，并不会过多地强求方位与

① 摩尔根. 古代社会［M］. 杨东纯，马雍，马巨，译. 北京：商务印书馆，1997：257.

② 阿摩斯·拉普卜特. 宅形与文化［M］. 常青，徐菁，李颖春，等译. 北京：中国建筑工业出版社，2007：60.

③ 拉普卜特把心理防卫机制也称为社会性防卫机制，但根据其对心理防卫机制所下的定义，笔者更觉得这个定义指向人的精神生命更为恰当些，故笔者在拉普卜特分类的基础之上，进一步把他的分类细化，将社会性的防御机制升华出来，专门指向人的社会生命这一层面。关于这一点，在本书的第四章中，有专门的论述。

朝向，但尽可能地使整个村庄的结构紧凑。

3. 躲避危险

民族纷争或者军事战争的根源，多是来自对资源的掠夺和占有。不同时期资源的种类与等级也不尽相同，而土地就是古代人类一种重要的资源类型。各民族之间为了追求资源和利益，冲突和战争频繁，为适应新的需要，各民族就需选择有利于防御的位置建造自己的民居建筑。

黔西北地区由于民族众多，从古至今民族间的纷争就较为普遍，民族的纷争常常引起相互械斗。各家族亲戚之间既互相联合，又争权夺利，经常因争夺土地、牲畜、粮食以及婚姻、偷盗抢劫、酗酒赌博甚至牲畜践踏庄稼等小纠纷而发展成为械斗，严重的双方甚至成为世仇，延续几辈人。

为了防止无谓的牺牲，最大限度地减小损失，最佳方式就是不战而消耗敌人的气力，因此修筑人工的设施能有效地加强聚落的防御作用。

从原始聚落伊始，原始先民便意识到住宅主要是一种自然形态，它是避暑、避雨的地方，是具有一定使用空间的遮掩体。

《墨子·辞过》中说："古之民未知为宫室时，就陵阜而居，穴而处，下润湿伤民，故圣王作为宫室。为宫室之法，曰：室高，足以辟润湿；边，足以圉风寒；上，足以待霜雪雨露……"①

《韩非子·五蠹》记载："上古之世，人民少而禽兽众，人民不胜禽兽虫蛇。有圣人作，构木为巢，以避群害。"早期"宅"的功能，仅是用于遮风挡雨的栖息之所，所以最早"宅"的概念主要就是用于人类栖息的围合空间。

而在英文里，"宅"的概念跟中文意思最接近的一个词是"shelter"，意为：能提供庇护的场所。中英文里的"宅"都具有一个最基本的功能，即通过对环境的控制，进行空间围合，以此使人类自身免受外界的威胁。

比如，明清时期，我国西部地区，所有的虎患都曾严重损害过人民的生命财产安全。虎患与人类活动导致的当地生态环境变化密切相关，是人与虎争夺生存空间矛盾激化的结果。下面是根据地方志整理得出的黔西北地区有关老虎的记载（见表3-5）。

① 龙庆忠. 中国建筑与中华民族［M］. 广州：华南理工大学出版社，1990：191.

表 3-5 大定府地区虎患表

乾隆七年（1742） 乾隆十一年（1746）	虎入城伤畜。 虎入城中伤畜。	民国《大定县志》卷三， 《前事志·纪年一》
康熙三十六年 （1697）	丁丑十二月，有虎质文身 每夜入城西北隅吼号。	民国《威宁彝族回族 苗族自治县志》卷 一七，《杂事志·祥异》
康熙四年（1665）	始建府堂，是夜两虎 入卧天明，不知所去。	乾隆《平远州志》卷 一五，《灾祥志》

老虎危害人类既有环境因素，也有人为因素。如果自然生态系统没有被破坏，野生动物种类丰富，老虎很容易找到食物，一般不会攻击人，且虎天性谨慎多疑，只有在自然生态系统破坏，野生动物数量减少，在没有野生食物的情况下，虎觅食较难，才有可能冒险接近居民的生活区，攻击牲畜，甚至攻击人。

（三）私密空间，为生命蒙上面纱

1. 私密空间的生活活动

建筑是空间，有着大小、形状之别。这种特定空间可供人类从事各种活动。人都拥有自己的空间领域，并且认为在自己身体周围的部分空间领域是属于自己所独有的。

这种将身体周围作为自己所拥有的距离范围，在我们的日常生活当中是时刻存在的。比如，与朋友谈话时的距离和与初次见面者谈话时的距离是有所不同的，而产生这种现象恰恰是两者之间的心理距离在实现空间中的表现。在这里，空间概念中的距离被转化为现实的距离。

居住者根据某种空间概念划分并形成自己的领域，同时为了保护自己的人身安全，彼此在各自所支配的领域中还建立起“封闭的领域”。而这个“封闭的领域”实际上就是我们所说的“住居”。在这里，“住居”领域的大小是由居住者心理上的空间领域大小来决定的。住居是一个封闭的领域，住居的外墙就是住居的边界。住居领域内部的集合可以通过住居的面积来表示。住居的领域就是该住居的居住者所支配的领域，而住居的面积所表示的就是该领域的大小。

对于黔西北全境各民族的住居来说，领域的确定绝不是偶然的行为，而是为了保护自己的人身安全而确定的范围。墙壁与居住者之间的距离，实际上是与居住者心理上的空间领域相互“吻合”的结果。于是，由这个墙壁所形成的边界领域（住居）的面积，事实上使得居住者的心理空间得到具象化。

人类的行动并不仅仅是简单地将对象的空间属性置换到人类关系中，而是要根据每个人的生活方式，营造适宜自己生活的居住空间。人在建造自己的住居时，时刻注意自己的住居与别人的住居之间保持最为合适的距离。这是居民以自己的住居为基点，保持与他人之间最为适当的关系，而这个关系所表现出的两者之间的距离就是最适当的距离。

可以说，黔西北民居聚落中住居之间的距离，是人的空间概念中的距离感和现实中的距离之间相互协调的产物。

2. 私密生活空间的组合方式

柯布西耶提出了一个口号——“住宅是居住的机器”①，作为一种特殊的空间，建筑物是由各个面围合而成的。

以一座最简单的房屋建筑为例，室外是外墙和屋面，室内是内墙面、天花面和地面。所有这些面皆有独特的功能，并具有不同的外在表现形式，如墙面有柱子、线脚、凹廊和门窗，它们或规则或形状各异，材料或一致或变化，以此呈现出不同的质感，并通过不同的色彩、凸凹起伏来形成阴影。“面”，一方面是根据使用上的要求构造的，比如，为方便出入而设门，为实现空气交换而开窗，为避风、避雨而建廊等；另一方面，在造型意义上，“面”又主要按照所谓形式美的法则来处理，如主从、比例、尺度、对称、均衡、对比、对位、节奏、韵律、虚实、明暗、质感、色彩和光影等的构图规律，综合应用之，以造成既多样又统一的完整构图，显出图案般的美和有机的组织性，从而表达某种文化意蕴和审美取向。

黔西北各族人民所建构的民居，虽然大尺度空间可以使人们能够得到精神上的满足，但同时这也威慑着人们的心灵。所以要创造更易接近人的空间尺度，减弱大空间给人带来的刚性感觉，就得相应的缩小空间。

由此可以得出：空间尺度越大，给人的感觉越刚，反之则越柔。卧室的空间尺度越大，会让人觉得缺少安全感、亲切感，也就是缺少空间的柔软性。使用者通常会以“化整为零”的做法再将大空间进行分隔划分，比如利用吊顶、软质隔断甚至地板的纹理等。

所以，除了对建筑空间界面，即对内外表皮进行装饰，使得建筑的刚性部分得到软化外，还可以通过对大尺度空间进行分割围合，来减小空间尺度，使之得到软化，从而满足人们的各种情感体验。

---

① 考柏西耶. 走向新建筑［M］. 陈志华，译. 天津：天津科学技术出版社，1991：5.

大部分建筑的内部是空的，人可以进入里面，但也有一些建筑是实心的，如纪念碑、坛、幢等，它们也占据一定的空间，但这些建筑物的空间不在其内部，而在其周围。

建筑物的空间性，既有实的实体，又有虚的空间，通过建筑物的虚实空间组合，构成了人类的建筑群、城镇等聚落系统。

3. 种族的繁衍，生命是从孕育至死亡的延续

汉宝德说过："中国人了解只有生命才能延续生命，所以我们重视后代的延续，注重家族的繁衍与兴盛。建筑只是一种生命中的工具，它并不足为人生永恒价值之所寄，它只是在此一时间、空间中我们赖以遮风避雨、过一种和谐的社会生活，并满足我们心灵需要的器具而已。在时间、空间改变后，这一切都不存在了，中国人了解变动不居的道理。"① "上天有好生之德"，就是一个重要的文化宣言，它使我们关注到一切事物的生命，用善良来对待生活，并注意生命的延续和延续。

不过，对于人而言，建筑是器具，它承载着、包裹着人的生命存在。但就建筑本身而言，它又是在时光荏苒中穿梭于时空的自我存在者——它曾经是一棵树、一块泥土，接着它被筑造，屹立于复合时空中，继而它坍塌了，毁灭了，死亡了——这同样是一种生命从无到有、从生到灭的过程。所以，建筑真的是器具吗，显然，它不只是器具，不只是用于给人类提供居所的容器，它同样是生命，是与天空大地血脉相连、生生不已的生命。

建筑的生命形式最根本的体征表现在：寓动于静。动是绝对的，静是相对的。一根房梁、一片瓦砾，来自尘土，复归尘土，建筑物的生命历程远比居留在其中的人生漫长、沧桑。中国古人了解变动不居的道理，能够领悟建筑本身从未存在过，也将不复存在，非在即在的道理。

当人构想一座建筑时，必然构想一种动态的存在，而不是逼迫它背负某种名为不朽而实为朽物的精神负担——这一负担太过沉重，会遭到建筑的拒绝。

中国古建筑除建于山上的大庙可以历代相传外，对于一般人来说，建筑的功用是蔽体，与衣服类似，它有兴建、完成、倾塌的生命现象。新建筑是因主人发迹而开始的，因主人飞黄腾达而有富丽的景象、车水马龙的活动，因主人的衰退或失败而归于沉寂，终因岁月之磨蚀，无人照料而破败。

所以我国人民纪念的是后代的繁衍与发迹，而不是建筑的永久固定。如果

---

① 汉宝德. 中国建筑文化讲座［M］. 北京：生活·读书·新知三联书店，2006：188.

后代争气了，自然就能及时地照顾好这座建筑并修复它。如果有后代在名声上超过了祖先，则必再建更大、更豪华之住宅，以“光大门楣”，这时便不需要保护旧房子了。

四、本章小结

地方民居建筑适应一定的自然和文化环境，必然受到土地、自然和人文环境的影响。民居建筑从“巢居”“穴居”发展到地面建筑，进而形成合院，最后发展为异彩纷呈的民居建筑样式。

民居建筑是人类活动与特定地理区域之间生态关系的直接表现，地形地貌、气候条件和生态植被分布发生了变化，民居建筑也会发生相应的变化。

首先，在长期的历史发展过程中，黔西北各民族都形成了自己的行为、态度和生活方式，适应了自己的生活环境。

其次，从黔西北民居建筑空间的使用者——人的需求角度，分析总结出自然因素是传统民居空间形成和发展的原动力。在低生产力和低劳动技能的情况下，影响人们建造房屋的主要因素是气候、地形和材料等自然因素。

最后，就黔西北文化区而言，所有民族都在与恶劣的自然环境作斗争中，想到一种或多种克服环境适应过程的方法，积累了丰富的经验。人们发挥无限的潜力去适应环境，从而创造出更具有民族特色和地方特色的建筑景观，展现了喀斯特生态民居建筑的精髓。

第四章

黔西北民居建筑中人的精神生命实现的诗意栖居

民居建筑一旦满足了它最基本的物质功用后，人们马上就赋予它更多的精神含义。民居建筑的概念随着人类社会的进步，脱离了单个构筑物的概念而成为整个社会的一种生产和生活现象表达时，它就必然带有精神意义。正是这种附加在实际物质内容上的精神含义使建筑美学具有了双重效应，这种双重效应由建筑的双重特性演绎而来。

一、民居聚落生态意向

黔西北各族人民根据他们所处的自然地形地貌以及环境特征，再结合长期以来所形成的生产方式、生活习惯，依照世代相传的方法，最终形成了别具一格的民居聚落生态意向。

（一）民居建筑选址的自然生态意向

1.“天人合一”的整体观念

天人合一的观念，是中国古代文化与哲学的基本理论内容与逻辑发展线索，是中国特有的哲学观。

中国古代哲学家们在人与自然和谐统一的基础上，提出了“天人合一”的命题，成为中国传统文化精神的核心。这是在承认了天人之间的区别基础上提出的，与初民“物我不分”不同，也承认人对自然有调整的作用，反对毁伤自然，反对盲目损害自然环境。“天人合一”的哲学观念，直接影响了黔西北民居建筑空间营造的各个方面。“天人合一”的哲学观念，主要以儒家、道家以及佛家为代表。

儒家在强调“仁”的基础上，强调“和”“乐”之美，同时以“善”的道德伦理为基准，进而追求“天人合一”的生存境界，这可以从园林和建筑设计以及城市选址与布局等方面体现出来。中国传统建筑与城市规划的美学基础是

"人与自然的中介"。在建筑和城市布局中，人的主观情感与城市形象，由于审美体验的作用，进而融入了宇宙的领域，它的内在精神指向了宇宙。自然和城市的和谐因人的体验而更美，而人也因城市与自然的和谐而产生愉悦与快乐。也正是由于此，我国传统城市设计思想一般都不主张通过改造自然来创造城市的人工之美，人们较为反对那种与自然的分离与对抗的模式，希冀能在合理开发、顺应自然的过程中不断地建设自己的美好家园。只有这样，才能在城市的建设中，进一步实现人与自然的相互关联、和谐统一。

道家的天人合一观念是从老子开始的，道家的环境理想和自然思想也深深地影响着中国古代的建筑意蕴。主要表现在：与山水环境的契合无间，注重对山水的直接因借；力求营构一种模拟自然的淡雅质朴之美。虽然道家最终采取了"消极避世"的态度来回避社会生活，他们"小国寡民"的城市理想，在今天的生态城市建设中已无可借鉴的积极意义。但是，道家强调在城市规划与设计时，应当充分尊重自然规律、顺应自然，遵循自然法则等观念，对今天调节和调整人居环境的过程还有着十分重要的意义。因此，道家"顺其自然"的生态观是"非人类中心主义"的。这些素朴的思想，不仅为当代生态哲学的建立提供了重要的理论渊源，也为当代生态城市的美学建设提供了精神指引。

佛家的目的是寻求人类和世界的真理，从而帮助人类和一切有情众生逃离生与死的痛苦。由于对生命的关切，并在此基础上引发了对生命所依止（居住）的环境的关注，使得佛家的学说因此而蕴含着深刻、丰富的生态观念。佛教的"普渡众生"就是要把所有生命（众生）的痛苦，也看成是自己的痛苦，他们重视救度众生脱离苦海的坚定不移的信念与实践。这种思想，是一种独特的整体观、无我观与慈悲情怀，因而具有"非人类中心主义"的倾向。

在西方学者看来，佛教"普渡众生"的生态思想从生命的意识经验出发，认识到人类和自然生态系统中所有的生物都是相互依存的，从生命普遍存在的佛性角度，强调了这些价值观的平等，并证实了生物体的内在价值。佛家主张尊重所有的生命，它不仅与现代生态科学是互补的，而且给当代建立人类中心主义的生态城市敲响警钟。在生态城市美学的概念上，佛教生态思想有利于当代生活环境建设之处，也是人们应积极吸收的具有现实意义的合理因素。①

综上而言，无论是强调"中和"的儒家，还是"顺其自然"的道家，抑或是"普渡众生"的释家，都共同构成了中华文明的重要基石，实际上体现为一

① 余正荣. 中国生态伦理传统的诠释与重建［M］. 北京：人民出版社，2002：128-147.

种生存策略。英国学者李约瑟（Joseph Needham）就此指出：在整个自然界，古代中国人都在寻求和谐与秩序，并把这些东西看成是人类一切关系的理想。

2.“天人合一”理念对民居建筑的启示

在中国古代的民居建筑中，这种“天人合一”的自然审美观念根植于以自然经济为基础的农业文明体系。自然主义美学的传统观念，实质上就是对自然的实际依赖，它使人们关注自然事物与自然现象的关系和功能，这些都对自然的认识和民族精神有影响。

中国传统的“天人合一”思想，作为中国传统文化的主流观念，应当成为当代生态伦理的重要资源。中国古代的这些理论与西方传统思想相比，一个重要的区别就是：中国传统的“天人合一”思想，强调人与天、地的并列或一体，因而成为一个有机的“以人为本”的巨大系统，在这当中，人可以为天地立心、参天化育，强调天道与人性的内在一体性。而在西方，特别强调神（上帝）的作用，个人秩序与权力都受到神的限制，比如苏格拉底（Socrates）就认为，只有神的智慧才是真正的智慧，个人的智慧是无价值的，中世纪的神学认为，个人必须敬畏上帝才能得救，因为人是有原罪的。

毋庸置疑，现代科学技术的快速发展，导致森林砍伐、河流污染严重，人们不惜一切代价，扩张建设领土，扩大建设规模，从而使得现代建筑如雨后春笋般出现。但是，纵向来看，古人强调人与自然的有机统一、和谐，十分重视“人与自然和谐”的思想，这既反映了古人对以“和”为“合”意识形态的认知，也是他们重视自然生态意识的体现。

从现存的传统民居建筑来看，尤其是那些处于特殊自然地形环境中的民居建筑，都是人们根据不同的地形，采用不同的处理方法以适应环境进行建造的。这些民居建筑，充分展现建筑与环境的共生关系，它们对现代民居建筑的发展起着一定的作用：

（1）民居建筑因袭环境之势，尤其是在一些山川、河谷地带，人们在进行民居建造时充分考虑原有地形条件。比如，在坡度较大的山地，靠山借壁而建，而在缓坡之处，则挑出或者错落分层进行建造，从而将高差的不同逐步融化在建筑之中，化劣势为优势，因而构建起了别具一格的建筑形态。

（2）民居建筑匿藏于环境之中，与自然一道构成和谐意象，与自然景观融为一体。这类民居建筑，起到点缀自然的作用，多以小体量分布。当然，这类民居建筑形态，与基址背景环境浑然一体，相互辉映，给予人们“似建非建”的神秘感，从而真正体现出小建筑、大自然的思想。

（3）有的民居建筑，凭借所处环境中独特的景观元素特征，借景构景，寄建筑于景之中，达到对景、借景的艺术效果，从而构织出一幅建筑与自然双赢的景观图画。

3. 中国人居环境风水文化

“风水”是我国几千年传统文化的产物。一个居住场所的形成、发展以及消亡，不仅会受到自然因素的影响，同时也还会受到诸如传统世界观、环境观以及审美观等人文因素的影响。当然，在对自然生态环境、人类环境和景观环境的统一考虑下，人类科学在发展的过程中一般都会有良好的前景。而作为中国古代的环境设计理念与主要环境科学的风水学说，自然不会例外。中国人居环境风水文化可以体现在以下几个方面。

（1）生态环境与风水格局。人们选择住址的基本原则与基本格局是背山面水，负阴抱阳。即是说民居建筑背靠青山，屋前有流水，房屋坐北朝南。民居建筑，处于山水环抱的中央，同时地势平坦而稍微具有一定的坡度，如此，民居建筑便形成了一个背山面水、负阴抱阳的基本格局。

（2）风水格局的空间构成。自古以来，中国人民通常在生活环境的选择与组织中，构建起一个个封闭空间的体系。为了加强这种封闭性，人们通常采用的方法多样。比如，常见的传统四合院本身就是一个围合的封闭空间，而多进庭院住宅又加强了封闭的层次感，同时外围又用围墙把许多庭院住宅完全封闭起来。城市的建筑也是一样，从城市中央的衙署院（或都城的宫城）到内城再到廓城，也是环环相套的多重封闭空间。

无论是村镇还是城市的外围，一般而言都按照风水格局进行布置，基址背靠山脉，山势向左右不断延伸，形成肩臂环抱之势。基址前方有远山遮挡，连同左右余脉将前方封闭，剩下水流的缺口，水流尽头又有山把守，这就形成了第一道封闭圈。如果在这道圈外还有群山环抱之势，便可形成第二道封闭圈。因此可以说，风水模式其实就是一个自然环境之外的封闭的人造环境。

（3）风水与景观。风水学虽然是按照“气”“阴阳”“四灵”“五行”“八卦”等风水学说来考虑的，但是它源于中国古代哲学思想的“天人合一”与“天人感应”等理论，认为人与自然应保持一种和谐的关系。所以在风水的概念中都会追求美观、赏心悦目的自然和人文环境，也就是说，对于人类所生存的环境，不仅需要有良好的自然生态，而且要有良好的自然景观和人造景观。

4. 风水人居环境的生态内涵

风水文化对建筑所产生的影响，最为重要的就是要考虑如何趋吉避凶的问题，这是因为，它可以让人们所居住的环境，从生理与心理方面都起到积极的作用。讲究“美则吉，恶则凶”“方正好看为吉”。平行建房，可以取得统一美观的效果。这主要表现在三方面：一是天时、地利、山川风水等自然因素，此乃主要方面；二是周围环境、附近道路及比邻建筑等所涉及的社会因素；三是人伦、禁忌、河洛、五行制约的文化心理因素。

风水勘察过程其实就是思考的过程，在充分权衡上述三个方面因素的时候，不仅要考虑空间的外部宏观环境，也要考虑室内空气质量、微环境，唯有如此，才能实现内部和外部的协调互补、巧妙结合，进而达到整体的和谐统一。

风水理论所提倡的居住环境模式，对中国文化具有深刻而普遍的影响，上自帝王，下至百姓，都或多或少地受这种观念的影响。经过两千多年的文化积淀，它已经成为中华民族的集体意识，成为深层民族心理结构的重要内容。以选择生态优美的处所为目标，表现了中国传统的生态择居意识，虽然它有虚幻、玄学的迷信色彩成分，但是，通过对其去伪存真，我们可以把风水中那些隐藏着的深刻生态科学思想内涵发掘出来：

（1）民居建筑背山而定，这种相对封闭的空间，使住宅房屋能有效地避免冬季风，此外，在夏天，凉风主要来自山谷里吹来的风。山上的树木还可以提供人们生活的物质来源，同时，也有助于水土的保持作用。

（2）宅址前若有池水，可以为人们提供稳定的生活水源，利于灌溉，让粮食作物获得好的收成，从而给人们的生存提供一些物质保障。再者，面南而居，一方面为人们争取到良好的日照条件，另一方面也给人们的生活与生产提供了必要的照明需求。

（3）倘若宅旁有流经的河流，可以提供水运交通之便，同时还能引水灌溉，另外，夏季形成的水陆风有助于基址通风，驱散炎热。湿润空气周围植物因水而生，可形成较好的自然生态景观，很好地调节微气候。

这种体现人与自然相协调的天人合一的风水文化，是中国文化对人类文明的独特贡献，体现了中国文化的生态美学思想，值得我们深入研究。

我们在对黔西北民居建筑进行调研走访的过程中，发现一些民居建筑所形成的理想的居住环境格局，成为当地特有的建筑形式。总之，要把传统的风水学有机地融入当代住宅环境建设中，唯有如此，方能处处显示人与自然相互交融以及无我一体的诗意之美，同时也显现出中国传统文化本然所具的生态美学意蕴。

（二）黔西北民居建筑的选址原则与选址方式

1. 民居建筑的环境布局

（1）背靠山丘，正面开阔。这种布局常见于平坝河谷地带的民居建筑聚落。这是因为，背靠青山，可以获得生产生活的广阔用地，而且挡风向阳，能有效地减少寒气压迫，也有利于民居建筑周围的绿化。同时，在房屋的前方，空间开阔，不仅阳光充足，空气流通，而且视野辽阔无阻挡，前能远望，后有依托。倘若能使山外有山，重峦叠嶂，构成多层次的立体轮廓线，则可以增添风景的深度感与距离感。

（2）临近水源，能避洪涝。水是生态之必需，更是生命的源泉。任何一个乡村聚落，只有解决好了水源的问题，才能更好地生存，进而谋发展。正是源于此，黔西北的乡村聚落，多数都临近河流溪水，或凿井取水，或开渠引水，或借山泉，方式多样。同时还要注意防山洪之害，所以，无论平坝、峡谷还是半山，村寨选址一般都要避开较大的冲沟以防水患，并且利用一定坡度的自然沟壑，以便利于排洪泄水。

（3）有地可建，有土可耕。黔西北地区的民居村落，皆是以农业生产为主要方式，它不同于因血缘、地缘以及其他社会因素而建构的民居聚落。因此，黔西北地区的民居村落在选址要求上，和安顺屯堡与黔东南等地的一些民居建筑有所不同，它很少有军事防御驻防功能，基本前提是要易建房，易开垦，能栖身，有地可耕种，让人可生存。

（4）种植更多的树木，保护树木。郁郁葱葱的绿色植物与植被的形成，不仅可以保持水土，调节温度与湿度，创造良好的小气候，并且能形成春天鸟语花香、风景如画的自然景观。

（5）当山水的形、势有缺陷时，为了让不利成为有利条件，人们通过修复景观、设置场景和增加风景来实现景观的和谐统一。有时为了达到视觉和心理的平衡，通过调整建筑出口的方向或者街道平面的轴线，以此避开不愉快的景观，获得视觉及心理上的平衡。

以上几点原则，是对立统一的。黔西北地区千姿百态、大大小小的乡村民居建筑聚落，无外乎都是以上几个因素的综合考虑，或突出一条，或兼备几条。尽管民居建筑聚落形态千差万别，但是都从环境出发，从生态所需要的阳光、空气、土地、绿化与水等这些自然元素着眼，再从立足生存、庇护安全与稳定发展等诸方面的复杂矛盾中进行灵活变通的处理。不难想象，具备这样条件的一种自然环境和这种较为封闭的空间，是很有利于形成良好的生态和适宜的局部小气候的。我们知道，背山可以屏挡冬日北来的寒流；面水可以迎接夏日南来的凉风；朝阳可以争取良好的日照；近水可以获得方便的水运交通及生活、灌溉用水，且适于水中养殖；缓坡可以避免淹涝之灾；植被可以保持水土，调整小气候，果林或经济林还可以取得经济效益和部分燃料能源。总之，好的基址容易在农、林、牧、副、渔的多种经营中形成良性的生态循环，自然也就变成一块吉祥福地了。

2. 源于自然而产生的空间感知与建筑灵感

从人类出现以来，多数情况下是聚居的，这是因为，聚居状态较独居状态更加具有安全性。社会心理学家们也认为，聚居是人类的本能之一，是为了克服人类自身以及对自然条件的不可预知性，从而躲避对孤独的恐惧，同时，也是为了获取共同的食物而对生存于安定情况下的期待。总之，多种原因导致人类需要聚居在一起。

第一，由于耕地的贫乏，黔西北民居多顺应地形，依山就势，体现出和自然环境的高度吻合。农村居民定居的基础是耕地，首要前提是以农耕生产作为主导的经济类型必须得到确立。可是，黔西北的耕地被局限于面积比较小的地方，耕地的分布还受到地表物质与地表坡度的限制。山坡坡度太大，地形复杂，无法有效固土、蓄水、储肥，只有在地表比较平缓的缓坡地带，才具有适于耕作的土壤条件。再加上比较干旱的气候条件，致使农业的发展还需与便利的引水设施相配合。地形地貌的限制致使黔西北的民居建设选地必须适应自然。

比如，早在大约200年前的毕节大屯土司庄园，其聚落营建均沿台地的等高线布局，证明了那时的彝族先民已经有了利用有限缓坡地作为耕地的意识。因为坡地保土、保水、保肥能力差，而河谷地带地势平坦，土壤肥沃，灌溉、收割都省时省力。因此，高山地带的彝族聚落较多采取依山而建的格局，民居多建在土壤贫瘠的山坡上，并顺应山势进行建造，这不仅创造了融入自然地形的建筑形态，而且还减少了建造能耗和对地表的破坏，进而达到了保护生态环境的目的。

第二，黔西北地区多山地，民居聚落如果地处山坡则一般处于阳坡，以便于最大限度地接收日照，获取较好的光热条件。由于冬季多大风，所以还需要注意避开风速很大的山顶、山脊与隘口地形，尽量把民居聚落建立在山谷的背风处。

比如，毕节大屯土司庄园，依山就势、三重堂宇布局。中路纵轴线上有大堂、二堂及正堂。左右路纵轴线上分别设有轿厅、西花园、祠堂和东花园、客房、粮仓、绣楼等木结构建筑。四周为空斗青砖院墙，整体形态与周边佃户的住屋形成鲜明的等级对比关系，已经凸显出向阳、背山、面水的生态适应性特征。除了意识形态因素的影响之外，它的环境取向包含许多实际和合理的成分，反映了民居对自然环境的适应性。

第三，为了维持生存和发展，人们的居住环境周围需要有丰富的资源，因此，多在具有两个以上不同资源的地方交界处进行选址。人们通常倾向于在两个资源明显不同的地方定居，不同资源的地方边界，包括山与田、山与水、田与牧场等。这样选择的优势在于：其一，它可以很容易地利用两种不同的资源；其二，尽量使聚落较少的影响资源环境，便于持续利用资源。

第四，在早期聚落的选址决策中，人们为了生存必须首先接近水源，黔西北各民族的一些民居聚落选址便多半处于近水的河流缓坡抑或阶地上，这样便于人畜用水以及灌溉。

黔西北各民族正是在这样一个独特的自然地理环境之中，相对地拥有着具有自身地方特色的材料及其特性，并传承着世代因袭的文化习俗，进而在这块极富传奇色彩的大地上，创造出了别有风味的建筑风格与建筑体系。

3. 民居建筑和环境“共生”的特质

黔西北各民族民居建筑与其周围的环境表现为一种“共生”的特质，在黔西北人民的生活观念中，山、水、树是生活的一部分，他们需要在山、水、树中凸显自身的生存空间。

（1）与山水共生。山，是黔西北独特的地貌条件，是选址的一个重要因素，山是黔西北人民赖以生存的基础，也是黔西北人民生存的基地，背景为山，开门见山，山是重要的景观资源。这缘于黔西北各民族常年的高山生活得以形成的高山情结。依山，可建造房屋，收林木之利，可开荒种地，开辟梯田。

水，在中国传统民居的选址中占有特殊的位置，风水学上有所谓“风水之法，得水为上”“吉地不可无水”的理论，由此而形成了专门研究水与环境、聚落地势之间关联的“水法”。对于黔西北的一些民族来说，除了上述因素外，一个更重要的功能是利用水产生的动能来处理粮食作物，从而节省人力和物力。水系统在选址中也是一个非常重要的因素，这是不言而喻的。

（2）与树共生。黔西北各族人民朴素的自然生态观使他们非常强调人和自然的互相尊重，由于他们的房屋建筑材料大都会用到木料，所以人们非常注重对树源的保护，通常会在自家房屋院落周围种树，这客观上可以为家人提供休息纳凉的地方，净化空气，树木也可以美化环境，表达人们对自然的热爱，所以人们会在房子的后面种很多种植物，一年四季景色都有所变化。同时，由于人们有与山共生的观念，种树还可以抵挡由于暴雨可能导致的泥石流等灾害。与树共生，也是期望自己住宅周围的树木可以保佑家人平安，人丁兴旺。在黔西北地区的众多民居建筑村落中，多有上百年的神树，它传达出了人们对于自然神的尊敬。

（3）与田共生。黔西北各民族房屋院落的一个很大特点就是相隔较远，由于彼此相隔有一定距离，人们若有条件则将其房屋周围合围成自家耕种的农田，这也是黔西北人民住居周边环境的一个特点。

黔西北各民族的生产力低下，田地作为黔西北各民族人民重要生产生活资料，每一家都倍加珍视。农田围绕在自家周围，可以更加方便照料。房子周围有可耕种的土地，可以用来种植日常食用的蔬菜，种植粮食的田地一般也都离村庄不远。民居乃安身之所，田地为立命之基。因此，田地作为民居空间环境中的一个间接因素，也是构成民居空间环境的重要一环，二者浑然一体，充分融进周围的景物中，成为一个和谐统一的整体。

（三）民居建筑的生态设计理念

1. 总体布局与顺应自然

顺应自然就是对自然的尊重与理解，要将民居建筑自由并且妥帖地与天地环境相融合，使民居建筑这一由人创造的文化现象具有更为广阔的意境。有学者指出，中国的发展一直就是将人与自然、文化与自然联系到一起的，“中国的演变发展并不是以破坏性演进，即人与自然关系的改变、隔离等为特征的，而是以连续性演进，即人与自然、地与天、文化与自然的同一连续为特征的”①。

为了实现这种与自然相融合的境界，当时的人们在建筑空间的营造中会想方设法地与场所环境协调，在自然中见人工，进而又在人工中见自然。即使是在有限的空间中，创作者也要想方设法做到小中见大，在有限中见无限，将自然容纳进来。比如，在中国传统绘画中，不论是范宽、关同、董源的全景长卷，还是马远、夏圭等的截面小景，都不满足于一山一石具体形貌的刻画，而是追求以小见大，营造“一沙一世界，一石一乾坤”的象征境界。在中国传统建筑与城市营造中，既有将城市营建与大山水格局相融合的气势，也有私家园林在小空间中容纳自然万物的意境。

---

① 张光直. 中国青铜时代（第2集）[M]. 北京：生活·读书·新知三联书店，1990：135.

如何把握自然规律并进行建筑创作，具体可分为如下几个层面。首先，在环境处理手法上，“法天象地”这一手法应体现在宏观的空间尺度层面，这可以把其作为建筑与城市设计方面的参照物。“相土尝水，法天象地”“体象乎天地”，这一点在中国传统中处理建筑与城市设计的关系方面有着大量运用。其次，将人居环境的营造和自然天地相融合，将“融天入地”在中观尺度空间层面体现出来，使建筑造型和自然环境一同构成整体之美。最后，通过对自然的写意和模拟，“移天缩地、模山范水”，在微观的空间层面体现出来，将自然的意境，缩微到具体的微观尺度空间之中。①

顺应自然不仅意味着与自然相协调，还意味着要主动借鉴自然甚至模拟自然，动态地创造自然之美，实现创境以游心。第一，它意味着对建筑的地域特征的凸显。建筑是一个具有地域特色的人工和人居环境，建筑的自然适应性表明，建筑必须适应一定的气候和地理条件。第二，它意味着民族风格的展示。不同风格的建筑是建筑本土化的生动教材。从建筑外部造型到建筑室内装饰，都体现了各民族的精神文化，传达了其独特的价值观念、思维方式和审美理想。随着文化交流的深入，建筑文化的发展趋势越来越明显。因此，弘扬建筑的民族特色，注重建筑的本土化，具有十分重要的现实意义。这也是建筑美学理念的多样性和个性化的必然要求。第三，这意味着建筑文化传统的宣扬。中国是一个有着悠久文明的国家，有着丰富的建筑文化和建筑遗产。当前中国建筑文化的选择应以现有的文化传统为基础，积极吸收世界建筑文化的精髓，进行全面的创新。

顺应自然也在一定程度上反映了当时人们朴素的尊重自然的生态意识。人们在创造建筑时自觉地亲近自然，以大自然为精神家园。顺应自然意味着人与自然、人造环境与自然环境之间亲密无间的关系。可以认为，顺应自然不光是对于创作结果“自然”如天成的一种描述，同时也是对于创造过程“自然”而生成的一种概括，自然与人的关系在这种顺应自然的建筑之美中得到了很好的体现。

2. 总体布局与利用自然

利用自然首要把握的就是因宜适变，要因时、因地、因人的不同，针对具

---

① 所谓“法天象地”，是指建筑和城市规划在形态上以天地为参照。所谓“融天入地”，表现在中国建筑中，以群体组合作平面展开，从而与大地广泛接触，形成物与境的融合。所谓“移天缩地”，表现为中国传统园林思想，模山范水，阴阳交合，构成中国园林的基本骨架。

体情况制定解决方案。在这一过程中，“因”是十分重要的思维方式与创作手段，就是说，在面对不同的具体问题时，要会不断调整变化，针对具体问题进行分析从而得到解决办法。只有这样，才能将固定的规则变为活法，在活法中体现出设计者独特的匠心，做到“从容于法度之中”。

民居建筑与人们的生活和生产活动密切相关，民居建筑的创造要解决具体的问题。因此，民居建筑创作方法的选取是为具体问题的解决服务的。看似不露痕迹，事实上遵循了既定的规则，化有法为无法。从这一角度来说，创作者必须熟悉各种规范，全面掌握需要应对的具体情况，才能做出合理的解决方案，要先从至工而后入于不工，先从有法然后入于无法，实现新意的目标，所谓“天籁须自人工求也”。要在思考与创作中抛却规则与经验的限制，明白具体的手段是为其背后所隐藏的目的与深刻隽永的“意”服务的。“法无定式”，在创作中需要讲求活法，实现从有法到无法、从极工到写意的转变，真正做到自然天成。

如何在设计中实现因宜适变，需要从多方面考虑，根据具体情况灵活处理。首先，在初期的意象设计时需要因地制宜、因势利导，处理好建筑与环境之间的关系，务必使两者相协调。这里的环境既包括社会文化环境，也包括自然环境，创作者需要结合场地的各种环境因素进行创作，力争使建筑与环境浑然一体。中国传统建筑设计中讲求“相地”，创作者在建设前必须对环境进行勘察研究，选择合适的地段，使新的建筑能与原有的环境融合在一起。针对城市建设中的“相地”问题，管仲在《管子》中提出：“凡立国都，非于大山之下，必于广川之上。”① 明代的计成所著的《园冶》中有“相地”这一章，说的就是要结合场地环境特点展开设计，先要“相地合宜，构园得体”，做到“园基不拘方向，地势自有高低”，而后使建筑空间布局与环境相协调，要进行“立基”，相地要能“巧”，立基要能“精”，做到“精在体宜”，“择成馆舍，余构亭台，格式随宜，栽培的致”。梁思成先生在《我国伟大的建筑传统与遗产》一文中对于自古以来我们国家的一些建筑传统进行了总结，他认为当时的人们根据不同的地质条件采用了不同的建造方法，如利用地形和土质的隔热性能，开出洞穴作为居住的地方，这种方法在后来还被不断地加以改进，从周口店山洞、安阳袋形穴到今天的华北、西北都还普遍的窑洞，都是穴居进步到不同水平的实例。而那些“在地形、地质和气候都比较不适宜于穴居的地方，我们智慧的祖先很

---

① 黎翔凤撰，柴运华整理. 管子校注［M］. 北京：中华书局，2004：83.

早就利用天然材料”①。这种传统很好地说明了当时人们能因宜适变，根据不同地形、地质和气候采用适宜的建设方式。

因宜适变不仅体现在根据不同的环境条件选择不同建设手段方面，在建造不同类型的建筑时，中国传统的建造方法同样是灵活并富于变化的。因此，在因地制宜之后，还要做到因材致用，就是要利用好建造技术条件，在构筑方式上，根据相应的技术条件选择合适的建造方法。比如，中国传统建筑就善于木结构的营造，并能在基本构建规则之下生发出种种变化以适应不同的情况。梁思成先生认为“骨架结构法”是我们国家的一个伟大传统，“骨架结构”主要的步骤就是：先于地上筑土为台——台上安石础——立木柱——柱上安置梁架——梁架和梁架之间以枋相牵连——梁上架檩——檩上安椽，也就构建起了一个骨架，恰如动物的骨架一般。骨架结构能够承托房屋上面的所有重量，这样做的好处就是可以灵活应对各种条件，“柱与柱之间则依照实际的需要，安装门窗。屋上部的重量完全由骨架担负，墙壁只作间隔之用。这样使门窗绝对自由，大小有无，都可以灵活处理。……寻常房屋厅堂的门窗墙壁及内部的间隔等，则都可以按其特殊需要而定。这样的结构方法能灵活适应于各种用途……这种建筑系统能满足每个地方人民的各种不同的需要”②。

不管是因地制宜还是因材致用，其实都是强调设计必须因宜适变，要根据具体的情况和问题寻找合适的解答。因宜适变，为的是实现建筑与环境的有机统一，选择合适的建筑方法和材料，使建筑和自然环境和谐完整，实现“虽由人作，宛自天开”的自然天成的效果。郭熙在《林泉高致》中说：“山以水为血脉，以草木为毛发，以烟云为神采。”③ 自然山水在这里仿佛都有了人的情怀，为了与自然融为一体，建筑就必须与环境相得益彰，将有限的建筑手段与无限的自然意趣相结合，使人在其中尽情感受自然天成之美。

3. 总体布局与人工调节

建筑的选材，吕思勉在《中国制度史》中提道：“未有宫室之先，古人居处凡有三法：构木为巢一也，掘地成穴二也，复土使高三也。构木之先，盖猱升树木之定。陶复陶穴之先，则因乎自然直丘陵。窟穴聚薪而居其上，所以避下

---

① 梁思成. 我国伟大的建筑传统与遗产［M］//梁思成. 梁思成全集（第五卷）. 北京：中国建筑工业出版社，2001：93.

② 梁思成. 我国伟大的建筑传统与遗产［M］//梁思成. 梁思成全集（第五卷）. 北京：中国建筑工业出版社，2001：93-94.

③ 郭思，刘维尚. 林泉高致［M］. 北京：中国纺织出版社，2018：47.

湿。此筑土为坛之基，复穴皆开其上以取明，则窗之所自始也。茨屋者，法树之枝盖覆蔽也。栋梁，法树之枝干交互也。筑墙，取法乎崖岸之壁立也。”① 照吕思勉的讲法，先民在远古建屋造舍之初，大多采取三种居住模式：“构木为巢”“掘地成穴”“复土使高”。构木的用材为木，掘地、复土取材于土，结合在一起，就形成了“土木”，此土此木无关乎石，乃至混凝土。

积极利用自然材料，主要是指那些天然的材料或人工痕迹较少的东西，例如，土壤、木材、竹子等。这些材料在古建筑或一些传统民居中很常见，但在今天的许多建筑材料中，对它们再次倡导则更多的是基于生态环境的需要。

众所周知，影响建筑构造的因素有很多，主要体现为荷载因素的影响：在承重荷载（如重量等）、竖向荷载、水平荷载、风荷载等方面的作用时，为了确定建筑结构，这些是必须考虑的影响因素。自然因素与人为因素的影响：自然因素的影响是风、太阳、雨、雪、冰冻、地下水、地震等因素的影响，同时，为了防止自然因素对建筑物的破坏，必须采用防潮、防水、保温、抗震等结构措施；人为因素的影响是建筑中容易产生的诸如火灾、噪声、化学腐蚀、机械摩擦和振动等因素的影响，因此，在设计时必须采取相应的保护措施。技术因素的影响：主要是指建筑材料、建筑结构与建筑方法等技术条件对建筑设计和施工的影响。随着这些技术的发展和变化，民居建筑的构筑实践也在发生着变化。例如，由于建筑材料行业的不断发展，出现了越来越多的新材料，因此就带来了相应的新的施工方法。

柯布西耶曾说过，建筑有它的“基准线”，而且这个“基准线”从建筑诞生时就存在。“基准线”是一种手段，但并不是药方，选择“基准线”和它的表现方式是建筑创作的一个组成部分。“三分匠人、七分主人”就是中国古代的一句建筑俗语。工匠仅是对建筑的梁架、柱子、斗拱、藻井等结构部件的造型、施色甚至彩绘进行负责，而建筑的主要决定权在于主人，主人对空间的理解和安排将会影响到民居建筑的形态。

中国人把建筑理解为人与自然和谐相处的独有空间，它是总体布局与人工调节的结果。民居建筑最直接地做到了以人为本，也就是说将一切都归结为为人服务，基于这一简单理由，房屋不可避免地会引发我们的兴趣，而且比任何其他事物更能引起我们的兴趣。房屋关系到我们的一举一动，它就是我们的“蜗牛壳”。所以它必须按我们的尺寸来做。

---

① 吕思勉. 中国制度史［M］. 上海：上海教育出版社，2002：215.

二、生态思想在民居建筑中的自觉运用

（一）民居建筑的影响因素与装饰作用

1. 民居建筑设计的影响因素

（1）自然因素。自然因素是影响民居建筑的重要因素。因此，黔西北民居建筑在设计中凸显自然因素是重要的思路之一。

将设计方法融入自然，不是对环境的妥协，而是对民居建筑基地周围环境进行分析之后，提炼出有价值的因素进行重新诠释，并且将其投射到建筑设计之中。

（2）文化因素。随着人类文明的发展，民居建筑早已不再是简单的避风港，它已经成为人类文化、思维、情感等文明的载体，在当代更是一个较为复杂的文化系统。而民居建筑作为文化表现的重要途径，自身便是文化的一部分，其文化表现有着独特的作用和意义。

这是因为，民居建筑往往是和当地文化联系在一起的，建筑空间在满足人们物质需求的同时，还构建了和谐生活的图景以满足人们的心理意向，进而使人们到达实现审美理想和社会记忆的目的。同时，文化渗透到建筑语言表达的每一方面，构建了不同地域特色的情感空间。不同地方的民居建筑承载着不同的精神归属和寄托，表达着不同的情感和记忆。

比如，从山西、陕北的窑洞到福建、广东的土楼，从北方的四合院到南方的干栏建筑，从蒙古的蒙古包到广东开平的碉楼民居等，各有不同的风格，各有不同的文化特色。

（3）经济因素。它是社会发展的基本决定因素。马克思曾经说过，物质生活的产生，制约着政治生活、精神生活和社会生活的进程，不是人的意识决定人的社会存在，而是人的社会存在决定了人的意识。

建筑活动的发展进步和经济活动是直接紧密关联的，经济因素始终是建筑发展的动力之一。

（4）技术因素。技术的发展，极大地改善了人们的生活水平，丰富了人们的物质生活需求与精神生活需求。新技术的运用极大地改变了建筑材料的使用范围，许多新材料、新工艺、新设备都给建筑设计带来了变革性的影响。

技术代表着人类社会进步的尺度，从某种程度上而言，民居建筑的设计取决于建筑技术、装饰材料的表达以及施工工艺的实现程度。当然，技术的革新

也可以使传统的建筑材料通过现代化技术的改造而得以重新应用。

例如，黔西北地区彝族传统的夯土墙具有良好的保温性能，它能对室内的温度起到有效的调节作用。把其用在现代彝族建筑的过程之中，较为惯常的做法是用涂料来模仿传统夯土墙的颜色。但也可以凭借现代技术，用创新的手法对生土墙进行工艺处理，如利用新的工艺模仿传统生土墙，或者在生土中添加现代颜料改变生土墙的颜色等，不同技术的融合为传统的生土墙带来了新的形象。

建筑的技术因素是由经济条件决定的，而不同区域的经济条件是不同的，因此施工技术也就不尽相同。基于此，各地的民居建筑凸显出了不同的建筑特色。因此，技术的发展只有符合人与社会的需求，才能实现与自然的和谐。

（5）审美因素。民居建筑应当在一种顺应环境肌理的情况下设计和建造，它就像一个有机的生命体，被当成自然生态中的一部分，无论是从民居建筑的形态、材质抑或界面的任一方面，都应该展现出一种和自然和谐统一的态势。民居建筑的建成，不应打破原有环境的肌理，唯有如此，民居建筑所呈现的形态将是人们对于建筑审美的一次转变。这既体现出建筑与自然更好的融合性，同时又是建筑自然意味表现的审美方式。

诚然，通过历史的发展，人们所沉淀下来的文化特点会在建筑之中显现出来，建筑的这种文化信息的表达，实质上就是一种从具象到抽象的设计表达。民居的建造者们，通过从模仿到表达的创造性技巧，从现实主义到符号化，将历史的内容积累到建筑元素中。譬如，黔西北地区彝族先民对图腾的创作，凭借对自然中的生命进行设计表达，将建筑所在区域的历史文化积淀成带有独特性的符号或构件，让人们看到这些符号或建构背后的深刻含义。所以，民居建筑的审美不仅仅是单独的形式表达，而且是历史文化的意义赋予建筑以艺术升华。

2. 建筑外部装饰的作用

任何一个民族的装饰艺术风格都与该民族的生活环境、宗教文化等因素息息相关。这种装饰风格，一般来说，具有以下一些作用。

（1）功能作用。建筑立面的功能性构件，是在民居建筑的使用功能上有重要意义的部分，比如民居建筑的出口解决了人们的进出问题，窗户解决了采光，阳台使人们有了接近自然的机会等。

随着社会的发展，功能性构件愈来愈多，如通风百叶窗、遮阳板的增加等，它们的发展与结构构件一样，也在逐渐向装饰美学意义方面靠近。例如，窗子本身的意义只是采光，后来发展成为观赏景物与立面装饰构图等方面的要素。

(2) 装饰作用。建筑外部装饰的艺术本质属于美学范畴，装饰本身的意义在于美化和修饰物体。建筑的外部装饰通过材质、色彩、纹理、动态、静态、真实、虚拟等形式展现出有节奏的美，这种美是艺术的。此外，装饰艺术既体现在装饰文化之中，同时又体现在精神审美上。

可以说，建筑外部装饰的艺术性，其实主要是从形式以及精神等多个方面体现出来的。

(3) 精神作用。建筑装饰通过其色彩、图案、装饰题材等方式传达地域性文化的特点。例如，通过色彩的区分来体现各民族之间的差异，汉族喜爱红色、黄色、绿色，彝族尚黑色、红色、黄色，这些色彩表现在建筑的装饰上便形成了该民族的建筑色彩文化。

建筑装饰立面上一些装饰图案的题材也受到文化因素的影响，这些装饰主题大多来自一定的历史与社会背景，代表着各民族的精神和意识。在古代中国，由于受宗教的影响，加之图腾与巫术的不断传播，从而使得人们在精神与情感上有强烈的信仰意识。例如，黔西北地区彝族建筑装饰中的牛角、竹节的纹样表达了彝族人民对自然的崇拜。

(二) 民居建筑从实用过渡到工艺

1. 建筑外观色彩搭配

建筑色彩和建筑形态，都是某些历史时期和意识形态遗留下来的文化产物。建筑本身与色彩密不可分，所以色彩成为表达建筑气氛最直接的方式。色彩是人们周围环境意识的一部分，也是人类感知系统的有机组成部分，它能让人在空间中分辨物体、提供信号、传递信息。

环境中的色彩发挥着多方面的作用，它使环境更加人性化。色彩是环境中的一种语言，它可以作为一个信号，对不同地点、场所的特征给予描述，在复杂的空间里，为人们提供清晰的结构，减少理解环境的困难。

黔西北民居建筑装饰在对颜色的运用中很有特点，黔西北民居建筑的色彩搭配引人注目。屋顶是灰色、黑色与白色的屋顶线，屋脊的两侧形成一套巧妙的弧线。建筑主体结构的柱子、穿、挑与枋等构件都被漆成黑色，这是因为，结构部分使用黑色显得较为坚固。黔西北民居多以白、黑等色彩搭配，清新活泼、粗犷拙朴，镶嵌在溪流边，或点缀在云雾缭绕的大山脚下，与自然和谐统一，凸显出了拙朴活泼的乡野风格。

大山深处的人们，根据自然山水依形就势、就地取材，以天然材料构建了和自然界融为一体的粗犷豪放的乡野建筑形象。白檐青瓦的黔西北民居建筑就体现出了对自然的尊崇。同时，由于地形地貌环境的复杂多变，在黔西北地区，山已经是其文化中的灵魂，通过青瓦、白屋脊、白色粉饰墙面的外观装饰处理，在新农村建设中恰当地运用了这些元素，营造出了独特的民居装饰个性特点。

黔西北民居建筑的墙体多以白色为主，这是因为白色清新、醒目、突出，力求塑造意境。罗斯金（John Ruskin）指出："色彩永远不跟随形状，而是自成体系。……色彩和形状只能像两个层次的装饰线条一样，偶然相同，但却各自都有自己的方向。"① 一面墙体固有其形式，有其色彩，但黔西北民居建筑最为显著的特征却是几乎要脱离于形式的色彩，其色彩，是单一的白。

童寯说："中国南方园林的墙面总要刷白，这可以衬出日月所射的竹影。白墙、绿叶、青瓦、木作，组成中国园林的基调。墙顶蜿蜒起伏，瓦作漏窗能减轻沉重感。有做法甚者，加以首尾，比拟游龙。"② 这种白是纯粹的，不含杂质，拒绝修饰，甚至可以回避油漆。

李渔在《闲情偶寄》中提出："书房之壁，最宜潇洒；欲其潇洒，切忌油漆。油漆二物，俗物也，前人不得已而用之，非好为是沾沾者。门户窗棂之必须油漆，蔽风雨也；厅柱榱楹之必须油漆，防点污也。若夫书室之内，人迹罕至，阴雨弗浸，无此二患而亦蹈此辙，是无刻不在桐腥漆气之中，何不并漆其身而为厉乎？石灰垩壁，磨使极光，上着也；其次则用纸糊。纸糊可使屋柱窗楹共为一色，即壁用垩灰，柱上亦须纸糊，纸色与灰，相去不远耳。"③

计成也曾经详细描述过白粉墙的制作过程："历来粉墙，用纸筋石灰，有好时取其光腻，用白蜡磨打者。今用江湖中黄沙，并上好石灰少许打底，再加少许石灰盖面，以麻帚轻擦，自然明亮鉴人。倘有污积，逐可洗去，斯名'镜面墙'也。"④

这里可能会引发一重疑问：为什么要把墙刷成白色。李渔说油漆是俗物，白墙不需要也不应该涂抹任何油漆，为什么？这是一种怎样的审美心理？浅显

---

① 约翰·罗斯金. 建筑的七盏明灯［M］. 张璘，译. 济南：山东画报出版社，2006：121.

② 童寯. 园论［M］. 天津：百花文艺出版社，2006：5.

③ 李渔. 闲情偶寄·居室部［M］. 江巨荣，卢寿荣，校注. 上海：上海古籍出版社，2000：208.

④ 计成. 园冶注释［M］. 陈植，注释. 杨伯超，校定. 陈从周，校阅. 北京：中国建筑工业出版社，1988：186.

的解释，莫过于把墙之白理解为背景：在一面洁白的墙体前，自然物的形、色、光、影相当于画布上的前景，前景之自然物与背景之墙会组织成为一幅异质但生动的自然画卷。

屋顶的颜色在建筑中起着重要的作用，建筑顶部的轮廓是通过屋顶与天空的色彩对比显示出来的，在屋顶的色彩设计中，除了考虑色彩本身的状态之外，还应注重建筑屋顶的色彩和墙面的色彩。只有从各方面考虑，才能更有利于建筑的整体效果。

选择墙壁的颜色应该注意周围环境的颜色，同时还应考虑建筑物的性质。建筑物的整体外观，很大程度上取决于墙面与建筑上的门窗等局部色块构件组成的图底关系。

门窗主要包括玻璃和窗框两部分。玻璃具有透明、反射、折射等特性，色彩变化丰富。虽然门窗框的面积在建筑中占了很小的比例，但其颜色的灵活性非常大，我们可以根据需要进行各种选择设计。一般深色的窗框会使视野加深，增强了门窗与墙面之间的明暗对比。当然，也提高了窗户的明亮度，让我们能看得更清楚。当窗框采用光色系统时，窗框与玻璃之间会产生明显的对比。因此，在建筑立面或局部构件的设计中，可以利用这种色彩关系来增强视觉效果。

色彩本身并无性格表现，但人们可以从其中体验到不同的情感特征，这与个性和态度有关。不同的颜色给人不同的视觉和心理感受，运用不同的色彩来营造空间的氛围，这在室内空间设计中经常可以见到。

2. 材料、质感、色彩与自然空间融为一体

民居建筑空间包括建筑的内部空间、外部空间和实体空间。民居建筑空间设计不仅是研究民居建筑实体所围合的内部空间，而且还包含其外部空间，即民居建筑与所处环境之间的关系。民居建筑的表现形态给人的感受，可以从民居建筑实体的形态、尺度、颜色、质感等方面体现出来。

随着黔西北地区社会经济的快速发展，人们将传统造型和色彩手法融入各个设计领域。过去，受到自然环境和生产技术水平的限制，黔西北地区的各民族同胞凭借对民居建筑材料本色的大胆运用和在局部绘制精美的装饰彩纹，采用穿插、对比、突出重点等手段，使民居建筑造型整体感觉非常突出，粗放中蕴含着精细。

今天的建筑材料得到了极大的丰富，传统的限制色彩逐渐消失。在民居建筑与传统民族特色使用突出色彩的地方风格过程中，重要之处还在于借鉴传统的处理手法与精神，丰富建筑立面层次，表现建筑整体感与体量感，而不仅仅

是局限于将传统色彩再现于现代建筑。例如，在百里杜鹃风景名胜区金坡乡一些彝寨的商铺建筑立面色彩处理上，民居建筑设计者不是简单地再现传统彝族民居大面积棕红色墙面，而是通过灰白色水泥外墙色彩和檐口传统彝式彩绘木构件装饰作对比，达到色彩的对比调和，彰显了代表彝族特色的装饰构件。对这些重点区域的处理，让人们感受到传统的民族风味。这种传统造型与色彩结合的现代民居建筑创作，体现了该民族同胞的民族认同感。

这类民居建筑风格，在黔西北地区已出现许多有一定影响的、具有浓郁彝族风情的地域性民居建筑作品。在这些民居建筑上，我们或多或少可以看到传统民居和彝族色彩的一些特征。在这些民居建筑创作的例子中，民居建筑设计者为了探寻创作灵感与表现文脉，构建出传递彝族民族特色的现代民居建筑。他们对彝族传统民居建筑文化的借鉴，根据设计所处背景的不同，落脚点也各不相同。例如，有的注重空间与布局，有的注重形式，还有的注重对传统民居建筑技术与地方材料的运用。

这些因素在民居建筑设计中的具体表现，通过民居建筑细节的创造呈现出民族特色，这些细节通常体现在两个方面：一种是以现代建筑技术与语言等，通过对民居建筑形体的塑造、空间与环境的处理，根据地方建筑材料与建筑特征等表达建筑的地域民族特征，发掘传统民居建筑的精神内涵，而不再局限于对传统造型或形式等具体的民族建筑语言的再现；另一种是使用现代建筑、结构与布局等材料，利用传统建筑语言的形式、色彩、符号等的局部特征，运用现代技术进行改造和变形，在民居建筑中直接表现独特传统建筑风格。

3. 丰富多彩的审美要素——形、色、质、光

形、色、质、光是构成民居建筑表皮形态的视觉审美要素，它们按一定的形式审美规律交互综合，从而构成了千姿百态的民居建筑空间形态。民居建筑空间给大众的审美体验和精神感受恰恰就是通过这些视觉审美要素的综合作用而表达出来的。通过民居建筑表皮语言，分析形、色、质、光在民居建筑空间和形式中的表达及民居建筑空间中的视觉元素如何触动人们的心灵，从而引起情感共鸣。

形。形即造型，它是空间构成的最基本元素。光线和色彩必须依附于形体，才能使民居建筑更具表现力。民居建筑空间是功能、技术和艺术的结合，功能是目的，技术是手段，形式是表达形式。人们在对建筑空间的发挥中，常常是通过民居建筑表皮来理解建筑空间的美学和内涵，因此，民居建筑表皮形态明显影响或决定建筑的空间形态。良好的建筑表皮造型具有强烈的吸引力，甚至

对公众视觉造成冲击。它能引起人们的注意、联想，激发人们的热情，给人以美的享受。

色。空间中的色彩包括物体本身的原色和人工装饰色彩。色彩是民居建筑环境中一个重要的视觉元素，如民居建筑环境的形状、光线等信息。色彩有一个独有的特征，它依附于其他元素而存在，它们彼此相互关联。相对于其他视觉元素，色彩很特别，给人以直观的视觉印象，它可以快速创建情感和烘托气氛，并在不同程度上影响人的心理和行为。可以说，色彩是最实用的民居建筑空间环境中一个最直接和有效的艺术装饰元素。

民居建筑空间外表皮色彩对公众的心理影响与社会因素、个性因素有关，这与时代、社会、文化、地区以及生活方式、民族习惯都有着密切的联系。民居建筑色彩的表达一定要综合各种因素，符合公众审美意识，具有地域性和时代性，才能突出城市精神文化内涵。

质。质是指材料的质地和肌理，自然界的任何表面都有特殊的结构，并形成其表面特征。在某种程度上，建筑物表面的形状，包括颜色图案，可以被看作是民居建筑本身的界面纹理。民居建筑空间形态是由不同材质和纹理的建筑材料和装饰材料组成的，如果说建筑的造型先引人注目，而后色彩又进一步给以刺激，那材料的肌理和质感则进一步丰富建筑空间的视觉效果和情感体验，从而加强人们对民居建筑空间中材质的审美感受。

光。对于民居建筑来说，光与影的影响不仅能给人以客观化的艺术形式，也会对人们的非物化要素视觉、心理等构成影响。在民居建筑空间中的自然光、人工光或自身物体的漫反射光，会在民居建筑本身或其空间内产生投影、倒影、映射之影等。建筑物的形状、颜色和质量与光分不开。光不仅仅可以使建筑物体本身产生丰富绚丽的光影效果，还能够使得民居建筑表皮的材料质感、色彩、空间形态等表现得淋漓尽致，富有艺术氛围及空间意境。光在满足人们心理和生理需要的同时，也使人们的心灵得到了美的享受。所以说，光影效果的塑造越来越在民居建筑艺术创作设计中得到重视。

（三）黔西北民居聚落装饰的空间形态布局

1. 黔西北民居建筑装饰安排

（1）屋顶装饰。屋顶的装饰一直是中国民居建筑的重要组成部分，它会使整个屋顶显得轻巧美丽。黔西北各民族的屋顶装饰较为简单朴实，比较随意，也没有那么多的规制。黔西北民居建筑的屋顶装饰多用灰色小青瓦覆盖，屋脊也用小青瓦盖顶，通常是使两侧起翘，中间用小青瓦叠成花纹形或者“品”字形，有的屋脊用石灰抹白。屋檐部分盖瓦用石材升起，封檐板下部分则做成波浪形，这样形成丰富的屋面造型，两侧的云纹飞起，构成起翘状，瓦当与滴水显然经过特别处理，显得比较精致。这说明黔西北各民族民居建筑在注重自身文化艺术发展的同时也利用了其他民族的建筑艺术，表达了黔西北各民族人民善于吸收其他地区民族的建筑文化。

（2）梁柱装饰。黔西北民居建筑中，一般梁柱装饰很少，少数梁柱装饰主要修饰在建筑构架的外露部分，装饰处理集中于柱头梁、枋或者斜撑，作为建筑主体的支撑结构，一般不涂颜色或者涂暗红色，以雕刻与彩绘为装饰手法。

（3）墙面装饰。由于贵州的民居建筑所用材料各不相同，所以墙面的装饰也不一样。在黔西北地区，墙砖是主要的材料，这种材料并不是随机堆积，而是根据一定的规则堆积在一起，它们之间的间距很小，而且外墙外也不会有凹凸不平的情况。同时，由于经济条件和地理条件的限制，一些地方的外墙是用最简单的石头拼合而成的，一般没有经过精细加工，只是按块拼接上去。基本不用其他材料装饰，显得简单且朴实，同时这也是预防火灾的一个好方法。外部用土抹平，再用石灰在表面抹灰，有的家庭会在上面雕刻花纹的形状，再在外表面雕刻“乾坤”两字，可以看出这是辟邪用的，以表现辟邪镇宅保平安、佑物阜民康之意，这从侧面也反映出黔西北各民族对于宗教的崇拜。

（4）门窗等墙面构件装饰。黔西北各民族民居建筑中门窗是很重要的装饰点，也是民居建筑中的亮点。它们组成民居的第一道防线，贵州各个少数民族院落基本都有。

在黔西北各民族民居建筑中，堂屋及侧面门一般都用纯木板门（也有使用铝合金等材质的情况），在腰门上的雕刻具有鲜明的特色，雕花图案以精细为美，中间镶嵌代表“四在农家·美丽乡村”的字或文化元素进行点缀。这种做法与窗的做法相同，民居建筑中，各种花鸟是最为常见的门窗装饰主题。大门、腰门、栏杆及家具，一般都刻有文化内涵极为丰富的木雕装饰。这些图案是各民族文化融合的结晶，从某种意义上而言，也体现了先民的勤劳与智慧。

（5）地面装饰。院落作为整个民居建筑内部空间的活动场所，民居院落内部铺地的处理方式也有着自身的特色，人们为了便于晾晒谷物，整个院落中心通常使用经过粗加工的条石抑或乱石铺地，铺设时中央地带稍微高于四周，这可以较好地保持院落中庭地面的干爽和洁净，同时雨天也不会因此而积水。这些民居中的铺地通过石材的不同拼接，从而形成不同的地面肌理。而有的村寨在中心区域专门规划出一块在重大节日时用于全村人举行聚会的场地。例如，黔西县化屋基苗寨在村寨的宽阔地势之处设置了一个活动场地，用鹅卵石铺砌而成，中心形成圆环，以材质来区分出功能不同的区域，专门用来供人们进行跳舞、唱歌等休闲娱乐活动。

在室外道路铺地上，由于近年来人们生活水平的改善，大都已修建起水泥路。但在一些历史悠久的村寨，还保存着一些“古道”，这些“古道”纵横交错、四通八达，都是用石块、鹅卵石等石材铺就的，其中大部分是块石平铺，极少部分是河石砌的石纹路，陡坡处是用条石砌的梯子。通道的两侧石墙，无论高低长短，都是用条石抑或乱石砌成，高矮不一。

（6）室内装饰。除了以上所述的屋外装饰艺术外，室内装饰艺术也是非常重要的。和其他地方相比，虽然黔西北各民族的经济发展比较慢，民居建筑也没有其他地方的鲜明特色，但是，黔西北各民族民居建筑从一定的程度上来说，也具有自身的地域特点和民居建筑的文化底蕴。

总体而言，黔西北民居建筑的室内装饰较为简单，在室内，一般人家里的堂屋正中设置有神龛，同时室内装饰多以木材为材料，屋顶一般不做吊顶，因此室内空间显得简单而素雅。

2. 黔西北民居装饰类型特征

装饰艺术作为民居建筑艺术的重要组成部分，对建筑美学和文化表达具有重要的意义。在探讨装饰艺术与民居建筑表皮空间关系前，我们先要分清一个概念，民居建筑装饰不等同于民居建筑装修。《中国大百科全书：建筑·园林·城市规划》一书提出：“建筑装修是在建筑主体结构工程之外为了满足使用功能的需要所进行的装设和修饰，如门、窗、栏杆、楼梯、隔断等配件的装设，墙面、柱梁、顶棚、地面、楼层等表面的修饰。建筑装饰主要是为了满足视觉要求对建筑所进行的艺术加工，如在建筑内外加设的绘画、雕塑等。”① 书中把建筑装饰提高到了一种艺术的层次，但我们认为建筑空间装饰不仅可以满足视觉需要，还可以满足建筑空间自身的精神和文化需要。民居建筑空间装饰也不局限于附加的一些艺术品，一些建筑构件自身就是民居建筑中的一种装饰，是民居建筑适用性和美观性结合的表现。

我们可以这样认为，建筑空间装饰是保护建筑空间的主体结构，完善民居建

① 姜椿芳，梅益. 中国大百科全书：建筑·园林·城市规划［M］. 北京：中国大百科全书出版社，1992：265.

筑空间的物理性能、使用功能，美化民居建筑空间和强化民居建筑空间内涵和意义，而采用各种建筑装饰材料或艺术设计作品，是对建筑物的内外表面及空间环境进行的各项艺术处理，通常可分为本体式装饰和附加式装饰（见表4-1）。

表4-1　民居分析内容及装饰特征概述

本体式装饰	屋顶及檐部	屋顶和建筑的形态息息相关，也是建筑立面形态的关键，檐下空间是仰视建筑能看到的区域，因此该区域也作为重点装饰。
	墙	作为面积最大的功能性装饰，墙面的装饰处理效果对整个建筑外观效果影响较大。
	门窗	门作为人们进出房屋的主要部件，必须以方便为主要手段；窗子本身的意义只是采光，后来发展成为观赏景物、立面装饰构图的要素。
	地面及室内	院落作为整个建筑内部空间的活动场所，民居院落内部铺地的处理方式也有着自身的特色；室内装饰较为简单，多以木材为材料，室内空间显得简单而素雅。
附加式装饰	纹样	民居的装饰纹样具有自身的民族特色，纹样的母题源自人们日常生活的方方面面。
	巧饰构件	许多装饰构件，特别是檐下装饰构件的造型大多源自各族人民的宗教信仰，装饰是体现地域文化的重要手段。

（1）本体式装饰。本体式装饰是利用建筑空间形态、结构等自身元素，如建筑表皮中的各种构件，包括立面上的各种构件，如遮阳板、雨篷、阳台、护栏等细部元素以及建筑空间的入口、楼梯通道、围合墙面或者一些设备设施等，都可以作为建筑空间装饰艺术的载体进行艺术化的处理。或者通过一些装饰表现形式和设计手法，利用或改变原有建筑材料的质感和肌理的形式美，使这些居住空间形态和结构元素自身形成一种装饰艺术效果。

简单地说，本体式装饰是利用民居建筑表皮自身结构元素作为艺术表现载体，具有长久的时效性和一定的实用功能性。随着时间的推移，它和建筑空间有机地融为一体，不可分离，它依赖建筑空间而存在，从视觉上增强建筑空间的审美效果，丰富建筑空间自身的精神和文化内涵。例如，哥特式建筑中连续而优美的拱肋和独特的花格玻璃装饰的高窗，希腊和罗马时代神庙中宏大而壮美的柱式，我国古代木结构建筑屋顶中的各种布满精美彩绘的构件，我国传统园林建筑中各式各样的精美漏窗，都是本体式装饰的典范。

（2）附加式装饰。附加式装饰也可以理解为“附加的艺术”，尤其像附属于建筑表皮中的壁画、雕塑景观、工艺美术品等装饰都属于附加式的装饰类型。附加式装饰是对建筑内外空间界面环境的艺术再造及处理，美化空间环境，增强艺术或文化氛围。甚至一些附加式装饰是可以不定期更新的，具有多变性、多元化和灵活性。

附加式装饰艺术具有一定的独立性，它可以从建筑空间环境中独立出来，只不过当这些装饰艺术被剥离出特定的空间环境后，它所表达的意义会有所改变。例如绘画、壁画、雕塑等艺术品独立出来后仍有其自在的艺术美。

当然，附加式装饰要有机地与特定的建筑内外空间协调起来，使装饰艺术的语意和建筑空间的精神内涵融合起来，从而提升空间环境的艺术和文化表达。

3. 民居装饰的艺术风格

黔西北民居装饰以石雕、木雕和彩绘为主。雕刻工艺主要是从湖南、湖北、江西等地流传而来的，再经过当地工匠口耳相传，工艺便慢慢变得拙朴、粗糙了，所以黔西北民居装饰雕刻不够精美。

众所周知，由于不同地区的传统建筑文化相互影响、互相融合，使得黔西北民居的修建技术与装饰技艺得以综合发展、兼收并蓄与各取所长。同时，由于民居建筑之中各种文化的并存，又使得黔西北民居既不同于黔东南等地方极富民族特色、具有少数民族情调的民居风格，又不同于其他平原地带民居装饰“古朴清旷”的特征，黔西北民居装饰凸显出来的是色调对比和谐、格调统一、轻灵活泼的风格。

建筑之所以被称为是一种艺术或是被看作一种文化，这与建筑空间装饰的参与是分不开的。建筑空间装饰具有独特的美学意义和文化价值，它作为一种特定的艺术语言符号传达着特定的信息，直接参与并深化了建筑空间意义的建构过程，使建筑空间更具有审美和文化价值。从视觉传达艺术的角度看，建筑空间中的装饰艺术是一种最容易辨认的信息媒介，它对建筑空间的表现意图、表现方式等起着强化作用，在建筑空间中还具有标识、象征等作用。总的来说，装饰在建筑空间中的意义和作用可以归纳为三个层次。

（1）吉祥物化的世界。吉祥的观念应当起源于原始社会时期。李砚祖先生曾言，吉祥图案的起源和远古祖先观物取象的观察方式，以及卜筮活动中察看纹象的认识直接关联。吉祥符号的出现源于吉祥意识的产生，原始先民在物品上绘制纹饰与刻画符号，通常是为了与生存相关的神圣目的，无论是出于巫术、祭祀、图腾，还是祈求多子、生殖繁衍的目的，都传递着祈求吉祥的意义。

在黔西北的历史上，外来文化与地方文化交融，形成了黔西北独特的民俗文化，尤以黔西北彝族的撮泰吉、穿青人的“庆”坛仪式最有特色。数百年后的今天，在黔西北大地上几乎到处都可以发现这种文化遗留的痕迹，反映了黔西北特有的民俗文化。在黔西北民居装饰中彰显出民族特色，地方民俗文化传承着当地人们对美好生活追求的精神寄托。

另外，黔西北地区是一个多民族聚居的地区，居住着汉族、彝族、苗族、布依族与仡佬族等，各民族文化交融，构成了黔西北民俗文化的一部分。再者，由于早期人们对自然的崇拜，相信万物有灵，许多装饰图案从这些民间传说开始就形成了丰富的装饰主题。

黔西北民居建筑装饰在吉祥图案中广泛应用，内容丰富、题材广泛。出于族群的繁荣与繁衍的需要，多子、多福、驱邪、纳吉等的一切为族群生存需要的理念尽显其中；寓意“早生贵子”的枣子图案；寓为多子的“榴开百子”石榴图；寓为“年年有余”“连年有余”“如鱼得水”的鲤鱼荷花和莲花构成的图案，象征着人们对幸福美满的生活向往；而“蟠桃献寿”“喜上眉梢”等图案都有着老人长寿、喜事登门等寓意。这些常用的图案都来自中国传统的吉祥纹样，同样都有着纳福迎祥的传统思维观念。由于这种传统思维意识的存在，黔西北各族人民的思想意识以及行为意识都被这种思维意识所支配，并且流传至今。

这些吉祥图案包括人物、花卉、植物、文字和民间历史故事。这些花纹，是人们在长期的生产和生活中形成的吉祥的象征，也是人们改变生活环境的不懈努力、坚强克服困难的意志以及不屈不挠的力量的象征，虽然有些吉祥主题的装饰在传统观念中仍然带有神性的一面，但它还是有其存在的现实意义。比如，凭借某些动物、植物与器物的自然属性和特征，对之加以情感化、伦理化的延伸，其更深层次的装饰动机便是创设一个吉祥物化的世界，表达一种对和谐、安定、康富生活的期盼，这反映出了黔西北地区人们在生产生活中祈求吉祥与消灾弭祸的期盼，折射出了对美好生活的追求与平安吉祥的向往，在当下仍然具有现实意义。

（2）具有地域特征的装饰艺术形式。一方水土必定构成一方特色。这种形式不仅受到区域气候等自然条件的影响，而且也会受到环境因素的影响，特定的自然条件、气候、环境、宗教信仰以及文化习俗等既凸显出独特的地域特点，同时又呈现出民居建筑独特的地域文化特征。

黔西北地区地理环境多样，山川阻隔、大山绵延，在大山深处的民居依附自然山水，就地取材，以天然的石料、木材、青砖、灰瓦构成了和自然浑然一体的建筑形象。不同材料的质感和肌理，既丰富多变，又协调统一，建筑色彩清新素雅，简单朴素，白檐青瓦的黔西北民居是对自然的尊崇，达到了天人合一的境界。装饰以木雕与石雕为主，大多集中在门、窗等，装饰形式敦厚纯朴，雕刻手法古朴，细部装饰上也注重和整体环境的协调相融。从一座座村落中，我们会发现具有典型黔西北质朴粗犷的山野情调，这是移民礼教和本土文化的生动展示，更是地域文化和传统精神的传承。

黔西北民居是基于当地的地形、气候特点、生产生活方式、文化沉淀以及周围不同文化的影响下形成的。在黔西北的广大农村中，其白墙青瓦、阁楼斜顶、雕花门窗的独特韵味，是最迷人的风景，它凝结了黔西北人民高超的智慧，反映了黔西北独特的地域文化特色。在新农村民居建筑中，这种鲜明的装饰性特征，用粗线条勾勒出厚重而复杂的装饰，营造出黔西北农村民居的田园风格。

(3) 提取重点部位的造型与色彩表现形式。黔西北民居建筑色彩处理的重点部位主要集中在屋檐下的穿枋部分。它的造型和色彩的组合形式以及表现效果，对于今后的黔西北地域建筑创作，有着很大的启迪和帮助。通过这些重点部位不同特征的相应表现，我们可以在现代民居建筑上使建筑或者设计本身外部形象和传统取得更加紧密的联系，以此来回应地方人文环境。

在黔西北地区民居建筑中，建筑正面屋檐下木构件的装饰处理最为丰富，不但有醒目的彩色图案，而且各种形状的构件造型也颇具民族特色。通过对传统木结构的借鉴，来反映建筑民族特征是现代建筑造型的一种很常见的方式。既可以将原来的形式简化，也可以结合色彩抽象成简单的浮雕造型，根据不同建筑的要求而加以灵活应用。例如，黔西北地区的一些彝寨的商铺，墙面色彩略显单调，从建筑美观和个性化的需要出发，在大门上面设置带有彝族传统日月、火镰等图案的浮雕并以朴素沉稳的浅棕色，使建筑的现代感和民族感合二为一，视觉艺术效果一目了然。

今天，黔西北生态民居将传统民居中的穿枋与垂柱等造型元素提取出来，漆成黑色、红色、白色等，以白色的墙为背景，形成对比明显的装饰效果。

另外，传统民居建筑的立面门、窗等细部也是黔西北民居中的处理重点，这些部位的造型以及色彩所体现的民族风格，皆独具特色。例如，门窗木条的拼合样式保持了木质原色，以此形成了不同程度的褐色表现，与此同时，将其与现代建筑立面细部设计结合，同样也表达了建筑的民族地域感，更加体现了黔西北各民族民居建筑的特色。

三、场所意识：民居建筑的空间意向

人的生存质量往往由空间而不是时间所决定。“空间对人而言不是情感中立的。人们对不同的空间不但会做出不同的认知评价和理性判断，而且也会做出不同的情感和心理反应。……人们对不同的空间赋予不同的意义和情感，因而空间不仅是一种客观的抽象空间、数量空间和经济空间，而且也是一种具体空间、质量空间和情感空间。”① 建筑是场所，有着文化，有着精神。

在不同的文化背景下，人类对自然的认识不同，按着物质和精神的不同需求，创造了不同风格的建筑，因而民居建筑就被赋予了相应的文化。人们创造出的场所，具有不同的场所精神，反映不同的世界观、人生观。反过来，生活在这样场所中的人们，也传承着这种场所文化与精神。

（一）公共场域的构成要素

1. 传统空间形态

空间无限，场所有界。空间无处不在，而场所则不是。“场所”具有空间特性，而空间并非都具有场所性。从经验上而言，“空间”比“场所”更为抽象，空间的意义常常是和场所的意义交合的。当人们刚开始处于一个新的、陌生的地方时，周围的环境暂时是没有区别的，还是没有特征的空间，可是，当人们逐步认识它并赋予其价值后，它便成为“场所”（见表 4-2）。

表 4-2　空间向场所的过渡

空间————→场所			
性质特点	空间的功能	空间的形态	空间的内涵（场所）
	可置换的	物质的	无形的、难忘的、趣味性
	理性化	个性化	个性化和人性化
	功能类型	风格倾向	突出场所感
	客观的	主观的	主客观融合的具体意象关系群
人的感受	定向	定向	不定向

人们通常会说某一地点具有“一种场所的感觉”，这是因为，场所具有安全感，而空间则代表了自由。空间与场所，是生活世界里的两个基本组成部分。

① 王宁. 消费社会学：一个分析的视角［M］. 北京：社会科学文献出版社，2001：248.

一个地点与空间能够成为场所，还需要将其与“家”抑或“家园”的营造活动联系起来。场所需要培养、经营与创造，场所的固定性与连续性是人类生活（生存）的一个必要条件。

特定性空间是根据场所中所发生的特定事件而产生的，民居村落中的空间是突破物质性空间的、让人难忘的以及给人以回味的情感空间——场所。民居村落空间着重强调的是空间的艺术感染力及其内在意义，而不是外在形式，它更为关注的是内涵与本土文化，关注人的情感表达，关注民居村落空间中承载的生活及其感受。

场所是具有明显特征的生活所发生的空间。民居建筑的存在目的就是让原本无特征、抽象的同一而均质的“场址”（site）变成具体、真实的人类行为所产生的“场所”（place）。人们关注的是内容丰富、有吸引力的、符合人行为尺度的场所。人们发掘场所的独特性、个性以及不同场所间的差异性。

正如诺伯格·舒尔兹（Christian Norberg-Schulz）所言，空间的中心事实上就是行为的场所，行为则只有与某一场所开始发生关系时才具有意义作用，同时，场所的特征为行为赋予了不同的色彩。舒尔兹同时还提及了时间和场所的关系：“事情的发生，亦即某种事情占据场所，对具有存在意义作用的事件来说，场所是体验它的目标与载体。”① 即事件和场所是动态的共生关系，一种给人留下了美好记忆的有意味的空间，通常和其中发生的事件因果关联着，它们形成一组关联的记忆链。

2. 地域营建形式

地域环境是建筑形成和发展的基础。舒尔兹在对海德格尔（Martin Heidegger）《筑·居·思》中的思想进行了建筑化与图像化的阐释之后，他在《存在·空间·建筑》《场所精神》等一系列著作中对地域营建过程中的“场所”问题进行了深刻的探讨。舒尔兹认为，只有当人经历了场所与环境的意义时，他才“定居”了。“居”预示着生活发生的空间，这就是场所。

知觉现象学代表梅洛·庞蒂（Maurice Merleau-Ponty）则认为，认识世界需要通过人的身体与环境的互动关系来体察世界存在，并回归存在本身。

史蒂文·霍尔（Steven Holl）则在知觉现象学的基础上，对建筑现象学的设计理论进行实践，他通过对建筑设计背后所包含的复杂影响因素给予回应，进

---

① 诺伯格·舒尔兹. 存在·空间·建筑［M］. 尹培桐，译. 北京：中国建筑工业出版社，1990：23.

一步建立起了建筑“抛锚点”，从而丰富了建筑和场所体验。

他们的研究论述皆强调应凭借场所来赋予具体环境的意义，同时还需进一步分析与研究自然存在的场所、人类所造的场所以及二者之间的相互关系等。具体来说，场所构成了存在的基础，它具有相应的物质特性，包括特定的材料、色彩、形态、声音、气味等，是一个有机的、具有一定环境特性的整体系统。

事实上，大家都认为地域环境是建筑现象学形成和发展的基础，但它同时也面临着传统文化的衰落、环境独特性消失的危机，他们对此试图做出回应。从根本上说，场所是一种有着特定性质与氛围的整体，并且其中的任一构成部分皆不可或缺。

人与其场所之间涉及定位与认同问题，故而人对其所属场所的认同，会直接反映出该场所的文化特性。

一般认为，民居建筑村落属于一个系统，它兼具物质性与精神性、社会性三个方面，包含了多元化的自然遗迹、人文要素，并且呈现出一定的复杂性、开放性与层次性等。

当然，民居村落系统内部的各要素之间并不是完全独立封闭的，其自身就分属于一个个子系统，并且，一般各子系统之间又相互制约、相互联系，进而发展、构建成为关联复杂的层级结构。这一错综的关系网络，对于村落文化的保留与发展有着十分重要的意义，这可以从传统地域性与广义地域性建筑的艺术特性比较中体现出来（见表 4-3）。

表 4-3　传统地域与广义地域性建筑的艺术特性比较

特征＼类型	传统地域性建筑	广义地域性建筑
功能特性	应对自然环境的被动性，创造人文环境的逐渐性、生态环境利用的有限性	把握自然环境的主动性，创造人文环境的快速性、生态环境利用的巧妙性
艺术手法	强调环境景色的巧于因借，材料使用的因地制宜，建造和施工方法的传统一贯性	强调场所精神的深层提炼，各种材料使用的灵活性，各种建造和施工方法的多元性
文化特色	自然特色和人文特色的相容性，同一地域艺术语言的统一性和不同地域多样化	自然、人文和技术特色的多元性，同一地域艺术语言的多样性和不同地域的混同化

续表

特征＼类型	传统地域性建筑	广义地域性建筑
美学原则	强调式样上的基本因袭性，文化观念的完全继承性	强调式样的适度继承性，文化观念的适度创新性
技术特征	低技术使用一贯性，高、中、低工艺表现的不定性	高、中、低技术的混用灵活性，高技艺使用的一贯性

3. 民居格局与功能空间的发展

民居建筑是功能性很强的建筑类型，其功能空间的变化是居民生活需求变化的鲜明反映。

在岁月的历史长河中，黔西北各民族的民居建筑不断向前发展，民居建筑中各个空间的功能作用和重要性也发生了变化（见表 4-4）。

表 4-4　住宅功能空间的演变发展

功能空间	地面式住宅中	发展趋势
火塘间	分化为堂屋与厨房	功能分化、重要性减弱
堂屋	家庭重要起居空间	新的住宅核心空间
厨房	烹饪、饮食	代替了火塘间的部分功能
卧室	私密空间	随人口增长数量增多
厕所	出现在住宅内	成为住宅组成部分
谷仓	位于底层	数量减少
储物间	位于底层或顶层	变化不大
牲圈	多移至宅外	逐渐减少、消失

其中，堂屋分化了火塘间起居活动和神圣空间的作用，灶台的出现使得厨房独立，移动火盆使火塘彻底失去原有功能而废弃消失。堂屋虽然是其他民族文化传播的产物，但是也成为黔西北民居建筑中最重要、最核心的公共空间，其存在表明了民族文化的发展历程。堂屋反映了黔西北各民族民居建筑和其他民族文化的交流演化过程，并逐渐成为该地区民居建筑的主流核心空间。

在黔西北地区，随着日益现代化，民居建筑的空间功能划分更加细致。原先在火塘上操作的烹饪转移到了灶台，使火塘间演化为厨房，或者另行构建独立的厨房。多数人家的卫生设施逐渐由民居建筑外部转移到了内部，譬如卫生间的设置，传统厕所一般位于民居建筑的边缘，有的则直接坐落在农田上，以便收集粪便用作肥料。民居建筑和生活的现代化使这种室外旱厕逐渐消失，居民更多地在民居建筑内设置厕所，这种室内厕所既有旱厕，也有抽水式马桶。

从民居建筑的发展来看，砖结构民居以其建筑材料的防水性能，顺应了这种对现代厨卫设施的需求，可以说，这种需求在一个方面促进了砖混结构民居建筑的主流化。住房和基础设施的现代化，提高了居民的生活水平，但也可能造成经济成本上的浪费，比如，由于投资排水管道，将原本用作本地自产肥料的粪便运走，农耕肥料需另外购买化学肥料，这既增加了农民的负担，同时又会对环境产生一些负面影响。

黔西北地区受现代化影响，生活模式发生了很多变化。可是，由于仍然保持农业生产的传统，空间大多尚未发生较大改变，受市场经济发展、人口增长等因素影响只是在数量上发生了变化。卧室属于民居建筑中居民休息的私密空间，其空间性质无变化，只是随着人口增长与建设用地的限制，每户住宅中容纳的人口增加，卧室数量随之增加，向高层发展，多层住宅已经取代单层、双层住宅，成为主流的住宅形式。

人均耕地减少和市场经济的发展，使黔西北地区各族人民更多依赖于购买粮食，而不再用粮仓储存大量粮食。同时，也由于人口增长带来的卧室数量增加，从而也导致了粮食储藏空间的压缩，人们有时会将粮仓改造为卧室。

传统畜牧业的消退在民居建筑空间上体现为牲圈的减少，尤其是在那些城镇化进程加快的地方，居民很少甚而不再养殖家畜。然而，不少贫困地方，政府资助的养殖业则会使每户牲畜圈养量大幅度提升。这时需要另辟独立的牲圈来圈养，这种脱离民居建筑的牲圈或许更多是出于对民居建筑卫生条件的考虑。

（二）民居建筑中场所精神的塑造

1. 日常生活与民居空间

任何民族的生活习俗都是多方面的，包括住居、餐饮、婚丧嫁娶、宗教信仰、传统民俗等，同时，他们的各种生活习俗在民居建筑空间形态上的反映有时是显性的，而有时又是隐性的，并且也有季节性和非季节性的区别。当然，由于村寨的不同，反映的程度也不尽相同。

民族聚居环境是否因为有了某些生活习俗后才有了相应的物化反映，目前尚难以考证，但是，这些民居空间所承担的社会功能、所凸显的民族习俗特征，却是可以考究的，它们在某一些方面的表露也还是较为明显的。这种日常生活里的民居空间安排，可以从人们对民居建筑的建构过程得以体现。

首先，黔西北各民族民居的建造是住户完全凭借自身的力量，从不希冀别人的恩赐，并且把住宅当作自己的私有品。因此，人们自觉地对建设自己的居住房屋与环境，有着高涨的热情与极大的积极性，并愿意奋斗一生。“自己建房自己住，自己不建蹲岩洞。”倘若自己建不起房，就会被认为没有出息而被别人耻笑。因此，当一个人成家立业之后，首要考虑的就是通过自己的力量去努力建造自己的住宅。

其次，主人不但是住宅的真正居住者，而且还是住宅的设计者、投资者与建设者。他们按照自己的意图、根据自己的经济条件投资建房，并亲自参与建造，他们全程参与了民居建筑的建设。人同住宅的依存关系，不仅直接体现在住宅的建设过程之中，而且还体现在住宅的使用过程中。

最后，住宅建设是一个动态的建设过程。人们建造房屋时，凭借自身的经济条件，先要满足于当前的需要，随后则要考虑到未来的发展，因而要逐年加以实施与完善。从住宅整个外观的新旧程度，就可以看出它的建造过程。

以上三点，具体而明显地体现出了居住者是住宅的主人这一哲学思想。在民居住宅建设的整个过程中，充分地明确了居住者的主导地位，主人凭借自己的意愿、追求和理想，自始至终地贯穿在住宅建设过程之中，由建筑师设计而强加于居住者的现象完全不存在。房主在住宅的造型艺术、功能分布、空间组合，甚而到施工方案与施工组织等诸多方面，自己都有绝对的行使权。

民居乡土聚落是一种以实用性为主导作用的空间形态，聚落内的建筑以居住生活为主要目的，这种民居空间本身具有承载日常生活活动的功能，在这种空间场域里，不同年龄阶段的人，其日常生活必然会表现得千差万别（见表4-5）。

表 4-5 不同年龄阶段的民居生活内容变化

年龄组	过去主要生活内容	如今主要生活内容	变化
儿童	娱乐为主；从事少量农业生产，开始学习传统艺术形式与手工艺	学校学习；课余时间多进行现代流行的娱乐（如篮球）	学习传统技艺与知识的机会减少

续表

年龄组	过去主要生活内容	如今主要生活内容	变化
青年	从事传统农耕生产及其他传统产业；农闲时间开展传统文艺娱乐活动	外出务工或继续求学，较少留在当地从事农耕生产，可能从事个体商业；以现代娱乐方式度过闲暇时间（上网、打牌等）	几乎脱离传统产业生产；娱乐活动现代化（二者均因童年时未学习获得）
中年	从事传统农耕生产及其他传统产业；农闲时间开展传统文艺娱乐活动	在家务农或外出打工；娱乐活动有些现代化特征	此年龄组为传统社会培育，生活模式变化不大，由于娱乐表演的主要承担者（中年）减少而不得不改变娱乐模式
老年	从事一些简单的生产；以休息娱乐为主	从事一些简单的生产；娱乐活动有些现代化特征	此年龄组为传统社会培育，生活模式变化不大，由于娱乐表演的主要承担者（老年）减少而不得不改变娱乐模式

2. 民居空间的类型

黔西北的民居建筑从最早的“穴（巢）居”到原始的挡风避雨的墙体，再到共居的公房，最后发展到今天随处可以见到的生态民居建筑，这之中经历了漫长的演化过程。

黔西北各族人民匠心独运地将民居建筑从外观到功能都进行了精致的打造，每一处的设计皆是为了使人更好地居住，这凸显了各族人民高超的智慧。

黔西北民居住宅在空间布局上大有讲究，是凭借各民族的传统而演变设定的，其大致可以划分为四类。

（1）礼仪空间：包括火塘间（厨房）和堂屋，在室内空间中它们起到一种精神功能的作用。黔西北人民的礼仪和家庭的组织活动基本都是在堂屋和火塘间（厨房）进行的。在黔西北的广大农村，基本上家家户户火塘间（厨房）里的火常年不灭，保存了的火种促进了火塘间（厨房）的产生，更重要的是，火能满足人们的生理需要以及安全要求。火可用于烹饪，并能起到壁炉取暖、照明的效果。同时，由于它是黔西北人生活的代表，这也促使它与社会文化发展有着重要的联系，并不断向精深领域延伸。在火塘间（厨房）周围有多种文化内容，如谈论家事、处理各种关系等，这也是一个家庭气氛融洽的象征，所以，火塘间是一家人重要的生活场所。

（2）生活空间：生活空间包括廊道空间、卧室等，通常情况下，卧室安置在堂屋的两侧，为黔西北各族人民生活起居的主要实用场所。卧室是私密性很强的空间，外人一般都不能自由进入，只作为主人入寝之用。生活空间是家庭的每一个成员的共有空间。

（3）辅助空间：主要包括畜棚、储藏室和卫生间，这些是人们日常生活中的辅助空间。辅助空间安置在较为不起眼的位置，在很多地方，人们将卫生间、牲畜的粪便池与沼气等设备结合起来，做到了能源的循环利用。

（4）交通空间：主要是楼梯，它是住宅内部的垂直交通，起着连接上、下楼层的作用，利用木材（或者其他材质）加工成梯子，形式可宽可窄。但在黔西北地区，由于文化传统、经济因素等的影响，大多数人家都是从地面层就开始起居的生活习惯，从一楼起步处就开始换鞋入室，所以登上阁楼的楼梯就会设计在住宅的另一侧，廊道大多数属于半开放性质。

3. 传统文化习俗与民居空间

文化，是文和化相互叠加的结果。“文”的古代意义就是“纹”，体现的是遗存的痕迹，人类活动的轨迹，即我们现在泛指的传统，是前人留给当代人类的物质遗产与精神遗产，其中既包括生活物质的遗产，也包括生活方式、社会秩序的经验。化，是一种变化，一种教化。从广义上而言，文化是人类的一切生产活动现象的统称。

“建筑文化的本源正是人居生活方式以及实际生活本身的外显形式，人居行为模式决定了建筑文化，建筑文化的本质核心由传统建筑思想（即源自历史和由历史选择的人居思想）及其符号、意义组成。在‘时间连续统’中形成了传统与历史的观念，而在‘空间连续统’中形成了场域与族类的观念。”①

民居建筑在文化层面上的意义，就在于当今的生活文化和生活方式能够从动态的历史传统文化中找到关联，并分析其中的内在逻辑关系，使人们的生活文化有一个健康发展的体系与方向。

在漫长的历史发展中，黔西北各族人民形成了一种独特的传统生活方式。他们乐于交往，注重礼仪，开放且包容。极为不便的地理环境造就了黔西北各族人民喜于聚会的民族习俗，丰富多彩的民族文化和节日习俗呈现出了人们热情好客、团圆幸福的生活景象，具有鲜明的民族风格。

黔西北各族人民除春节、清明节、端午节、中秋节之外，还有属于该地域民族的一些特色节日（见表4-6）。

---

① 翟辉. 说“文”解“化”[J]. 城市建筑，2009（9）：7-10.

表 4-6 黔西北民俗节庆节日一览表

节会名	地点	时间	参与民族	组织形式（政府组织或民间自发）	内容及表现形式	备注
逛花坡	七星关区阿市乡、燕子口镇大南山苗寨	农历正月初三至十五	苗族	民间自发	芦笙舞、对唱情歌、谈情说爱等	
跳花节	七星关区朱昌镇、阴底乡	农历五月初	苗族	政府组织、民间自发	在花场上表演芦笙舞、比刺绣、赛歌等	
火把节	七星关区大新桥街道办办事处、大屯乡三官寨	农历六月二十四	彝族	政府组织	篝火、乌蒙欢歌等	
彝族年	七星关区大屯乡	农历十月初一	彝族	政府组织	歌舞等	
打篾鸡蛋	七星关区田坝镇	春节期间	仡佬族	民间自发	男女青年组队进行篾球赛	亦称“打花龙”或“打竹球”
白族节	大方县响水乡	农历正月初十	白族	政府组织、民间自发	文体活动、商贸	
跳花节	大方县牛场乡	农历正月二十四	苗族	民间自发	文艺表演、相亲、商贸	

续表

节会名	地点	时间	参与民族	组织形式（政府组织或民间自发）	内容及表现形式	备注
跳花节	大方县八堡乡	农历五月初五	苗族（喜鹊苗）	民间自发	芦笙舞、对歌（规模大）、文艺表演、相亲、商贸	
对歌节	大方县九洞天景区	农历五月初五	苗族、彝族、汉族等	民间自发	对歌、观石头开花、商贸	
火把节	大方县响水乡青山村	农历六月二十三至二十五	彝族	民间自发	传统文体活动、火把游山、篝火晚会	
彝族年	大方县八堡乡中箐村	农历十月初一	彝族	民间自发	文艺表演、饮水花酒、吃糍粑	
杜鹃花节	大方县普底乡	4月8日—20日	多种民族	政府组织	文体活动、商贸	
农民艺术节	大方县六龙镇	10月7日—15日	多种民族	政府组织、民间自发	文体活动、竞赛、商贸	
赛歌节	大方县鸡场乡	农历正月初八	布依族	民间自发	赛歌	

续表

节会名	地点	时间	参与民族	组织形式（政府组织或民间自发）	内容及表现形式	备注
满族纪念日	大方县黄泥塘镇	农历十月十三	满族	民间自发	纪念活动	
米花节	黔西市仁和乡	农历七月初二	苗族	政府组织	召开庆祝大会、文艺演出、体育活动	
跳花节	黔西市	农历四月初八	苗族	民间自发	芦笙舞、对歌	
跳花节	黔西市化屋基景区	农历三月初三至初六	苗族（歪梳苗）	民间自发	吹芦笙、跳舞、谈情说爱	
火把节	黔西市红林乡	农历十月初	彝族	政府组织	召开庆祝大会、文艺演出、体育活动	
三月三；六月六	黔西市	农历三月初三；农历六月初六	布依族	民间自发	对歌、谈情说爱	
侗年；吃新节	黔西市	农历十一月三十日；七月上旬或中旬	侗族	民间自发	祭祀活动	

续表

节会名	地点	时间	参与民族	组织形式（政府组织或民间自发）	内容及表现形式	备注
赶年； 四月八	黔西市	农历腊月二十八；农历四月初八	土家族	民间自发	祭祀活动 祭祀牛王	
吃新节； 年节	黔西市	农历七月初十；农历三月初三	仡佬族	民间自发	祭祀活动	
过端	黔西市	农历八月期间	水族	民间自发	敲击铜鼓皮鼓，吹笙唱歌，走亲访友，更有赛马等群众性娱乐活动。	水族的新年节日
年节； 三月街	黔西市	农历腊月三十到正月初六；农历三月十五至三月二十一	白族	民间自发	耍龙灯、舞狮子、打霸王鞭等活动 民间物资交流和文娱活动	白族的年节时间与汉族春节基本相同
开斋节； 古尔邦节	黔西市	伊斯兰历每年10月1日；伊斯兰历每年的12月10日	回族	民间自发	祭祀活动、唱歌跳舞；举行会礼	
盘王节	黔西市	农历十月十六	瑶族	民间自发	祭祀活动、庆祝丰收	

续表

节会名	地点	时间	参与民族	组织形式（政府组织或民间自发）	内容及表现形式	备注
中元节；三月三	黔西市	农历七月十四至十五；农历三月初三	壮族	民间自发	祭祀活动；对唱山歌，抢花炮、打铜鼓、抛绣球文体活动。	
三月三；祭多贝大王节	黔西市	农历三月初三；公历十月期间	畲族	民间自发	吃乌饭、祭祀舞蹈、赶歌会，以及传统体育活动表演；祭祖活动	
中元节	黔西市	农历七月七至十五	毛南族	民间自发	祭祖活动	
那达节	黔西市	农历六月初四开始，为期5天	蒙古族	民间自发	摔跤、赛马、射箭等	
仫佬年；依饭节	黔西市	农历十月的第一个“卯”日；立冬后的“吉日”	仫佬族	民间自发	庆祝丰收，祭祀祖先，感恩天地；向祖先还愿，祈保人畜平安、五谷丰收	每10年中分别3次于农历立冬时节选择吉日举行依饭节，为期1~3天
二月二	黔西市	农历二月初二	满族	民间自发	祭祀活动	

续表

节会名	地点	时间	参与民族	组织形式（政府组织或民间自发）	内容及表现形式	备注
年节	黔西市	农历十月初一	羌族	民间自发	祭祀活动	一般为3~5天
六月坡	黔西市协和乡	农历六月初六	布依族	民间自发	对歌、谈情说爱	
跳花节	织金县织金洞景区	农历正月二十一	苗族（歪梳苗）	民间自发	芦笙舞、斗牛赛马、对弩	
赛马节	织金县三塘镇	农历五月初五	彝族	民间自发	跳马、对歌、摔跤	
对叉坝跳花	纳雍县乐治镇对叉坝村	农历正月初八	苗族	民间自发	对歌、吹芦笙	0.7万~1.5万人次
神仙坡跳花	纳雍县新房乡	农历五月初	苗族	民间自发	对歌、吹芦笙	4万~5万人次
猪场跳花	纳雍县猪场乡	农历五月初	苗族	民间自发	对歌、吹芦笙	2万人次

续表

节会名	地点	时间	参与民族	组织形式（政府组织或民间自发）	内容及表现形式	备注
老凹坝跳花	纳雍县玉龙坝镇	农历正月、二月、八月、九月	苗族	民间自发	对歌、吹芦笙	0.5万~1万人次
跳花节	纳雍县乐治镇	农历正月初五	苗族	民间自发	芦笙舞、吹木叶、对歌	
赶花场	纳雍县维新镇	农历正月二十五	苗族（大、小花苗）	民间自发	芦笙舞、对歌、相亲	
祭祖节	纳雍县彝族各居住点	农历 三月初三	彝族	民间自发	祭山神、土地	2万~3万人次
彝年节	纳雍县彝族各居住点	十月初一	彝族	民间自发	打揪、祭祖	2万~3万人次
六月六	纳雍县玉龙坝镇大、小二寨	农历六月初六	布依族	民间自发	对歌、打粑	0.5万~1万人次
六月六	纳雍县阳长镇骂仲村	农历六月初六	布依族	民间自发	对歌、打粑	0.3万~0.6万人次

续表

节会名	地点	时间	参与民族	组织形式（政府组织或民间自发）	内容及表现形式	备注
六月六	纳雍县百兴镇纳雍河老木寨	农历六月初六	布依族	民间自发	对歌、打粑	0.3 万~0.6 万人次
总溪河观音庙会	纳雍县总溪河观音阁	农历六月十九	苗族、彝族、汉族	民间自发	烧香、拜佛、对歌、游玩	2 万~3 万人次
火把节	威宁县县城	农历六月	彝族	民间自发	歌舞表演	每年
花山节	威宁县各苗族聚居村寨	农历五月	苗族	民间自发	歌舞表演	每年
开斋节	威宁县各回族寨	农历十月	回族	民间自发	举行会礼、娱乐活动	每年
赛马节	威宁县板底乡	农历五月初五	彝族	民间自发	民族歌舞、赛马（规模大）	撮泰吉仪式
贵州屋脊赫章韭菜坪彝族文化节	赫章县珠市乡	农历十月	彝族	政府组织	彝族歌舞、服饰、历史文化、民族体育、风情风光展	

续表

节会名	地点	时间	参与民族	组织形式（政府组织或民间自发）	内容及表现形式	备注
彝族年	赫章县珠市乡、可乐乡等彝族集中乡镇	农历十月初、大年三十、正月	彝族	民间自发	歌舞、对歌	
赶花集	赫章县彝族集中乡镇	农历五月初五	彝族	民间自发	赛马、对歌、跳舞	
端午节	赫章县结构乡	农历五月初五	彝族、苗族	民间自发	赛歌、斗牛、跳舞	

（三）浪漫的还乡和诗意的栖居

1. 民居建筑的心理防卫机制

人类的构“宅”行为不仅仅是出于一种本能的筑巢行为，更重要的是，这种行为也蕴含了人类自身对于精神庇佑的渴求。

筑“宅”不是单纯地围护一个实在的“室”以求得身体上的温暖与保护，而是为了找寻精神上的“家”的存在。“家，这个每个人都熟悉的概念为人们提供了一种有关‘过去’的形象。进一步说，在理想状态中‘家’占据着人们生活的中心地点。家是人们所熟悉的亲密场所，人生所有的经验都由此生发出去。人生的很多亲密的经验是与家园联系在一起，许多时候这种经验难以用语言来表达。”①

在海德格尔看来，建筑的本质是让人类安居下来。② 乍一看，这句话通俗明了，是大家都明白的道理，但是，这句话的另一层意义旨在说明，并不是所有具有庇护功能的建筑都能够成为安居之所。在工厂、商场里休息片刻显然并不是安居的活动，因为那里不是适合居住的地方。在此，海德格尔是在区分安居与栖息两个概念，是真正定居下来还是找一个暂时的栖息地。要想使人安居下来，房子必须有家的感觉。

《黄帝内经·序》云：“人因宅而立，宅因人得存。人宅相扶，感通天地。”③ 人与宅的相互依存关系转化成了一种情感上的互融和相通，这种家宅的存在，使居于其间的人消弭了对黑暗乃至死亡的恐惧，隔离了心灵上的孤独，从而在情感上获得庇护。宅的存在，能让人类在某地安心的定居下来，有了心灵的归属感，从根本上体现植根于土地之上的精神物化象征。

随着现代生态住宅建设的兴起，传统民居越来越多地被取代，因为精神家园失去了归属感，人们开始感到一种精神上的不安。外来的新事物，虽然物质上满足了人们的物质需求，却使人失去了在古代历史中积累起来的家园的空间地理概念。世界和人类历史的唯一、本来而且最为深远的主题，就是信仰和不信仰之间持续不断的纠葛问题，其他的一切都从属于此。当这种精神信仰不清晰、无法掌握时，人们就会在潜意识里产生一种心灵的失落感，情感上的无所依凭，导致了对新事物的失望与无奈，也就逐渐削减了真正的安居之所。

---

① 沈克宁. 建筑现象学［M］. 北京：中国建筑工业出版社，2007：39.

② 卡斯腾·哈里斯. 建筑的伦理功能［M］. 申嘉，陈朝晖，译. 北京：华夏出版社，2001：15.

③ 李少君. 图解黄帝宅经——认识中国居住之道［M］. 西安：陕西师范大学出版社，2008：301.

故而，要使人们能够更好地拥有真正意义的安居之所，不仅要满足身体本身的需要，而且还要让人类在寻找精神家园的根本追求方面获得拥有安居的归属感。这才是“宅”长久存在的真正立足点。

面对恶劣的自然环境和复杂的社会环境，黔西北各族人民在漫长的历史过程中，形成了一种难以改变的忧患意识。除了各种积极防御的措施之外，他们还在日常生活中表现出了“有备无患”的生存之道。然而，人们实现“安居”需要的绝不仅仅是为身体提供庇护的物理空间，而更为重要的是满足心理的安全感和归属感，只有用这种方法，才能让家成为人类身心的归属场所。

在黔西北各族人民的潜意识里，自然世界里隐藏着各种喜怒无常的神灵鬼怪，稍有不慎就会被触怒，这样的思维方式使人们承受着极大的心理压力。正如德国人类学家利普斯（Julius E. Lips）在《事物的起源》（1956 年）中指出的那样：“原始人认为自己生活在一个万物有灵和到处都是灵魂的世界中，暴露在大自然的直接威胁之下。”① 一般意义上的物质实体无法抵御来自神灵的威胁，所以人们需要建立一种心理防御机制来对抗这种巨大的心理压力。

在黔西北广大的农村社会，人们通常依赖于宗教信仰、传统观念的心理安慰或震慑，以消除那些消极“外来”因素所造成的心理压力。因此，可以说，心理防御在居民中的作用，不仅是抵抗敌人的入侵，而且是为了防止恶魔和鬼魂的入侵。在黔西北的民居聚落中，有众多带有辟邪含义的建筑装饰抑或附件，如大路直冲的宅院，人们会在面对山口、烟囱、坟墓以及墙角处设置绘有八卦图案的镜子一面，或者在门头墙上张贴绘有符篆图案的红纸抑或木牌。这些镇邪之物，以满足安全心理需求为目的，通常以民俗艺术的形式蕴含着深层的宗教观念。

通过对宅屋的营造，黔西北各民族在充满威胁的自然世界里，构建了属于他们自身的、具有安全感与私密性的领域——家庭空间。院落内外的空间因此呈现出不同的空间属性，人们相信这里居住着“宅神”“家神”或“灶神”，只要诚心供奉，便可保佑全家。这在心理上构建起了具有安全感的家庭空间，对这一边界的守护，成为黔西北乡土民居建筑中极为重要的文化构成部分。

2. 怀着乡愁的冲动到处寻找精神家园

建筑是人类物质文明和精神文明的产物，记录着人类文明发展的步伐，是人类劳动创造物的典型代表之一，是人类身心栖居的家园。

---

① 利普斯. 事物的起源［M］. 李敏，译. 西安：陕西师范大学出版社，2008：35.

在黔西北各民族的民居建筑思想中，融合了他们的生产生活方式以及社会语境与现实背景，甚至包含了黔西北各民族社会职能、政治制度、宗教礼制、意识形态等关系。这种多样性的社会行为，在民居建筑和人之间形成一种微妙的关系——物我之间的制约与被制约关系。

黔西北各民族生产生活方式和民居建筑的关系，实质上是物质与意识的关系。人的思想不可能超越他所处的自然环境的制约。黔西北各民族民居建筑的空间关系隐喻了黔西北各民族的生活方式与生产方式，而各民族民居建筑空间的大小与他们占地的多少直接相关。民居建筑空间的大小给“居者”提供方便或者进行限制，使得民居建筑的居住空间塑造了黔西北各民族的行为方式。

与此同时，人类是不安分的，永远都在寻找新的体验。这种目的论的驱动力意味着没有什么秩序是永恒固定的，没有什么对疑虑的消除是永恒的，家园仅仅是一个在寻找终极体验的持续不断的旅途中，停下喘一口气的地方。

黔西北各民族新民居建设是人类自身对生存环境的改造与发展，也是人类文明进步的一个必然印迹。在新民居建设中应该怎样传承历史积淀的优秀传统文化，这就需要应当代社会人类的需求，有选择的继承与发扬。因而出现了关于典型性传统物质形态的传承形式——符号与象征。传统的具有典型性的符号，往往有着普遍的象征意义。

“当我们试图给一个超越他们（人类自身）理智和智力极限的事物赋予一种意味时，他们就会创造出各种各样的象征。需要指出的是，建筑本身的意义远大于其功能。它不是一系列房间的组合，不是部分的综合。同时或多或少要表达的意思是，一种平衡存在于现实事物与精神事物之间。”① 这种符号的象征意义，为建设中新民居提供了一种与传统文化、伦理序列一脉相承的传承方式。

3. 人诗意地栖居在此大地上

黔西北各民族的民居建筑的最终目的就是安与居，这是一种追求幸福感的过程，其不但使人的肉体之身有可居之所，而且亦使人的精神世界有所依托。

《说文解字》云：“宇，屋边也”，称“宙，舟车之所极覆也”。“屋边”就是屋宇的意思。不难看出，在我国古汉语中，宇宙的原义指的是建筑。但后来又引申为时空，如《淮南子》云：“往古来今谓之宙，四方上下谓之宇。”② “往

① 斯蒂芬·加得纳. 人类的居所：房屋的起源与演变［M］. 于培文，译. 北京：北京大学出版社，2006：193-194.

② 刘安. 淮南子［M］. 卢福咸，校订. 武汉：崇文书局，2014：56.

古来今”指的是时间，“四方上下”指的是空间，这里的宇宙指的就是时间与空间。

海德格尔曾经说过，人的定居方式就是人存在于世的态度和方法，固然，人们所追求的存在方式，就是理想中的宇宙图示，它具有世俗世界无法比拟的神圣性和合理秩序。因此，人们总是试图将自己的宇宙观投射在自己的家园上，让周围的环境反映出对“理想宇宙”的模仿，在这个世界里的人们，在宇宙中找到其位置，并且清楚地知道生命的意义。无论如何，建筑物是一种有机存在，它有生命——人类在用各种手段塑造它时，为建筑物注入了自我生命的信息。换言之，民居建筑的生命感由人来塑造，是人的渴望、影子，即便它有了生命，这生命也必然是属于人的。

民居建筑作为客观存在的外化家园形象，无形的精神意义同样是其之所以成为家园的组成部分。这种形影不离的微妙关系，从著名的美学家、哲学家赵鑫珊先生口中陈述出来，却变得非常形象与具体：“家，是属于你自己内心世界的感觉。上帝也无法给你这种感觉。有屋，有房子，并不是人的目的。那仅仅是手段。有屋，是为了有家的感觉。恰如拥有小船并不是目的。有了船，是为了过河，驶向彼岸，寻找一片绿洲……心理上的家即灵魂空间，灵有寄，魂有托。这比什么都重要。”① 建筑活动作为一种创造性的行为，其本身就涵盖了精神的引导作用，是人类对客观存在的环境能力的反映。从精神性的感性认识到对事物规律的理性认知，最终达成具有总结经验式的创造性物质的体现，不可否认精神层面对人类活动的贯穿作用。

宅者人之本，人以宅为家居的生存条件之一，若安则家庭昌吉，若不安则门族衰微。比如，西方宗教建筑往往作为人类社会生活中的精神殿堂矗立在聚落的中心，成为宅居之外的精神家园。高耸入云的尖顶搭起现实世界与精神世界的桥梁，幽深高敞的空间给予了虚幻的精神场景，在这里人们找到了精神与现实的统一。

探讨民居建筑的存在，探寻建筑与人类活动关系的根源，最终指向建筑的价值，这是建筑伦理学研究在精神层面上的重要意义。

四、本章小结

黔西北地貌以高原山地为主，干旱缺水，生态脆弱，以种植业为主，自然

---

① 赵鑫珊．建筑是首哲理诗：对世界建筑艺术的哲学思考［M］．天津：百花文艺出版社，2008：458-459.

环境对黔西北人的生活起居起着决定性的作用。在与之抗争与磨合的过程中，人们通过对自己的生活方式与民居形式的调整，经受住了这一恶劣条件的考验，最终创造出了独具特色的民居形式。在这个过程中也逐渐形成了黔西北地区别具一格的人文历史传统。

黔西北人民千百年来不断融合于自身生存环境，不断完善民居的建造技术，不断向其他地区的人民交流学习先进经验，进而形成了自己独特的装饰艺术、建造文化与营建经验。在装饰艺术方面，他们结合简约朴素、蕴含文化信仰的建筑装饰，创造出丰富的建筑外观。在建造文化方面，他们有自己完整的建造程序与仪式。在民居营建经验方面，他们不仅在通风、隔热、遮阳等方面体现出对当地气候的高度适应，同时也在聚落格局、建构形式方面体现出了因地制宜，注重可持续发展的居住理念。

黔西北各民族的民居建筑，是在历史长河中与各种文化因素共同作用的结果。它们能更好地适应当地的气候和民族审美，正是这种良好的包容性使其能够吸收外来民族的文化而加以创造，并将这些外来民族文化和民族文化融合在一起，同时加以创造与更新，进而创建出了极具地方特色的建筑装饰艺术。

第五章

黔西北民居建筑中人的社会生命记忆的实现路径

建筑是一种符号。人类制作符号，可能会直接触及自然，也可能是间接使用自然物，但无论如何，人类制作符号的根本特性，在于体现出符号的抽象性，并以此来赋予其深度乃至意义："当相似的建筑被竖立在不同的地点，意义也就被转运过来，就好比一种语言可以适应多种信息。……建筑的符号体系使人们不论在何处都可以体验一个富有意义的环境，并以此帮助他找到一个存在的立足点。这就是建筑的真正目的，赋予人类存在以意义。"①

一、人居环境：人类生态的社会变迁

决定民居建筑聚落存在的因素并不仅仅是风土环境，应该说，在除风土环境之外，存有一种比风土环境更为重要的影响力，即建筑应在充分尊重自然打造本身的同时，还应暗合社会生态的历史变迁。

（一）民居建筑文化的社会生境的改变

在生产力低下与劳动技能低下的时候，地形、气候与材料等方面就是制约人们建筑房屋的主要影响因素。随着社会向前发展，生产力提高，人们改造自然的能力也得到提高，同时对自然环境的依赖性也就会逐渐降低。在此背景下，社会结构、经济变革以及生产生活方式等文化因素，成为民居建筑不断演变发展的主要推动力。正如拉普卜特所言，对于各种形式的民居建筑，任何单一的解释都会以偏概全，因为其已经构成了一种复杂的文化现象。然而，尽管解释多样，我们都得面对同样的问题：持着不同生活及理念的人们，如何去应对不同的物质环境。由于经济、社会、文化、仪式以及物态诸因素间相互作用的千差万别，这些应对方式也因地而异。

---

① 克里斯蒂安·诺伯特-舒尔茨. 西方建筑的意义［M］. 李路珂，欧阳恬之，译. 北京：中国建筑工业出版社，2005：228.

1. 社会结构的改变

社会结构，指的是人与人之间所构成的关系网络。这种关系网络主要体现在家庭—宗族血缘方面，是我国传统农业社会的基本特征。以血缘、宗族为单位的农耕聚落，其结构明显地表现出较强的凝聚力，它在资源利用、生产以及消费等方面能够自给自足。通常情况下，这些聚落即便在外部力量弱小、资源贫乏的状况下，也能相对独立地生存与发展。

对于社会结构的影响力，在《宅形与文化》一书中，拉普卜特说道，民居建筑“不能被简单地归结为物质影响力的结果，也不是任何单一要素所能决定的，它是一系列‘社会文化因素’作用的产物，而且这一‘社会文化因素’的内涵需从最广义的角度去理解；同时，气候状况（物质环境会鼓励某些情况的产生而使另一些情况成为不可能）、建造方式、建筑材料和技术手段（创造理想环境的工具）等对形势的产生起着一定的修正作用，我将这一社会文化影响力称为‘首要因素’，其他各种因素称为‘次要’或‘修正因素’”①。

这种聚落社会结构，以乡规族约以及儒教礼制规范、约束宗族成员的行为，大致可以分为总房—分房—支房—家庭的层级关系。聚落的格局形成，以“村—落—院”的组织结构形态，对应于宗族层级关系。正是由于礼制的这种特性，将黔西北各民族聚落结构的秩序性和礼俗性充分凸显出来。聚落成员在家族中的地位通常由血缘关系的亲疏、远近决定，礼制体现出聚落成员的社会关系，同时也规范了聚落成员的行为。

血缘型的聚落，由于自给自足的经济特点与宗族组织的权威地位，这种聚落的结构与秩序较为稳定。但是，在某些交通地理位置重要、经济发展较好的区域，不同的姓氏聚集在一起，原有民族组织的权威性逐渐弱化，社会结构所表现出来的问题趋于多样化，地缘与业缘关系已经取代了传统的单纯血缘型的聚落。那种在原有层面上的封闭内向型空间，逐渐演变、发展为一种层次较为模糊的空间格局。

以家族式为基本单位的大家庭聚居，是传统聚落常见的聚居方式。但是，进入封建社会后期，在一些社会、经济较为发达的区域，这种大家庭聚居模式普遍弱化，核心家庭进一步成为社会的基层细胞。子女成年结婚后分家必然导致另立门户，从而使得独立户型的居住模式广泛地发展起来。

---

① 阿摩斯·拉普卜特. 宅形与文化［M］. 常青，等，译. 北京：中国建筑工业出版社，2007：46.

进入现代社会，家庭结构更是朝向小规模的核心家庭发展，完全打破了原有的血缘宗族社会结构，原有的那种大型宅院模式难以维系，中小型的民居建筑普遍增加，民居建筑的空间格局已然发生了巨大的变化。

2. 生活行为方式变迁

现实社会生活的发展表明，自改革开放以来，黔西北各民族的文化发生了巨大的变化。传统的生活方式、文化生活更多的是血缘、家庭、地缘的联系。改革开放使得黔西北各民族文化生活不断丰富和壮大，原有的封闭状态发生变化。

（1）农村民居环境变迁。黔西北地区地形复杂，多为山地。在改革开放之前，民居建筑主要受到自然地理条件的影响，民居建筑的布局与形态一直没有发生太大的变化。但是，随着改革开放不断深入，农村经济发展的条件有了明显改善，传统的乡村组织规模、结构、特点与农村经济的发展不相适应，从而使人们的集聚模式与村庄规模慢慢地发生了不同程度的变化。同时，由于许多新建的民居建筑逐渐向外迁移，使得一些村庄内废弃空置着许多老旧宅院，原有的顺应地形地貌、因地制宜的建设模式被颠覆，格局以及遗存受到破坏，致使一些村庄的结构慢慢走向散乱、无序的境地。

对于新建的山地民居建筑，在农村建设不断推进的过程中，建筑设计师们更多地从城市住宅模式出发，更多关注的是道路的通达便利，通常把村庄道路尺寸设计得相对宽阔，而对使用者的生活需求缺乏更加深入的调查研究，从而谋虑不周。一方面，新民居建筑村落规划仅是简单地选择比较平坦的地带，没有顺应地势起伏的节奏变化规律，缺乏与山地景观环境的相互呼应之态，与周围环境结合生硬。另一方面，对于居住者而言，那些更高层次上的心理舒适度、视觉上的要求，建筑设计师们没有进行过多思考。村落环境丧失了传统村落与自然、人的和谐性、整体性以及亲切感，从空间上而言，整体显得呆板单调、缺乏变化。

在黔西北广大农村，随着对外关系的拓展，影响农村经济发展与农村布局的主要因素就是农村道路交通是否便利。正是由于此，山区农村民居建筑逐渐从对原来的土地和水资源等自然环境的考量，转向是否适合于道路交通便利的考量。民居建筑逐渐向道路周边等地段聚集、转移、发展、扩张，新建村庄逐步靠近公路布局。

这种趋利选址的动力模式，影响了原有的传统村庄，邻里关系逐步解体，旧院、旧宅逐步废弃，造成大量的土地被闲置的旧宅、旧院占据，人们对于村庄土地的利用方式较为粗放，没有达到集约利用土地的要求。同时，由于许多村落沿着道路布局，从某种程度上还导致了道路维护工作量大、安全性低等弊端。

（2）城市文化的冲击。随着现代化进程的加快，农村传统意识形态不断受到城市文化的影响，同时也由于进城务工的农村人口不断增多，致使大多数人盲目地认为城市的各个方面都是先进的，而农村相对来说则是落后的。

当村民们对民居建筑进行修复或者重建的时候，大家逐渐都在按照城市的建筑风格来建造自己的房子。各种样式的砖混、钢筋混凝土等现代结构形式的房屋逐渐取代了村落里充分适应自然环境的传统民居住宅形式。但是，现代城市的设计生活模式、住宅形式，多数是在城市环境这个各类生产生活配套设施相对完善的大背景下产生与演化的，是与其有限的土地资源、高密度的人口等约束条件相匹配的。这些设施与农村的实际环境特征不相适应，同时，它也不利于解决农村地区实际生活中所产生的一系列问题。

另外，由于城市化进程的加快，在农村以传统认知见长的农民受到现代价值观为代表的城市文化的涵化，使得许多传统的农村习俗、文化逐渐被遗弃或异化，这从某种程度上加剧了传统地域建筑环境的衰落与丧失，也必将导致广大乡野农村的民居建筑形式与农村民居建筑空间的简单城市化。

（3）传统的价值观的转变。传统乡村的基本生活单位就是各家独自居住，这种基本的生活单元是村民们在长期的共同生活中所形成的，其有一整套共同的习俗规范与价值观念，并受传统的道德伦理与规范的约束。

随着市场经济的发展，当前农村社会关系中的经济利益原则成为重要的影响因素，乡野农村中一些原有的荣辱、对错、善恶、是非的价值观评判标准，甚而包括那些约束性的规范、礼教与伦理等方面的东西，都在经济利益原则的驱使下慢慢被丧失、丢弃。

同时，在改革开放的过程中，外出务工人员越来越多，他们起着农村与城市之间联通的中介作用，不断把城市的文化理念与精神带到广大农村社会，从而使得农村民众把城市生活模式当作模仿的对象。

在黔西北当前的农村，跟风较为盛行，模仿城市模式成为一种普遍现象。许多单层、两层和三层的现代化砖房已经拔地而起，传统民居已经被取代。农民对于房屋的关注点，不再是实用性及质量方面的考虑，而更多集中在房屋的高低、数量的多少以及外在形象是否气派、美观等方面。

这种盲目的跟风攀比，最为严重的后果就是使得许多民居建筑大而无用，大量房间空置，有的甚至被改为储藏室或者堆放杂物。这种现象的出现，一方面浪费了本来就有限的资源，另一方面还导致了传统民居中那些与自然和谐统一的生态建筑思想与经验，正慢慢地被淡化与摒弃。

3. 经济变革与劳动生产方式的变迁

自20世纪80年代以来，黔西北地区也和全国大多数地方一样实行了家庭联产承包责任制，家庭分散经营与集体管理得以有机地结合起来，那种高度集中管理的农业生产体系被打破，从而建立起了以家庭为基础的体系。国家采取一系列措施把家庭作为农业生产经营的基本单位，一方面极大地促进了各民族同胞的劳动生产积极性，提高了劳动生产率；另一方面也适合农业生产的性质，因而促进了农业生产的不断发展。

改革开放以来，黔西北地区从保守到积极，从封闭到开放，这一系列的社会与经济的发展变化主要体现为：其一，从生产的角度而言，农民社会身份日益多元化，从只为个人家庭提供劳动力逐步向市场提供劳动力转变。其二，由于农村地区的日益现代化，使各民族的社会关系不断扩大，各民族之间以家庭、血族、地缘为基础而建立起来的社会关系深受影响。

随之而至的必然是各民族在思想观念方面的重大变化。各族人民不再仅仅满足于狭小范围内的生活圈子，开始寻求新的发展道路。譬如，近年来在黔西北广大农村地方出现的劳务输出现象，就从一定程度上反映了各民族同胞已转变了的传统思想观念。这是因为，大量的劳务输出，改变了传统的生产方式和生活方式，为有效的基本物质生活提供了保障。这种情况已成为广大农村普遍存在的社会现象。

众所周知，地域建筑的建设水平与质量，可以从经济因素与技术因素等方面很好地凸显出来，当然，不同的地域之间，由于经济与技术的差异也会导致建筑的演变与发展存在差异，这表现在："一方面，从聚落的规模和密度上来看，富裕地区往往比贫困地区吸引更多的人口定居，因而规模较大、建筑密度高；另一方面，由于经济能力的支撑，发达地区民居对于建筑质量的要求往往比欠发达地区更高，因而也促进了建筑技术的精湛化，无论在选材、用材上，还是在施工工艺方面都能达到更高的水准。"①

地域性的民居建筑在形成与演化过程中，始终适应着该地区的生产、生活

① 李晓峰．乡土建筑：跨学科研究理论与方法［M］．北京：中国建筑工业出版社，2005：105.

和风俗。这之中，具体的生产与生活活动，对空间与场所的适应会有不同的要求，同时，生产与生活方式对民居建筑的基本形态起着决定性作用。譬如，农耕民族由于掌握了水稻、小麦等粮食作物的培育技术，并能长期保存土地的肥力，因此他们日出而作、日落而息的生产方式，决定了矗立在田间地头的永久性民居建筑必然成为其安身立命之所。而游牧民族则不同，他们逐水草而生，善于迁徙，因此便于拆卸组装的帐篷便成为其主要的居住形式。

当然，对于同一民族或者同一地区而言，人们的生产与生活方式并不是固定不变的。这就必然会出现当人们生产或生活方式改变时，其民居建筑形式也会随之改变的情况。例如，在原始的洞穴遗址中，火塘就是原始先民生活空间的中心，他们除了将火用于煮熟食物，同时也会将火用于取暖或者另做他用。所以从某种意义上说，早期人类生活在火塘周围，火塘是家庭的代表，进而发展出一系列以火塘为中心的崇拜仪式。后来随着煮食用火与取暖用火的分离，火塘的作用逐渐减弱，人们对火塘的依赖程度下降，于是厨房出现了，因而火塘在居室中的地位有所下降——先是取消了专用的火塘间，把之变成堂屋的附属公用空间，进而再把火塘移至屋后，到最后火塘间则完全被厨房取代。正是缘于此，火塘从专门的、固定式的火塘间转变为多样化、活动式的火盆，从一个占据主导的房屋空间慢慢演化为一件人们日常生活所用的器物。

黔西北全境，绝大多数的人民都是以农耕作为主要的生产方式，生活也围绕着农业生产进行，所以他们的民居建筑各组成部分以及民居建筑的空间布局多与农业有关。

黔西北地区所建构的这种地面式民居建筑，在建筑形象和空间格局上虽然同干栏式建筑大相径庭，但是，在围绕农耕生产与生活而形成的基本晾晒、加工以及储存等功能方面，二者的构成形态则是一样的。而在那些以商业活动为主要生产方式的集镇，民居的建筑形式与农耕村落也不尽相同。这是因为，生活于集镇里的人们不需要耕作，家畜圈养成为可有可无的东西。再者，商业型的集镇，土地资源紧缺，民居建筑的开间也就有了从三开间减少到单开间抑或双开间的情况，为了满足使用要求，就会加大进深、向高空延伸，形成多院落的、高空的民居建筑组合形态。

（二）演进的社会生境对民居建筑文化的影响

1. 民族生境具有文化归属性

不同的民族因美学取向不同，同样能创造出具有民族特色的建筑形式。

作为自然中最大规模的人类活动之一，建筑本应是人类挑战和改造自然中最具创造力的活动，但是，正因为它是一个大的系统工程，远不是个人力量所能控制和完成的，因此，此时民居建筑完全有可能被视为已经存在的自然的延伸。这种被附会了“自然”意义的建筑形象，也就同时被赋予了“审美”意义，不同的人对民居建筑形式有着不同的看法。即使是同一个人，由于所处的时代不同，阅历不同，所掌握的知识不同，对同一民居建筑的理解也会产生差异。

生存是人类最基本的需求，也是人类永恒的主题。黔西北气候寒冷，地形沟壑万千，植被稀少，匮乏的物资条件以及低下的技术水平，对当地人而言是一个严重的生存挑战。然而，在这样恶劣的条件下，黔西北各民族充分利用非常有限的物资、技术以及不利气候条件，能够和谐地解决各种居住问题，并努力寻找着合适的营建方式与生活方式。

黔西北各民族能够以极低的生态成本，建构起同环境和谐共生的建筑形式，进而满足了几千年来在这片大地上的基本生存需要。其得以存在的科学内核是，它定会成为黔西北各民族改进自身传统民居的合理依据，也将是黔西北各族人民在现代社会发展中创建更加适于自身栖居的生态民居的良好摹本。

民居建筑反映并记录着文化。从更为深远的意义上而言，“作为人类最重要的社会物质与精神现象，建筑是一个国家、一个地区、一座城市甚至一种文化、一个民族的基本面貌，代表着形式下面的本质，代表了生活环境品质和民族的素质，在一定程度上象征着一个国家或民族的过去、现在和未来。总的来说，建筑集中地表现了建立在人与自然关系基础上的全部人类物质关系和思想关系，从各种形式的劳动生产、生活、社会结构、思想文化到变革社会的现实的政治活动，无一不包容在内。从这个意义上说，建筑表现的就是人的本质”①。毋庸置疑，民居建筑是文化的一个重要组成部分，它以技术手段对历史文明作出诠释，以物质形态表达文化内涵。

2. 现代文明中黔西北民居文化变迁的特殊性

黔西北全境多为喀斯特岩溶裸露地带，交通不便，与外界接触较少，文化交流相对较少，传统文化影响下的黔西北各民族农耕生产停留在自给自足模式。

随着我国现代化建设的全面展开，黔西北对外交往的程度显著加深，但是，同其他地方民族的文化交流与积淀过程相比，黔西北地区的生产力发展水平远

---

① 郑时龄. 建筑：理性论［M］. 台北：台湾田园城市文化事业有限公司，1996：10.

远落后于大多数地区，现代文明对黔西北各民族的文化模式所产生的影响显著、剧烈，现代文明以一种“先进的”文化姿态强势地影响着黔西北各民族文化。

这种影响，主要从意识形态和行为方式两个方面体现出来，也正是这种影响，打破了原有文化认同的机制，重新对传统文化进行整合与重构，从而使得该地域的人们生活习惯与行为方式有了较大的改变（见表5-1）。

表5-1　现代文明影响小的黔西北文化变迁的特殊性

传入文化	传播速度	传播方式	社区反馈	结果
历史上他民族文化	缓慢、长时间	平等的、均质	生活方式与意识形态逐渐调整适应	他文化融入我文化的文化适应
现代文明	迅速、短时间	“先进的”、自上至下、强势的、具有人群差异	生产生活方式与意识形态急剧变化，引起文化内部冲突	传统与现代角力、并存，尚无最终结果

如果以现代经济指标衡量，黔西北地区仍处于相对贫困状态。“相对贫穷”这是一种结构性的贫困，它是由文化和社会制度所决定的，并对黔西北各族人民的心理产生影响，似乎只有完全摈弃传统进而转向现代文明才能彻底脱离贫困，却没有看到贫困评判标准已被改变这一本质差异之根源所在。这种心理效应的结果必然是对民族文化的完全否定。

现代文明对黔西北各民族文化影响的特殊性在于，人们的精神意识所发生的改变。这主要表现在人们的生产方式和生活方式受到全球化经济网络的影响，更为重要的是，随着城市化进程的加快，在大量的劳动力输出过程中，该区域的一部分（外出人群）进入他者的文化视界之中，他们的行为方式与意识形态由于受到影响从而发生急剧变化。这些外出务工人员又将那些在城市里习得的生活习惯和思想带回家乡，进而使得他们和当地的其他人群（留守人群）思想意识产生了较大的差异，因而必然导致文化内部的冲突。

外来务工人员对当地现代文明的传播，似乎是村民自我选择的结果，是一个自觉的文化过程。然而事实并非如此，这些在城镇中处于弱势群体的外来务工者，作为底层和少数的人群，现代文明对他们行为模式的改变是一种强势的，甚而是强迫的作用力。

当然，我们也应该将传播过程扩展至现代文明对地方传统文化的渗透过程。这是因为，地方传统文化的生存与发展需要得到现代文明的认可。高丙中先生曾说过，中国完全是一个在主流文化中牢固地确立了现代文化的话语霸权地位的社会，传统文化存在的合理性、合法性的话语需要确认，外来打工者原有的价值观并未得到主流文化的认可，他们为了生存而改变，屈从于大多数城市居民强势的价值观，并在有意或无意的情况下将之视为“进步的”“高级的”文化而带回了故乡。在文化交流的过程中，他们是无意识的、盲目的传播者，在文化适应方面缺乏弹性变通，仅仅将外来的价值判断加之于本土传统之上。

幸运的是，这些现代文明的影响，并没有对黔西北的民族传统产生毁灭性后果。当地保留下来的传统社会结构与民间文化复兴相互交融，黔西北各民族传统文化正在复苏，这可以从生产方式、社会规范和宗教信仰等方面体现出来。所有这一切，有助于当地居民对传统文化的认知，有助于促进民族文化复兴。总体而言，虽然民间的、隐性的各民族传统文化的许多复兴方式，不可能独立支撑起整个社会结构的变迁过程，它需要地方政府的认同和支持。但是，它提高了居民的文化参与度，为恢复与发展地方传统文化奠定了基础，进而促进了居民对本民族文化的认同与自信。

（三）社会生态中人类的审美智慧

1. 建筑本身的美感

民居建筑的美是综合性的，它是关于自然、造型、布局和装饰等多种因素的综合。

民居建筑艺术是在一定条件下的一种综合性的艺术形式，与其他艺术形式不同，民居建筑空间应该能够满足人们生活和生产的需要。民居建筑的形式和内容并不是割裂的，两者浑然一体，共同形成了民居建筑之美。因此，建筑美的创造也需要理性和感性思维的整合，处理相关因素，追求合理统一。

叔本华在《作为意志和表象的世界》一书中提出，建筑艺术的主要目的就是使某些理念，即“意志的客体性最低的级别”更加突出，这些最低级别的客体性“就是重力，内聚力，固体性，硬性，即砖石的这几个最普遍的属性”①，他认为，一个建筑物的美体现在“无论怎么说都完整地在它每一部分一目了然的特性中，‘然而’这不是为了外在的、符合人的意志的目的（这种工程是属于应用建筑的），而是直接为了全部结构的稳固，对于这全部结构，每一部分的位置、尺寸和形状都必须有‘牵一发而动全身’”②。

---

① 叔本华. 作为意志和表象的世界［M］. 石冲白，译. 北京：商务印书馆，1982：190-195.

② 叔本华. 作为意志和表象的世界［M］. 石冲白，译. 北京：商务印书馆，1982：195.

同样，黑格尔也认为，建筑艺术的特点是："它的形式是一些外在的形体结构，有规律地、平衡对称地结合在一起，来形成精神的一种纯外在的反映和一件艺术作品的整体。"① 人类的需要先于审美需要而产生，民居建筑，首先要适应一种需要，并且是一种与艺术无关的作品的需要，因此，建筑一开始并不是艺术，直到"日常生活、宗教仪式或政治生活方面的某种具体需要的建筑目的已获得满足了，还出现了另一种动机，要求艺术形象和美时"②，把其看作是艺术的建筑才会出现。黑格尔特别强调建筑艺术的象征性，指出："建筑是与象征型艺术形式相对应的，它最适宜于实现象征型艺术的原则"，由于它"并不创造出本身就具有的精神性和主体性的意义，而且本身也不能完全表现出这种精神意义的现象，而是创造出一种外在形状只能以象征方式去暗示意义的作品。所以这种建筑无论在内容上还是在表现方式上都是地道的象征型艺术"③。建筑艺术本身又经历了象征、古典、浪漫三个发展阶段。

正如黑格尔所言："住房和神庙须假定有住户，人和神像之类，原先建造起来，就是为他们居住的。所以建筑首先要适应一种需要，而且是一种与艺术无关的需要，美的艺术不是为满足这种需要的，所以单为满足这种需要，还不必产生艺术作品。"④ 从黑格尔的话中可以看出，他之前的人把建筑分为两部分，即功能与艺术，功能是要满足人们的居住需要，艺术则主要是人们对建筑艺术品质的认识，所以，在建筑设计过程中出现了两种倾向：一是把功能放在中心地位，艺术只是建筑上的装饰，也有建筑师认为，如果建筑功能合理的话，建筑的美自然就会体现出来；二是把艺术放在首要位置，直接把建筑当成艺术品。

2. 民居建筑的审美原则

（1）系统整体性原则。系统整体性是生态系统最重要的特征，也是生态建筑美学最重要的原则与根本观点。系统论中的整体协同思想认为，整体表现大于部分之和，整体性原则是自然界各种物质的构成原则。

同样，生态建筑美学否定单纯追求造型优美或环境和谐的观点，它强调整个社会、经济和环境效益。不仅重视经济发展与生态环境协调，而且更加关注改善人类的生活质量，它强调系统整体的协调统一，寻求在整体协调统一的新秩序下进行发展。在环境、社会、文化、经济和技术等系统元素的关系之间，

---

① 黑格尔. 美学（第3卷上）[M]. 朱光潜，译. 北京：商务印书馆，1979：17.
② 黑格尔. 美学（第3卷上）[M]. 朱光潜，译. 北京：商务印书馆，1979：29.
③ 黑格尔. 美学（第3卷上）[M]. 朱光潜，译. 北京：商务印书馆，1979：30.
④ 黑格尔. 美学（第3卷上）[M]. 朱光潜，译. 北京：商务印书馆，1979：29.

它认为生态自然环境和可持续发展的基础是生态和可持续发展的社会目标，经济与技术的生态与可持续发展是动力，文化的生态与可持续发展是灵魂。

事实上，民居建筑是一个包含了自然、社会、政治、经济、文化等诸多内容的复杂系统，在建筑创作中，必须坚持系统整体性原则，对自然、社会和经济环境进行全面细致的分析。自然环境分析是指对自然条件的综合分析，主要包括地形、地貌、水文、气候等以及景观资源、动力和植物类型和分布等方面；社会环境分析是指对设计地段的社区结构、民俗、文化传统、价值观和历史背景的分析；经济和环境分析包括经济投资规划、设计方案的经济分析等方面。

同时，还必须运用系统论的观点，对民居建筑的功能关系进行科学的分析——分析系统内各构成要素间的物流、能量流与信息等，并对不同功能之间的连接、兼容、并列、叠合、分离等关系作出判断，确定合理的功能配置。只有充分运用系统整体的观念，通过对系统的全面分析，方能把握事物间的内在联系，认识生态美的规律，设计出符合可持续发展的最优化方案。

（2）多样性与有序性原则。多样性原则是美学的重要组成部分。古典美学强调多样性的统一，即形式、对比、材料和颜色等；同样，生态学也强调多样统一，认为必须具有丰富多样的物种，才能满足生态系统的生命循环；生态美学则认为，多样统一是自然界生物群落中的普遍规律，美是多因素协调的和谐统一。

在生态建筑的审美观念系统中，生态是一个系统，建筑作为一种艺术形式也必须有文化的多样性，充分体现了审美的多层体系、多元化的审美功能、审美情趣的多样性、丰富的审美信息、审美空间和时间复杂度以及多维审美理想的性质，并体现有机共生的特点，认为在审美文化的生态演化中，那些不能共生的要素，不可能有长久的生命力。因此，它反对单一化和文化趋同，认为建筑文化系统可以通过文化传播、文化交流与文化融合的建筑文化转型与再生，进而实现审美文化生态系统结构的功能、改造与再生，实现创造出永恒生命力的目的。

生态建筑美学还强调审美系统的有序性，强调以清晰的生态结构模式、有序的和有机的美学关系，实现其艺术功能。生态建筑美学认为，建筑审美生态系统是一种有机的系统结构，它由环境系统、文化系统、经济系统、技术系统等组成，形成了相互关联的、不同层次的审美子系统。这种结构通过有序的组织实现审美体系的功能。不同组织层次的审美关系和相互作用构成了审美功能的有序性和审美结构与功能的统一，从而在审美思维方式上，与强调分析、还原的西方古典美学有很大的不同。

(3) 生态循环与持续最佳原则。所谓生态循环原则，是指生态建筑美学体系中人类、生活和环境生态系统的基本特征。通过循环利用环境资源，可以保持和开发整个生态系统的结构和功能。没有循环，就不可能有生态系统的生命力，因此，循环是生态系统的“生存法则”。从这一原则出发，生态建筑美学认为，审美体系的生命力在于发展和运动，强调在全球化环境下，跨文化交际的运用意味着全球化文化与地域文化的融合，进而形成新的地域或全球性建筑文化，使建筑与城市在新陈代谢中保持永恒的生命力。

从发展观念来看，工业文明的发展观是“无限制”的发展观，它忽视自然资源对人类发展的制约，追求物质财富的快速增加。生态建筑美学摈弃了这种发展模式，力求体现持续最佳的发展原则。

二、信仰实践：民居建筑的社会标示

（一）人的信仰实践根源

1. 自然化生万物的生态关系

在人类世界生物圈中，包含着多种生物元素和无机环境的生态系统，构成了一个复杂的物质、能量和信息交换关系，这种关系维持着物种的繁衍和全球生态系统的健康和完善。

如果我们从生命活力的角度来看待全球生态系统，会发现任何生态系统都有四个基本的生态关系：一是个体与个体的关系，例如，蚂蚁社会个体之间的分工关系，狼与狼、羊与羊的种群内在关系；二是个体与物种之间的关系，这既涉及同种类遗传的同一性与变异的差异性（选择优势）关系，也涉及不同种类各个体之间的关系，譬如，外来个体生物与本地生物物种的关系；三是物种之间的关系，也被称为社会的内在关系，是相互作用的扩展与限制之间的关系；四是群落与无机环境的关系，也称为生态系统的整体关系、生态系统的结构关系。

自然生态系统中的人类社会，通常是作为一种综合性的生态社区而存在着的，其社会生态运作通常所起的就是“类”与“群”的作用。

在人作为“类”的自体运行中，有无数生命个体的存在，既有人与自然所建立的生态关系，同时又有无数个体与个体、个体与社会建立的对象化的关系。而对于生态系统中其他生物种群的关系，人类则是以“群”的效应的整体性存在着的，实际上，人与自然的生态共生性关系就是通过这种“群”的效应而建立起来的。对于人的群落整体或是社会生态结构，我们还可以进行分类，进而形成不同的结构之“群”，比如，家庭、群体、国家、区域、洲际等社会生态结构体。当然，这些不同的结构体各自都具有复杂性与组织性。

生态世界不在生存世界之外，而在多彩世界之中，它是由人与自然共同组成、共同参与的。这是中国哲学对人文生态的高度概括。生物以自身的机体和环境发生关系，适应环境，改变环境，创造之前环境没有的物质，优化了环境的发展，同时也有利于其他生物的发展，这是生物和环境的“协同方式”。①

2. 依赖自然、合理利用自然的生态意识

人类作为大自然的产物（大自然孕育的亿万物种之一），归根结底离不开自然界，注定要与自然界共存共生，这可以理解为既是时—空的辩证，也是时—空的统一。

在人类的历史刚开始的时候，混沌未开，世间万象都被整合成一个依赖于自然生产力的世界，人们完全依赖于自然所提供的现成的东西度日。同时，那时的人们由于自身难以抗衡种种制约、影响人类生存的自然万象，因而产生了对自然环境与生命的敬畏。人类在经过漫长的蒙昧时期之后，开始通过图腾等形式来表达对自然万象的崇拜和畏惧。因此可以说，这便是人类最早生态文化现象的发端。

人类历史上经历三次重大文化革新：一万年前的农业产生，农业文明代替渔猎文化，这是人类第一次文化革新；300 年前的工业革命，工业文明代替农业文明，这是人类第二次文化革新；21 世纪，生态文明代替工业文明，这是人类的第三次文化革新。

在科技不发达的时代，人们将自然现象看作“神灵的凭附”，主张“万物有灵”，随着科技发展，人们对自然现象有了更多了解，不再有神秘之感，这就是所谓“自然的祛魅”。20 世纪后期，人们又提出“自然的复魅”问题。在工业文明之前，人们的衣食住都是直接从自然中获取的，在利用自然的转化过程中，

---

① 协同进化概念是达尔文生物进化论发展过程中提出的新概念，也是一个伦理学的新概念，表明一种在人与自然关系中的“利己与利他”相统一的伦理原则。协同进化也具有哲学意义，强调异中求同的认识论和整体支配并决定部分的协同进化学。协同进化论的代表作有两部：其一是由佛土玛（Futuyma）和斯莱津（Slakin）合编的《协同进化》（1983 年）；其二是由鲍考特（A. J. Boucot）主编的《行为进化生物学和协调进化》（1990 年）。他们给出协同进化的定义要点是，在同一族群内的某些种的进化与另一些种的进化相互关联、相互受益。

人类也对地球上各种生命的有机体构建起了深厚的感情。在工业文明的进程中，机器大生产代替了畜力，大量的人工材料代替了天然材料，城市化的快速发展，使得人们越来越远离了乡村野趣，由于大量使用农药、化肥农村的生态遭受破坏，人依山水而居及与草木虫鱼相亲近的生活状态也被破坏了。这使得人们变得更为功利，更为自私，不知奉献而只求索取，同时人们也把市场中的经济法则运用到社会关系上来，从而使得社会关系慢慢异化为物质关系。

人类与未来的关系，无疑也是人类与环境的关系。人的一生就是沿着不可逆的时间方向与自然界在一个空间中协同并进的过程。人类就是在时—空的辩证统一中孕育、进化并发展到今天这种状态的。

黔西北各民族发展的历史，就是黔西北各民族与环境相互关系的历史。

和其他地方的民族一样，黔西北各民族都需要依赖自然从而获取自然资源，但是，人们满足自身需要的可能性，既需要有各种能源的可利用性，又需要有如何对能源进行利用的方法。

人们已经认识到，自然资源必将是人类生态意识中最为重要的物质基础，人类从古至今首先要考虑解决的问题，就是如何利用自然资源并与之和谐相处。

不难发现，黔西北各民族在民居建筑的建造过程，便是各民族同胞在合理开发自然资源为己所用的条件下，为了平衡自然与人类这一对矛盾所做出的种种努力，这是他们保护自然、崇拜自然的生态意识。在对这些自身赖以生存的自然万物的态度上，黔西北各民族一直抱有利用得当、造福后代的思想。同时，也因其崇拜自然之神，他们相信万物都是自然诞生的，所以他们不会毫无节制地利用它。这些生态意识，对黔西北各民族同胞未来发展的作用是较大的，这些宝贵的生态思想对后代的生存和发展有着深刻的影响。

众所周知，在与大自然互动的关系中，人是主体，人类在自然环境与环境变化的影响之中，有利益冲突。随着社会的发展，人在自然中创造丰富的物质财富的同时，却又打破了与自然平等的关系，人与人之间的合作伙伴关系与不平等导致私欲的膨胀、对利益的疯狂追求，最终形成了人和自然严重失衡的恶性循环。

生态失衡最重要也是最直接的原因就是人所拥有的资源的不平等。因此，只有消除这种不平等，在平等协作的社会氛围里，才能使生态环境真的稳步发展。

3. 人与自然相对公平的生态意识

人与自然协同进化的生态伦理，不仅坚持人与自然的相互依存，而且坚持人与自然相互作用。

人与自然协同进化，有别于人们常说的“人与自然的协调”或者“人与自然的和谐”，二者之间的差异主要在于：协同进化反映了客观存在的生物与环境生态关系的规律性，而和谐或协调并不是在生态规律基础上的概括，它仅是正确地反映客观存在的生物与环境关系的某一侧面，这是因为，自然界既有和谐、协调的一面，也有对立、生存竞争、不和谐的一面。人与自然的协调是人们的设想、理想，怎样协调是人与自然概念本身所不能回答的，还需要对协调做出进一步的解释。正如恩格斯所说：“我们连同我们的肉、血和头脑都是属于自然界和存在于自然之中的。”①

这里我们要注意的是：第一，承认人类对策与自然对策的客观存在。第二，注意这两种对策是常常发生矛盾的。第三，自然对策要求“最大保护”，这是人类的幸运。因为它的生态学基础是，生态系统的生产率与分解率相比，总是生产高于消费。这是生态系统发展的潜力，也为人类利用生态系统资源提供了可能性。如果不是这样，没有这种对策，或者生产小于消费，生态系统发展潜力受到损害，系统便会走向瓦解。第四，人类现在的问题是，只顾实施自己的对策，不顾自然的对策，人类“取走的比送回的多”，已经达到威胁生命的程度。有的学者指出，今天人类消费生物圈净生产力（植物光合作用生产的有机物质储备）达到总生产力的40%，这是一个危险的数字。它使两种对策的矛盾达到尖锐的程度。第五，为了保护生态潜力，以保证地球生态系统的发展以及人类对生态资源的永续利用，需要对两种对策的矛盾作出调整。这里唯一的做法是，保护自然实现其对策，同时调整人类的对策。为此，人类需要做出让步，使自己对自然的进攻限制在围护生态潜力的范围内，减少生物圈净生产力的消费，同时扩大植物生产，使净生产高于消费。

相互作用是制动之源，物种的进化与退化，生态系统的发展与变化都是相互作用的。相互作用的多样性，决定了物种和生态系统的多样性。同时我们也得看到，以往人类对自然的影响已经造成局部多样性生态的急剧恶化，且正在超过自然整体性的生态底线。所以，人类要改变以往与自然的相互作用方式、方位、规模和强度，坚持在相互作用中使人与自然走向共同创造。

人类的生产和生活环境，同地球的生态环境密切相关。生态灾难，包括全

---

① 中共中央马克思恩格斯列宁斯大林著作编译局．马克思恩格斯选集：第4卷［M］．北京：人民出版社，1995：384.

球变暖，正在威胁着人类与其他物种的生存。河流和湖水的污染破坏了鱼类的生存环境，同时也威胁着人类对水源的需求和渔民渔业的经济。因此，人们如果勇敢地伸张自己的环境权益，认识到其他生物生态环境与人类生存环境的密切相关性，那将产生一股比几个民间环保人士大得多的力量。

黔西北各民族从建房开始，必然要同自然相争。但是，他们从不只顾自身利益而随意掠夺践踏其他生命，哪怕是一草一木，也取之有道、用之有度。他们并不以自己为中心，而是尊重自然、保护自然，与自然和平相处。这种文化生态是其高尚道德思想的体现。他们所信仰的自然，与老庄所崇尚的“天人合一”的价值观有很大区别，前者从生产劳动中获得自然规律，认为自然是崇高的上帝；而后者说万物归一，并没有谁高过谁，也没有神灵庇护。然而，双方都认为自然和人类是相互依存的。在人与自然相对公平的生态意识中，黔西北各民族与老庄思想可谓不谋而合。

正是在生产劳动中，黔西北各民族不断地认识和利用规律，寻求与自然万物相处的方法，“各从其类”正是他们与自然相处所遵循的法则，只有这样，人们才能在与自然的物质交流中仍然保持着生态的动态平衡。

（二）信仰实践对民居建筑的影响

1. 多元文化的宗教兼容对民居建筑的影响

在整个人类历史的发展中，宗教与艺术的关系始终非常密切，而建筑艺术也无不体现出宗教的痕迹。

每个民族的民居建筑都与民族文化融为一体，渗透进该民族成员的心灵，支配他们的判断和行为。它将世代先辈积累起来的经验、教训和知识，延伸到维系生产活动和社会生活所必须遵循的规则之中，从而保证本民族文化在既有的条件下不断延续。人们把自己的价值观、宇宙观、社会观、人生观用强烈的宗教感情加以艺术化，使之物化在服饰、建筑以及一切器物之中，形成本民族不同于其他民族的生活习俗和器物特征。

人们的生活行为包括物质需求和文化需求，虽然人们普遍认为首先应满足物质需求，但在某些特殊情况下，文化的需求可能超越物质需求。拉普卜特也曾经提出，某些地区“宗教上的禁忌带来的不舒适和复杂化，远远比气候条件更多地影响了住宅的形式”①。

---

① 阿摩斯·拉普卜特. 宅形与文化［M］. 常青，等，译. 北京：中国建筑工业出版社，2007：19.

宇宙在原始初民那里具有神圣的意义，不仅因为其辽远广阔、高深难测的空间容纳了神灵而变得神圣，而且与宇宙中某些重要事件相关的特定时刻相吻合，也具有了神圣的价值。世俗的时间是短暂的，而神圣的时间是永恒的。这些神圣和反复的时刻演变成宗教节日。

重要节日成为每个民族的象征，这些象征通常是在民族独特的历史旅途中产生的，坚持他们的集体记忆，成为集体认同的主要方式之一。

黔西北社会存在着众多的节日，甚至相邻各地的节日也不尽相同，表现出十分强烈的地域性特征，因为除了共同的民族信仰外，不同地域还有各自的地方保护神，地方神异彩纷呈的传说形成了黔西北丰富多彩的地方性宗教节日。“与神同在”的时刻，需要在一定的空间中进行，这些空间在民居建筑聚落中的位置独特、形式突出。

不断重演节日仪式的空间场所，将遥远的神和现世的人联系在一起，神圣的时间与空间在此重合，形成了独特的生活记忆与具有标识性的景观符号，也塑造了黔西北民族不可或缺的场所精神。

通过回忆性的仪式活动，使过去的事件在当下的活动中“在场”和“即时”，参与其中的每一个人都在同一时间与神圣的时间在一起，从而分享神圣的地位。也就是说，信徒们可以通过宗教节日“定期与神同在”，使自己生活在诸神的存在之中，从而加强与神的联系。

2. 祖先崇拜对民居建筑的影响

祖先崇拜是在“万物有灵”思想基础上的一种血族承继观念与对祖先功绩的追念情感。“祖先崇拜又称祖灵信仰，根源于人们关于灵魂永生那样一种宗教观念。”①

对祖先的血缘认同，使人们找到了“根子”的庄严感和归属感，因而产生“恋祖情结”。崇拜祖先的不平凡经历，以海纳百川的精神对生命群体一视同仁，不会有歧视、仇恨和高低贵贱之分。在黔西北地区特别是一些少数民族民居村落，便认为万物有灵，崇拜神灵祖先。

马克思在谈到建筑时说过，精神在物质的重量下感到压抑，而压抑正是崇拜的起点。当人类认为有必要经常与神灵沟通的时候，就有了虔诚的宗教仪式。人类社会愈是发展，举行宗教仪式的场所也就愈是恢宏，因此宗教活动和宗教建筑（场所）是紧密关联的，宗教仪式的开展通常要借助建筑的空间形式来证

---

① 李泽厚. 李泽厚十年集（第一卷）[M]. 合肥：安徽文艺出版社，1994：151.

明并完成。

民居村落作为村民们共同拥有与打造的居住和生活空间，有其不可或缺的“轴心”，这种轴心，在中国聚族而居的传统村落中主要表现为宗祠或者庙宇。

古人云：“君子营建宫室，宗庙为先，诚以祖宗发源之地，支派皆多源于兹。”因此，宗庙不仅是村落文化景观的焦点和象征，也是村民心理生活空间的中心。宗庙的结点作用，不仅表现在地域上，而且表现在“心理场”上。

这里所说的心理场，主要是指人生观中的心理空间。村落中的祠庙，就是一个具有正能量、正价的点场，村落的整个心理场都是以宗庙为中心层层扩展的。

黔西北全境许多民族都保存着浓厚的祖先崇拜信仰，这在民居与村寨布局中都有所反映。其最初表现是在民居建筑中设有一处地方专门供奉祖先，定时举行祭献。

到了后来，则拓展至更加广阔的地方，在时间与空间上有了更强的延展性。当然，不同民族由于祖先崇拜方式不同，祖庙建筑也各有差异。祖先崇拜发展到后来，出现了临时的与永久的不同祖庙建筑形式。有的民族崇拜祖先神，临时搭台祭祀；有的民族则建立祠堂、庙宇等建筑供奉祖先神。

譬如，黔西北彝族“火把节”就是以祭神祭田、祈年丰收、送祟除邪为主要内容的节日仪式。基本在农历六月二十四日举行。白天，人们杀猪宰羊祭土地神、火神等诸神，着艳服盛装欢聚游乐，进行社交或情人相会，并表演民间歌舞，举行对歌、斗牛、赛马、摔跤、拔河、荡秋千等活动。夜晚，男女老少手持火把，游行在村寨田间地头。然后燃起篝火，举行晚会，载歌载舞，尽欢而散。虽然关于彝族“火把节”的来历，有着美丽的传说，但是从更深的意义而言，它的产生与彝族先民对火的崇拜有关：在历史的长河中，彝族先民是一个以耕牧为生计、以狩猎和采集为生活补充的山地民族，火不仅给他们带来温暖、带来熟食，还能防御野兽的侵害，与此同时，火灾又会给人类带来毁灭性的灾难，因而彝族人十分崇拜火神多斯，对他又尊敬，又恐惧。“火把节”尽管带有一定的迷信色彩，但是，它已经形成了一种宗教仪式的信仰，构建起了一个民族的一种文化内容。

3. 土地崇拜对民居建筑聚落形态的影响

土地精神文化的起源不是与人类同步的，而是人类社会的物质生产发展到一定阶段才产生的。

土地为万物的负载者。《释名·释地》云：“地，底也，言其底下载万物也”“土，吐也，吐生万物也”。

在人类社会的早期，人们主要是以狩猎和采集为生，不需要在陆地上种植各种各样的食物，似乎这片土地对人类的生存没有直接的影响。所以那时人类不会去想象土地，崇拜土地。

原始农业出现以后，人类社会发生巨大变革，从单一物质获取过渡到多样性的物质获取，人们用自己的双手进行创造，从攫取性的生产模式转变到创造性的生产方式。人们与土地直接相关，在土地上种植庄稼，并高度关注种植的作物生长情况。然而，土地有肥沃、贫瘠之别，同样的作物产量可能会有不同的结果。同时，由于时间的不同，相同土地上的作物生长有好有坏。原始时代的人们很难理解土地肥沃与贫瘠的差异，也难以发现气候对农作物的影响，他们也许仅是认为土地也像人和动物一样有灵魂、有欢乐、有悲伤，并认为土地的灵魂能控制庄稼的生长。

土地不但能够滋养着万物，使其成为人类的衣食之源而让原始的人类感到神秘，而且还因为频繁的地震、火山和其他自然现象，人们对土地有着原始敬畏，正是由于此，人们对土地崇拜的信仰诞生了。

人们原始的信仰倾向于对宇宙中各种自然现象的解释，以此来满足人们精神世界的需求，这是原始的土地崇拜的来源。土地崇拜，源于远古人类对大自然的种种直接的生存体悟，带有鲜明的自然生态环境的印迹。

原始的土地信仰意识，在人们不同程度的思想和行为上，反映了黔西北民族的生态理念和原始自然的朴素的价值观，其成为支配黔西北各民族社会生活的重要因素，并因此而对其聚落形态产生作用。

在黔西北地区，虽然受历史诸多因素的影响，但是许多民族还保留着三个最为完整的土地崇拜形式的遗存：一是早期直接的土地献祭；二是将其人化，使其又从自然神向社会神过渡；三是将土地视为主管一方的地主——土地公，成为社会属性的神。

对土地的较为原始的崇拜方式，当数中国西南地区的彝族最为明显，但是，这并非因形式的原初而影响其对土地崇拜的虔诚。道光年间的《云南通志》卷182引《开化府志》说：“白儸儸，……耕毕，合家携酒馔郊外，祭土神后，长者盘坐，幻者跪敬酒食，一若宾客，相饮者然。”① 这恰如黔西北一些民族供奉的土地神：“用几块石板搭成小屋，称作地鬼房，内置两块长形石板当作得神的

① 马学良. 彝族文化史［M］. 上海：上海人民出版社，1989：207.

偶像，每年进行祭祀。当地开荒时，先烧三次香，三次香不灭才能动土。否则，被认为是山灵所居的地方，不能动土。"①

由于受移民和商业等多种形式的文化移植以及历代王朝对黔西北地区开拓的影响，汉族的聚居疆界不断向黔西北纵深蔓延，黔西北各少数民族也深受中原文化的影响，作为土地精神文化的土地崇拜也不例外。

中原古代文献中将土地神称为"地祇"或曰"社"。早在夏朝就有祭祀土地社神的信仰活动，《白虎通义·社稷》载："王者所以有社稷何？为天下求福报功。人非土不能立，非谷不能食。土地广博，不可遍敬也；五谷众多，不可一一祭也。故封土立社示有土尊；稷，五谷之长，故立稷而祭之也。"②《孝经》载："社者，土地之主，土地广博，不可遍敬，故封土以为社而祀之。"③《礼记·郊特牲》载："社，所以神地之道也。地载万物，天垂象，取材于地，取法于天；是以尊天而亲地也……家主中霤，而国主社，示本也。"④

随着农业生产的发展，土地的崇拜与农业生产及丰收的活动相结合。黔西北地区从事农耕的少数民族中，也因袭了汉文化中祭祀土地神的信仰习俗。然而，开展祭祀活动必然需要可供施展的场所，因此，民居建筑聚落中的土地祭祀场所在一定程度上影响了聚落的内部结构格局。

汉族以及黔西北其他信仰道教、儒教等的少数民族，多将土地庙等作为聚落内居民共同进行土地崇拜或者其他宗教活动的公共性场所，随着时间的流逝，这些建筑逐渐发展成为一个独特的象征和信仰的体现。原始土地崇拜在汉族聚落中普遍反映为土地庙，祭祀土地神祇，保佑五谷丰登，有些民居建筑则在对应的墙上设小龛，供养土地神。

土地庙作为黔西北各民族民居聚落中的重要构成要素，是一个重要的时间节点和心理空间，它往往作为聚落的起点或者终点，同时影响着民居建筑聚落的整体格局和形态。土地庙作为众多民族文化精神寄托的场所之一，与其他神庙祠堂一同形成民居建筑聚落中的重要节点，也成为黔西北民居建筑聚落平面形态中独有的文化板块。

---

① 谢宝耿. 原始宗教［M］. 北京：三联书店，1995：16.

② 陈立撰，吴则虞，点校. 白虎通疏证［M］. 北京：中华书局，1994：83.

③ 应劭. 风俗通义［M］. 北京：中华书局，1985：191.

④ 戴圣. 礼记译解［M］. 王文锦，译解. 北京：中华书局，2001：342.

（三）信仰文化与民居建筑的生态关联

1. 民族文化的生态特征

民族文化的生态性旨在从环境因素上解读民族文化的变化，并在此基础上发掘二者之间相互关联着的东西。这里的环境囊括众多，文化背景的形成是有生态因素的。这种文化应该是扎根于当地的自然社会环境并很好地融入其中，从而形成适宜当地的文化特色和观念。文化生态学上不仅仅体现在自然的生态性这一层面上，而且还将整个人类的文化看作一个有机体，驱使人类文明整体发展。

黔西北各民族的文化，都是处于该地域时空中的各民族的先进经验的产物，这种民族文化的生态特性，就表现在自然合理性和整体的关联性、动态的平衡性等众多方面。

自然合理性，主要是从环境因素的层面解读民族文化的变迁过程，进而探索这二者之间的深层次关系。当然，文化背景的形成所囊括的环境因素太多，但从总体上而言，文化要具有生态的特性，就必然要将这种文化根植于当地的自然环境之中，也唯有如此，才能构建起一种合适地方文化的特征和观念。文化生态，只有立足于自然的生态本质上，才能向更高的层次不断发展，同时，也只有将整个人类的文化作为一个有机的统一体，人类文明的整个发展才能不断地向前推动。

整体的关联性，是指在黔西北山地民居建筑思想中，既融合了山地民族的生产生活方式、现实背景以及社会语境等众多的物理因素，同时又包含了山地民族社会职能、政治制度、宗教礼制、意识形态等深层次的关系。这种多样性的社会行为，必然是一种整体关联着的东西。而在民居建筑和人之间所形成的种种关联，实质上是物质与意识的关系。山地民居建筑空间的大小与山地民族占地的多少直接相关，无论是居住在开阔空间的富裕家庭，还是居住在狭小空间的贫困家庭，建筑空间的大小都为建筑的“居者”提供了便利或限制，使得建筑的居住空间塑造了山地民族的行为方式。众所周知，由于人类的思想不能超越自然环境的限制，因此山地民居建筑的空间限制，实际上是山地民居建筑的空间关系以及山地民族生活方式和生产方式的隐喻。也就是说，如果说山地文化造就了山地人民的生活行为方式的话，那么山地民族的行为方式则或隐或显地影响了山地民族的建筑空间形态。

动态的平衡性，是指由于自然环境不同，各民族的文化、生活方式以及宗教信仰等方面会产生差异。也许不同的文化之间存在着强势与弱势之分，也或多或少地存在着一些弊习与陈规，但从总体上而言，各民族的文化都是世界文明的宝贵财富，其存在于特定的自然环境以及特定的时间里，都有其存在的理由与价值。

黔西北各民族的文化都是该民族同其他民族进行交流的载体，既可以直接了解外界，同时又向外界推介自身。因此，可以说，民族文化是最能体现一个民族的特点、风俗和习惯的媒介。但是，民族文化的生存与发展需要与环境相调适，当文化生态环境改变或消亡时，民族文化也就随之改变。

2. 居住文化的生态特征

每一个民族的居住文化的形成与发展，都离不开其所处的环境，它由许多外因以及内因的环境因素构成。假若抛开环境去分析和解读一个居住文化，那只能如无根的浮萍、没有立足点的空中楼阁。

如果可以从很多方面对文化进行解读，那么，就不能仅从一个层面上去研究居住文化。这是因为，居住文化，它是人类文化的一个分支，是人们居住观念思想的统一体，通常的情况下，人们主要从其所处的环境以及其布局形态上对之进行分析。

黔西北各民族的民居建筑都处于独特的自然环境与社会环境之中，并随着时间的变化而发生变化，当然，这些变化，一方面是来自自身主观因素的变化，另一方面是由于受到客观因素的影响而发生显著的变化。

社会的发展与进步，一方面决定着民居建筑意识形态的发展水平与程度，另一方面也决定着民居建筑文化中的生态性因素。

黔西北地区各民族民居建筑形态不断地发展演变，得益于社会的不断发展、技术的不断进步以及材料的不断更新等众多因素的合力作用。这种社会历史变革中民居建筑文化特性的真实写照，我们可以从黔西北地区的许多民居建筑的实例中轻易地找到。

从某种意义上讲，社会的发展与进步决定了民居建筑意识形态的发展，其在居住文化中具有生态性。

当然，在社会的发展变革中，黔西北地区独具特色的民居建筑，由于其特殊的地域性条件和生产生活方式，再加上其他的一些影响因素，因而在文化的生态特性上有别于其他地区的民居建筑。

特殊的地域性条件和生产生活方式及其他因素在发展中的变革，形成了黔西北地区独具特色的民居建筑，也由于地域性原因，其伴随着新的自然地理环境与社会文化环境的变化而发生了融合性的变化，并伴随着区域性发展而得到新的变革。

同时，在自然地理环境与社会文化环境的不断变迁中，黔西北各民族民居建筑的发展，也正是缘于独特的地域性特点，在不断更新的地域性发展中得到新的变革，并吸收其他地方民居建筑的长处而有了融合性的变化。

总体而言，黔西北各民族的民居建筑，以适应当地自然气候而不断改变，同时，随着地域性建筑材料的出现以及普及应用，黔西北各民族民居建筑因地制宜，慢慢地变化为具有民族特色的生态适应性构造特点与极具地方性特色的民居建筑形态。

3. 宗教文化与民居的生态关联

人类要为自己的宗教信仰找寻一种寄托生命的载体，同时由于民居建筑的相对持久性，因而其成为宗教最好的载体之一就显得理所当然。

宗教属于社会意识形态，这种文化现象是人类社会发展到一定历史阶段的产物。对于不同的民族而言，宗教所产生的影响是非常强大的。

通过对宗教的理解，对研究黔西北民居建筑中许多难以推理的现象会有一定的帮助。这主要是因为，黔西北远古时代的生产力非常落后，原始先民对出现的日月循环、四季更迭以及病痛缠身等各种现象都难以理解，因此，他们会在脑海中产生许多奇异的想法，并将这种不能被解释的自然现象，多半都赋予"神"的身上。基于此，宗教信仰的各种文化空间自然而然由此而生（见表5-2）。这也从更深的层次印证了恩格斯的万物有神论论点——正是由于自然力被人格化，最初的神便产生了。

譬如，黔西北地域的威宁彝族回族苗族自治县彝族的"撮泰吉"仪式，是一种独特的文化现象。在其所沉淀的原始意识中，人们相信有着超自然的力量存在，而且相信可以通过祈愿获得神灵的庇护，通过诅咒可以将邪魔驱逐。通过"撮泰吉"这一典型的仪式，可以让我们追溯从人类的产生到形成的初始状态，并深刻地了解人类从猿猴转变到人的漫长历史，进一步掌握人类社会历史发展的客观规律。正是源于各民族自身的宗教情怀，各种宗教仪式反映了先民图求生存的顽强意志以及他们征服自然及战胜危难的勇气。这种深远的意义，从某种程度上而言，也是人们应对自身居室内部空间发生变化的需要。

在黔西北广大农村，各民族的民居建筑有着非常重要的地位，是各民族建筑文化的重要标志。而这种标志，无论是在我国的文化史上，还是在世界文化史中，都有其独特的表现形式。可以说，在宗教祭祀仪式的影响下，当地风格的民居建筑布局形式都受到了不同程度的限制。

表 5-2 信仰文化空间的价值参考体系

类别	因素		预计变化（现状）	功能，保护传承的可能途径	价值	举例
固定特征因素	构造物	庙宇、戏台、神龛、水井	延续，新建建筑使用现代材料	物质载体，依据文物保护的原则进行	景观、建筑历史、艺术	天地龛 土地龛 龙王庙 老爷庙等
	自然物	山、水、树	延续	不作为，任其自然发展	景观生态	无
半固定特征因素	画像、祭台、服饰、神像、供案		正在弱化 服饰基本消失	实物的征集、收藏与展示	艺术 历史文化	灶王爷 门神 泰山石敢当等
非固定特征因素	情境		正在逐渐消失	文化的原生地保护	艺术 历史文化 社会学 人类学	庙会的氛围 求雨仪式 社火仪式 龙龟等
	仪式					
	图腾图案					

一般来说，各个民族的性格爱好、生活习俗以及宗教信仰，都会在该民族民居建筑的用材、结构、工艺、装饰以及空间划分等方面有所体现。毋庸置疑，黔西北各民族民居建筑的建造行为、建造仪式与装饰艺术也是黔西北各民族的信仰实践。

当然，这种信仰实践又必然要以各民族民居建筑文化为根据、为依托。可以说，各民族的民居建筑形态，不仅体现了当地民俗，也体现了当下的社会背景。它充分反映了当地居民的风俗习惯，久而久之，这些存留以及民居建筑空间形态中的风俗习惯，逐步演化为一些具有层级关系的民居信仰文化空间形态（见表5-3），进而成为当地民俗文化的“活化石”。

表5-3　民居村落中信仰文化空间的层级关系

层级	时间	空间	事件	参与者
群体聚落级	固定，春祈秋报	固定，祠庙	祭祀、庙会	多村居民
单体聚落级	固定，春祈秋报	固定，祠庙	祭祀、庙会、社火	本村居民
社区级	较灵活，随时	固定，祠庙	祭祀	组团内居民
街巷级	较灵活，随时	固定，祠庙，树木等	祭祀	街巷内居民
家庭级	传统节日、人生礼仪，每月初一十五	依附场所，临时场所	祭祀	家庭成员

黔西北全境的山区民居建筑既吸收外来建筑形式创造文化，同时又保留山地民族自身的特色。因此，这些民居建筑不仅是山地文化与其他文化交融的结果，而且也是山地内在文化互融的过程展现。山地民族民俗的内在作用体现了山地文化的内涵和社会行为方式，使山地民居建筑成为山地文化的重要载体和象征。

三、血缘、地缘与身份：三维一体的记忆“轴心”

美国生态学家摩尔根曾经说过：“住宅建筑本身与家族形态和家庭生活方式有关，它对人类由蒙昧社会进至文明社会的过程提供了一幅相当全面的写照。我们可以描绘出住宅建筑的发展情况：上起蒙昧人的窝棚，中经野蛮人的群居院，下至文明民族单门独户的住宅……"① 这即是说，民居建筑在不同的家族形态与生活方式中具有不同的空间布局。空间作为承载过去的媒介，它同记忆本身有着密不可分的联系，空间本身未必是有意识的传承历史，但它的这一功能却是强大的。村落空间作为一种可以引导个人以及家庭得以记忆的场所，人们在这一场所的活动中，对其进行历时性的研究，可以为人们的社会记忆提供一个反思性的微观视角。

（一）家族记忆

1. 慎终追远，宗法家族观念

民德归厚，慎终追远。事实上，在宗庙社稷里，由于人和祖先、神灵具有了超验的不可知的呼应，宗庙社稷就在一定程度上成为能够诠释现实世界继而建构现实世界的圣地。

中国传统的社会生活方式与民间宗教传统相关联，通常与民俗村落生活的祖先崇拜和宗教紧密地融合在一起，进而形成了与中国民俗村落相应的信仰文化。

当然，这种民间信仰文化，是各民族在自身的发展过程中吸收以往的优秀的经验的产物，它与各民族的文化素质水平有关。各民族正是通过这些相应的深层次民族文化心理要素，逐步把它们发展成为各民族文化凝聚与认同的东西。

在黔西北地区，大部分的民居建筑聚落都属于分散式聚落，这些聚落几户抑或十几户成为一个小的组团，在河谷、山川地带散布，各民居聚落之间初看似乎丝毫没有地理几何意义上的中心，加之也少有诸如土壕、围墙、栅栏等明显标识的物理边界所形成的强烈围合感。然而，正是这样的民居建筑聚落，它是一个边缘清晰的、固定的地理空间单元。同时，由于其潜在的心理边界与精神核心的存在——每个民居村落为了在充满神灵魔幻的世界中生存，他们几乎都供养各自的村神或者地方神，也即村落或某一地方的保护神。由于它们产生于当地的乡土社会，因而其民间信仰具有强烈的本土色彩。也正是缘于此，出生之地的地方神，必然是民众从出生到死亡这一生中的保护神，同时，它与人们日常生活紧密关联，人们要出远门、有心愿或者家里有大事，一般都会去祭拜它，以便能够消灾弭祸。地方神的形象，通过每年富有特色的、不断重演的节日仪式，纵然历经时间沧桑，其形象始终鲜活，民居聚落意识也因此而得以维系。

---

① 摩尔根. 古代社会［M］. 杨东纯，马雍，马巨，译. 北京：商务印书馆，1997：316.

在民居聚落领域的作用中，黔西北各民族地方神的存在，在一定层面暗合了英国著名心理学家大卫·康特（David Canter）的场所理论（the Theory of Place）。大卫·康特认为，物理环境具有实际的场所、场所中进行的活动、活动与场所的结合三个领域的特点，只有这三个领域的相互作用才能产生重要的意义。①

正是缘于此，在黔西北民居聚落中，那些供养地方神的寺庙或者开放的祭祀场所，成为公共活动空间场所感的物理因素。在这个空间里，人们的活动与每年民众都会举行的节日仪式得以相连，而民居聚落由于有了地方神的守护，进而彰显出永恒生命的意义。这些因素相互影响、相互作用，共同形成了黔西北各民族民居建筑聚落中持久的整体场所感。

宗法观念、家族制度和强有力的血缘关系把同一宗族的人紧紧地聚集在一起，形成了强大的向心力和内聚力，对外则又排斥外族外姓。

民居建筑聚落的规划布局体现并强化了这种社会结构和关系。例如，传统住宅往往以厅堂为中心，主座朝南、左右对称，院落层层递进，形成了数条规整的中轴线。往纵深轴线发展，就形成封闭的多进院落的深宅大户。再往横向轴线发展，连成一片，就形成宗族式的大型建筑群落。“北屋为尊，两厢位次，倒座为宾，杂屋为附”规定了房屋内部的布局，体现了内外、主仆、上下、宾主有别的封建伦理道德和儒家以对称与平衡为和谐的审美理想。

事实上，建筑就像社会的框架，用物的形式——房屋的位置，把家族成员的社会关系凝结为一张纲目分明的网。它表明，儒家的纲常伦理在中国社会整合中曾起过巨大作用。

对于民众而言，宗教不仅是一种精神上的狂欢，而且是一种社会信仰的媒介。比如，平日各自为生活奔波的人们，在宗教节日里得以相聚，大家用特定的仪式一起祈祷、共同欢娱，在热烈欢乐的气氛中交流感情、抒发情怀，既建立起了内聚亲和的乡邻关系，又加强了相互间的认识和团结。共同的生活记忆，一方面强化了休戚与共的群体意识与社会关系网络，构筑起了抵御外界威胁的天然心理屏障，另一方面它也是人们在回忆民居建筑时进行身份认同的集体参照。此外，在一年一度的宗教节日里，人们不仅“与人同在”，而且“与神同在”。

---

① 何泉，吕小辉，刘加平. 藏族聚居环境中的心理防御机制研究［J］. 建筑学报，2010（S1）：68-71.

正如人类学家阿尔弗雷德·拉德克里夫-布朗（Alfred Radcliffe-Brown）在其早期著作中所表述的观点那样："仪式一方面加深了人们对社会价值的认知，一方面也让人们产生对社会的依赖感，社会因此得以获得巩固。"① 正是在这一仪式里，宗法家族的观念得以深入人心。

2. 家族记忆，血缘关系为纽带

中国传统的乡土社会是受血缘关系约束的家庭社会，"地缘不过是血缘的投影"②。

中国的民居建筑村落（尤其是古村落），主要以宗族制度为基础，是由血缘形成的。因此，许多村落从起源到布局，都凸显出较强的宗族性。

宗族主要是指同一祖先繁衍下来的人群在宗法思想与制度的规范下，由于血缘、共同财产以及婚丧庆吊等因素而联系在一起的一种特殊的社会群体。这之中，血缘是最早的也是最自然的纽带。人们通过血缘的力量，可以获得整体的优势，达到生存与发展的目的。

早在原始社会时期，人类就以血缘关系为纽带形成了一种聚族而居的村落雏形，可以说，血缘关系是形成早期村落的最重要因素。具有相同血缘关系的人群，在主持者与管理机构的领导下，择地"聚族而居"，就构成了宗族聚落。

祠堂的存在，是"血缘崇拜"的殿堂，促成了大型住居或者聚落的形成与稳定。可以说，在祠堂里进行的祭祖活动，是一种渗透力很强的仪式，目的无外乎有二：其一是为了缅怀祖先；其二是祈求祖先的保佑。

神话传说是对群体相似性主观信念的一种认同，可以说，它是某一特定居住范围内群体的共同记忆。譬如在黔西北地区威宁彝族回族苗族自治县板底乡裸戛村，一个只有60多户人家的边远小山村，年复一年地重复着原始古朴的"撮泰吉"表演。无论现代社会发生了多大的变化，都改变不了这个小村落表演"撮泰吉"为人们祈福祝愿、驱魔辟邪、孕育吉祥的使命。其所蕴含的独特民间文化的魅力，使许多世界学者和游客都为之陶醉。从远古走来的"撮泰吉"，作为连接历史与现实的桥梁，它以原始怪诞的方式告诉人们远古时代的神秘。

由于受"生死轮回"这一生命时间观的影响，黔西北全境各民族的血脉传承意识都比较浓厚，可以说，地方神实质上扮演着该地域群体"精神祖先"的

① ALFRED RADCLIFFE-BROWN. The Andaman Islanders（1933）[M]. New York：Free Press，1967：257-264.

② 费孝通. 乡土中国 [M]. 北京：三联书店，1985：125.

角色。

由此可见，对同一祖先的信奉，由于划定了一定范围的地域社会，故而构成了无形的边界。这种祖先崇拜，法力强大，形成了村民有所仰仗的安全感与归属感，成为民居聚落对抗外部世界威胁的心理依靠，这就是所谓的“心理场”。然而，帮助建构这一“心理场”的具象，正是供奉有祖先的祭祀场所，这在黔西北各民族民居聚落中具有特殊的意义，同时也使这种公共宗教活动的重要场所，成为该地域整个聚落的核心以及别具一格的景观节点。当然，当地民众对这条边界的维持，依赖于黔西北各民族年复一年的供养地方神的宗教节日。因此可以说，对祖先的祭祀，使得黔西北地区的地域性宗教节日异彩纷呈，这一切，必然成为黔西北独具特色的民居建筑文化的重要组成部分。

首先，在美国宗教史学家米尔恰·伊利亚德（Mircea Eliade）看来，宗教节日是神的神圣时间的再现和神圣行为的重复。在这种节日里，民众每年都定期与神在一起。因此可以说，地方神的宗教节日，一方面使人们定期地生活在神性的世界里，证明他们生活在祖先的守护下，同时也预示着他们同特定的祖先有着密切的关系；而另一方面，人们正是通过对这种节日的巡演，不断地表达了人类对自然界以及自身命运中的各种现象的崇敬、尊敬和恐惧。在这一过程中，人们求吉祛灾的心理，在各自的节日仪式中得到了集中的体现。这个仪式，既具有季节性的重复性质，同时也具有周而复始的永恒性。

其次，民居聚落的“边界”必然会受到具体的文化特征的限制，故而对“差异”的强调，便成为自我认同的方式。这是因为，“每一文化的发展和维护都需要一种与其相异质并且与其相竞争的另一个自我的存在。自我身份的建构——不仅显然是独特的集体经验之汇集，最终都是一种建构——牵涉到与自己相反的‘他者’身份的建构，而且总是牵涉到对与‘我们’，不同的特质的不断阐释和再阐释”①。

这种神灵亲属体系与神灵等级地位的确立，是大众对超自然世界秩序的一种想象与建构。“宗教是用象征性的语言书写的社会生活，是观念与行为的隐喻体系。世间的秩序似乎是神圣秩序的主要复制对象。也就是说，乡土社会之所以仿效帝国的等级序列，正是人们在正式权威和公正资源稀缺的情况下，试图创造一种不同于帝国权威的神灵秩序与权威象征来实现对村落理想社会结构与

① 爱德华·W. 萨义德. 东方学［M］. 王宇根，译. 北京：生活·读书·新知三联书店，1999：426.

秩序的维系”。①

通常而言，亲属关系可以分为血缘亲属关系与非血缘的亲属关系两种情况。当然，这种亲属关系是从相对于人类的亲属称谓中总结出来的。事实上，民众把神人格化，同样也建立了神的亲属关系。这是因为，民众凭借共同信奉的民间神灵这一纽带，从而形成一种亲属关系，这种关系一旦确立，民众自身的民居村落的信仰就会变得合理化。

综上所述，我们可以得出这样的结论，对同一祖先的共信共守建构了民居聚落的心理场，并为之而设定了它的边界。这是一条无形的边界，它形成的“场所”与物理防卫机制相比更具持久性，因此，这种场所成为该地域群体确证自身归属的标准。

3. “事实的记忆”与“表述的记忆”

“事实的记忆”是隐藏于文本或口头记事的符号之下的另一种记忆形式，“历史是上千年的和集体的记忆的证明，这种记忆依赖于物质的文献以重新获得对自己的过去事情的新鲜感”②。而“表述的记忆”是研究者最直接面对的田野材料，是那些常常以符号的形式叙述和传递的历史，可以看作纵向传递的文化心理的主要内容。

在历史发展和社会发展中，不同的民族与不同的文化不断交汇、融合，形成独特的地域特色文化，进而以不同的形式表现出来，因此也就形成了不同的文化形态。

当然，不同的文化模式对民居建筑必然会有不同的影响，而那些受到不同文化模式熏陶的人，他们对民居建筑形成也观点各异。譬如，在对空间需求的理解上，就明显地反映出了不同文化模式中的人们的观点：西方人偏爱类似于广场那样的大空间，而中国人则喜欢长亭巷道，这就彰显出了在不同文化模式下的民居建筑所遵循的发展趋势，进而衍生出不同的民居建筑文化。这种民居建筑文化，从表层而言，主要反映在建筑风格上，而从深层而言，则反映在建筑的意义和内涵等方面。

不同的文化模式，必然会使民居建筑在空间与形态上风格迥异，从而揭示出不同的民居建筑各自的丰富内涵。

---

① 靳凤仙. 山西岚县岚城供会信仰、仪式与村落社会秩序研究 [D]. 太原：山西师范大学，2012.

② 米歇尔·福柯. 知识考古学 [M]. 谢强，马月，译. 北京：三联书店，1998：7.

我国是一个多民族共同体的国家，各民族都有着深厚的文化底蕴。民居建筑充分地展示出各民族的文化个性以及社会心理。

中国古代，由于人们无法对自然现象进行掌控，于是产生了对日月星辰、风雨雷电及山川草木的崇拜，并为了求得神灵的佑护进行多种多样的祭祀活动，因此修建与之相关的礼制性建筑。如民间的土地庙、龙王庙、城隍庙等，官方的则有天坛、地坛、日坛、月坛、先农坛、社稷坛、太庙之类的建筑。

古代中国是个礼制化的社会，以祖为纵，以宗为横，以长幼尊卑定等级，以血缘关系分嫡庶。毋庸置疑，宗法制度始终是封建专制的基础，并以血缘宗族关系维系着整个社会的稳定，因此可以说，追远根本，莫重于祠。一座家庙，就是一个民俗博物馆；一座祠堂，就是一部家族变迁史。而那些村落集镇中最庄严、最宏大的公共建筑，便成为平民大众安顿魂灵的殿堂。神在人们心中伟大的形象促使着建筑者们最大可能地建造与神相符合的神庙。曾经遍布中国的“文庙”“武庙”等，便是重视礼制的儒家思想传习之所。

中国建筑中有宗庙、祠堂，可用于供奉祖先牌位，但人们绝不会把列祖列宗的尸体长期安放在宗庙祠堂内，更不会按照苏美尔人的习惯，将其安放在生者的卧室之下。《礼记・坊记》中提到，“子云：‘宾礼每进以让，丧礼每加以远。浴于中溜，饭于牖下，小敛于户内，大敛于阼，殡于客位，祖于庭，葬于墓，所以示远也。殷人吊于圹，周人吊于家，示民不偝也’”①。其中“祖于庭，葬于墓，所以示远也”这句非常关键，祖先已经离我们而去，所以“丧礼每加以远”，要“示远”，要渐行渐远，直至生与死的世界被隔离。

在平面布局方面，中国古代建筑简明的组织规律就是，每一处住宅、宫殿、官衙、寺庙等建筑，一般都是由若干单座建筑以及一些围廊、围墙之类环绕成一个个庭院而组成的。一般来说，大部分四合院通常前后都有联系，只有经过前院才能走到后院，这是中国封建社会“长幼有序，内外有别”的产物。比如，家中的主要人物，或者与主要人物有关的人（如贵族家庭的女孩），通常会住在离院子门口很远的地方，这就形成一院又一院、层层深入的空间结构。“庭院深深深几许”和“侯门深似海”都形象地说明了中国建筑在布局上的特征。

诚如柯布西耶所言：“‘存在空间’在原始的摸索图形中被建成之后，人与人当中行为特性成了区分空间分类个性的起点，于是空间中有了不同权力而划分下的领域……‘权力’划分空间版图以及形成空间的意义，于是存在空间的

---

① 王文锦，译解. 礼记译解［M］. 北京：中华书局，2001：766.

象征不只能被建，也成了组合人类行为、语言的‘生活空间’。它的繁荣兴盛、残败倾毁或是它所发生在其中的‘故事’、‘传言’及‘历史’都是空间及权力互动下的结果。”①

“从古至今，故乡总在心坎里，亲切之感如此强烈，以致人们建立了对家的崇拜，一个屋顶！然后是其余的家神。宗教建立在一些教条上，这些教条不会变；文化会变，宗教将被蛀空而倒塌。住宅还没有变。几个世纪以来对住宅的崇拜还是老样子。”②

（二）族群认同

1. 民间信仰、民居聚落与族群认同的内在关联

民间信仰是“在长期的历史发展过程中，在民众中自发产生的一套神灵崇拜观念、行为习惯和相应的仪式制度”③。这种民间信仰不同于制度化宗教，没有专门的组织或者教义，却能对人们的生活产生深远的影响。因此，这种民间信仰必然是一种民众观念的体系，而民众对民间神灵祭祀展现出的则是一种行为的展演，正是在这种展演的过程中，一方面凸显了某些文化概念，彰显了信仰的力量和生命的秩序，另一方面也对民众的生活、生产都起着重要的作用，进而反映了民众的世界观和人生观。

在长期的交往发展中，特定区域范围内的民居村落之间会因为民间信仰而产生千丝万缕的联系。这些村落，一般会通过传说或者政治、经济等手段来一道分享这一民间信仰，同时，这些村落还会凭借自身所拥有的文化资源，对其他村落慢慢地进行文化的涵化与自我认同。

在黔西北地区，民众敬拜村落神灵，寄希望于村落神灵对其进行庇护，他们将庙宇作为祭祀的神圣空间，因此庙宇自然成为大众祭拜的主要场所。在这个神圣空间里，人神之间的关系则通过民众烧香、跪拜等仪式得以建立。二者之间的关系一旦建立，民众就会通过祭品与唱戏等不同的形式来取悦于神，从深层次的意义而言，这是人与神灵之间建立的互惠关系。只有人取悦于神，神才降福于人，同时，人的心理也才会得到慰藉，才会得到关怀。

民众正是凭借对现实生活秩序的认识，进而建构起了神圣空间以及神明之间的秩序。在此基础上，神灵成了大众祭拜的对象，同时，随着众人的崇拜，

① 褚瑞基. 建筑历程 [M]. 天津：百花文艺出版社，2005：31.

② 勒·柯布西耶. 走向新建筑 [M]. 陈志华，译. 北京：商务印书馆，2016：13.

③ 钟敬文. 民俗学概论 [M]. 上海：上海文艺出版社，1998：187.

诸神的影响力逐渐扩大，于是村落的信仰应运而生，最后通过某种特定的方式，在各村落之间建立秩序。一言以蔽之，村落的秩序就建立在民间信仰的功能上。

由此可以看出，民间信仰通过其背后的某种秩序来影响着村民的日常生活，进而形成一种无形的超自然力量。

2. 祭祀活动对民居建筑形制的影响

在黔西北地区，祭祖是一个源远流长的民俗活动，而这种现象源自原始时代的祖灵信仰与原始人的"灵魂"观念。

正如恩格斯所说："在远古的时候，人们还不知道自己身体的构造，还不会解释梦里的现象，便认为他们的思维和感觉并不是他们身体的活动，而是某种独特的东西，即寄居在这个身体内并在人死后就离开这个身体的灵魂的活动——自从这时候起，人们就不得不思索这个灵魂与外界的关系。既然灵魂在人死亡时就跟肉体分开而继续活动了，那么，便没有丝毫理由去设想灵魂另外还有什么死亡了。"① 由此可以看出，鬼灵信仰是从原始的人的灵魂观念进一步发展起来的，只是到了后来，鬼灵信仰逐渐同宗族的观念有机地结合起来，进而形成了祖灵信仰——人们对本氏族集团共同祖先的信仰。

这种观念的形成，大致体现为两个方面：一方面，随着原有氏族的不断扩张，一些新的氏族慢慢形成，于是，原有的氏族祖先就升格为这个新出现的民族团体的祖灵；另一方面，由于家庭的个别化发展，这些新产生的家庭开始信仰与供奉原有的祖先，从此之后，祖灵就变成了一家一户最具体、最直接的祖先崇拜了（如图 5-1）。

在黔西北地区，各民族于每年的某些节日中一般都会进行各种各样的仪式活动。比如，有的家族成员，通过祭祖活动来加强民族意识、家庭意识与宗教意识，进而达到通过祭祖消灾祈福的目的。

黔西北各民族的祭祖活动，本身是最重要的文化传统，它是黔西北各民族文化传统的凝聚与集中。主要的原因在于，黔西北全境深受楚巫文化的影响，故而人们多崇拜祖魂。但在通常的情况下，人们祭祀的对象多为"个体"家庭的先祖，祭祀活动是家庭"个体"的行为，因而人们在备足冥钱、酒肴等祭品后多在家中或者到祖坟处对祖先进行祭祀。

黔西北各民族人民的民居建筑中的堂屋，在更多的情况下，是一个以祭祀功能为主的民居建筑空间，正如《礼记·大传》所载："亲亲故尊祖，尊祖故敬

---

① 乌丙安. 中国民俗学［M］. 沈阳：辽宁大学出版社，1985：2.

图 5-1　黔西市红林乡六斗村司姓人家祭祖仪式

宗，敬宗故收族。"① 在一个宗法礼制甚为浓厚的社会中，共同的祖宗以及特定的祭祀等方面的因素蕴含着强大的凝聚力量，这就使得尊祖敬宗的观念源远流长。正是因为如此，堂屋就具有这样的功能，它成为家庭举行祭祀与重大仪式的场所，故而在黔西北各民族的民居建筑中具有举足轻重的作用（如图 5-2）。

通常人们在新居落成时需要做的第一件大事，就是选择黄道吉日安香火，所安放的香火神案一般置于堂屋正面位置，然后拜请列祖列宗到神龛上就位。绝大多数人家香火神案分为上下两个部分。上面部分"天地君亲师位"六个大字张贴于香案正中间，同时，对于牌位的书写也颇为讲究，通常遵循的法则是：

---

① 礼记·下［M］. 钱玄，等，注译. 长沙：岳麓书社，2001：462.

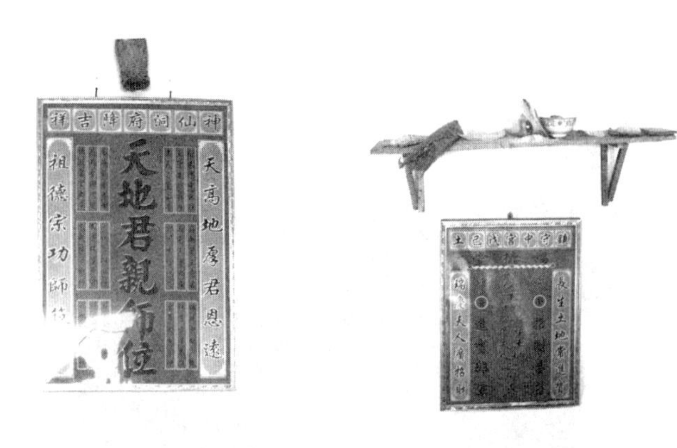

图 5-2　纳雍县勺窝镇张师傅家的神龛

“人”不顶“天”，“土”“也”相连，“君”不封“口”，“亲”往里勾，“师”不带刀，“位”不离人。而在“天地君亲师位”左右两侧以及下面部分，绝大部分内容主要是本姓的来龙去脉，多是对历代宗亲的歌功颂德，香火神案代表着家族意志的族规训诫，表达崇敬先祖、依恋故土的情结。

由此可以看出，黔西北民居建筑的空间形态在很大程度上彰显了以血缘亲情为基础的宗法礼制关系，它具有很强的血缘宗亲意识。在其间，礼、孝等文化因素可以得到充分的展现。

3. 地缘关系的网络连接：族群认同变迁的动力因素

马克思在《资本主义生产以前各形态》中指出：“古代各国的部落，都建立在两种方法之上，有的按民族，有的按领土。按民族特征组成的部落，比之按领土特征形成的部落较为古老，而且前者几乎到处都被后者所排斥。”① 毫无例外，民居建筑通常也是按照这两种方式建立起来的：一是按照血缘关系建立起来的血缘村落，二是按照地缘关系建立起来的地缘村落。当然，按照血缘关系建立起来的民居建筑聚落要较为古老一些，并且有逐步被地缘村落取代的态势。

众所周知，早期的人类聚居组织形态，在通常的情况下是以血缘关系为纽带而存在着的，即是说，本氏族的各个成员以氏族为中心进而集聚在一起，这就是血缘村落的雏形。

这种血缘村落，最初可能仅仅居住着单一的血缘氏族成员，后来通过不断

---

① 马克思. 资本主义生产以前各形态［M］. 中央编译局，译. 北京：人民出版社，1956：132.

发展，由一个共同体氏族慢慢分化出两个或两个以上的氏族。当然，也由于在本氏族内禁止氏族成员之间的通婚，因此，每个部落必须至少包括两个氏族，唯有如此，此部落才能独立存在。

同时，由于氏族成员人数的不断增加，从原氏族中分离出一部分成员成为可能，这些分离出来的成员逐渐构建起附属于原有村落的子村落，久而久之，则形成血缘村落群体，而原有的主体村落，则在这些构建起来的血缘村落群体中成为政治、宗教和军事活动中心。当然，有的血缘村落，也可以是因血亲与联姻关系的结合进而构筑起来的复合体。

从人类历史的发展进程来看，在人类社会早期，是以母系氏族为主体构成的血缘村落，后来又逐渐发展为以父系氏族为主体的血缘村落。

在黔西北地区，也遵循着这一发展原则，以若干个父系家庭组合而成的民居聚落，就存在于黔西北这片广袤的大地上，许多氏族内家庭则主要集中居住在村落内的一个地方。

原来的家庭公社由于人口的不断增多，逐渐发展成了一个小村庄，而由一些家庭公社组成的氏族公社则变成了一个大村庄。同时，这些村庄随着时间的推移，会慢慢发展成一个更大的村庄，也会构建起一个相对独立的组织实体，但是，它的主要公共活动还必须得依凭原来的村庄进行。从总体上来说，这种血缘村落群体，一般会随着人员活动范围的不断扩大而扩大。

由于受到市场经济以及社会各因素的影响，氏族公社解体，一些氏族的个体家庭成员出于各种目的的考量，比如结婚、另寻新的耕地或者出于军事目的，这些氏族的人员自愿或被迫搬到其他氏族村庄居住，或者相邻的几个不同的氏族村庄有意或者无意地慢慢靠拢、合并。正是基于此，出现了许多血缘关系与地缘关系相结合的村寨，同时，由于成员的不断流动，产生了不同血缘关系的人所组成的村落社区，久而久之，这就导致了血缘村落向地缘村落的转化，从而逐步建构起以地缘为纽带的组织形式。简言之，真正意义上的地缘关系建立起来的村落得以形成。

当然，这里的地缘关系，是相对于血缘关系来说的，实质上，地缘关系应该是一种地域关系，它不是以人们所属的氏族作为判别标准。相反，它主要是以人们的居住地域作为标准。

人类定居形态的发展进入了一个新的阶段，主要是以地缘村落的出现为标志。当然，原有氏族的血缘纽带关系在地缘村落中，有时仍具有一定的支配作用，这主要是因为原有氏族成员相对新迁入成员在数量上所占的比例大而形成的。但是，“随着迁入户人口的增多，原来以单一姓氏家族为主的居住格局逐渐演化为若干姓氏集团分区居住的形式。这种情况大多出现在比较成熟的地缘村落之中”①。如果迁入成员的数量同原有氏族的数量不相上下，甚至迁入成员数量更多，他们之间的这种隶属关系就会慢慢消失，最终自成一体。

一般来说，科技知识、市场经济等因素增大了村落的规模和密度，地域因素变得更加重要，而亲属关系则越来越不重要了。

（三）社会地位

1. 人的社会生命记忆的防卫机制

民居建筑的本意是遮风避雨，使人的存在有身心安全的庇护所。但问题是，人的安全是一个复杂命题：一个人，究竟在什么样的前提下才会感到安全。这既关乎一个人的生理需要，也关乎一个人的情感、意志、价值观、判断力、想象力以及自我实现等瞬息万变且无法归并的条件。说得极端一点，人生本如飘蓬，一个人甚至不能确保自己真正拥有了安全感。

所以，人渴望用客观的方式“制造”出某种安全感，遂有了建筑师这一司职。建筑师设计建筑，其功绩就表现在，当主人居住在这座由他者制造的建筑物中时，能够感到安全。

不过，正是在这一过程中，权力因素渗透进来。萨迪奇曾经说过这样一句话：“无论从规模上或是复杂程度上，建筑都可以称得上是一种具有压倒性优势的文化形式，它真实地影响着世人的世界观和社会行为方式。”② 当一个人居住在由建筑师“决定”的建筑中感到安全时，也就意味着他接受了一种由他者构想出来的文明形式，建筑师真的能够“决定”建筑吗？不能，决定者是被决定的，而人类文明的“本质”即权力制衡。

一个人一旦进入人类社会的文明系统，权力的规训与惩戒便如影随形。因此，“建筑的乐趣远不止看着一堵墙渐渐升高，或一块空间慢慢变形，对渴望政治权力的人来说，建筑的吸引力在于它是一种意志的表达。设计建筑，或是委托设计建筑，两种行为都在暗示世人：这便是我想要的世界，这便是我想要的理想房间，我要在这里统治一个国家、金融王国、城市或是家庭。这是一种将

---

① 杨昌鸣. 东南亚早期建筑文化特征初探——我国西南地区与东南亚地区建筑文化形态若干问题的比较研究［D］. 南京：东南大学，1990：134.

② 迪耶·萨迪奇. 权力与建筑［M］. 王晓刚，张秀芳，译. 重庆：重庆出版社，2007：170.

思想或情感物化的方式，也是一种按己所愿肆意改变现实的行为”①。萨迪奇所谓建筑的暗示作用仿佛是由建筑者自身掌控的：建筑者或许可以塑造出他想要的一切，但当其蓝图不得不体现文明印迹时，权力的影子便密布于其主体性膨胀后独立自负的错觉中。他者并非某人，而是一种文明形式中代表权力的力量，在这种力量的驱使下，这个世界的一切貌似偶然，却又都是必然的、合理的。

在一定程度上，建筑表达的不是德性而是权力。

《历代宅京记》引《王彪之传》曾提及，“彪之与谢安共掌朝政。安欲更营宫室，彪之曰：中兴初，即位东府，殊为俭陋，元、明二帝亦不改制。苏峻之乱，成帝止兰台都坐，殆不蔽寒暑，是以更营修筑。方之汉、魏，诚为俭狭，营扰百姓耶！安曰：宫室不壮，后世谓人无能。彪之曰：任天下事，当保国宁家，朝政惟允，岂以修屋宇为能耶！安无以夺。故终彪之之世，不改营焉”②。这里吸引我们注意的是谢安的那句话，当王彪之坚持建筑的简朴作风时，谢安说，“宫室不壮，后世谓人无能”。显然，对于经验物的解释服从了解释学原理——“成见”起到了决定性的作用。宫室仅仅是一个外在经验物，究竟意味着什么，如何解释，解释的过度与匮乏，都是由解释主体决定的。谢安的陈述表明，俭朴只是一种建筑意义的指向之一，这种指向并不能替代、占有所有人对于每一具体建筑的心理感受。

事实上，建筑的奢靡之风从未间断过，如史上之“曜华宫”“兔园”：“梁孝王好营宫室、苑囿之乐，作曜华宫，筑兔园。园中有百灵山，有肤寸石、落猿岩、栖龙岫；又有雁池，池间有贺凫渚。其渚宫观相连，延亘数十里，奇果异树，珍禽怪兽毕有。王日与宫人弋钓其中。”③ 建筑经验物是作为帝王生涯的符号出现的。一方面，民居建筑是人们日常生活和遮风避雨的地方。另一方面，由于耗资甚大，民居建筑也成为家庭财富的象征。因此可以说，修建民居建筑是绝大多数人一生最值得炫耀和自豪的事情。

在传统的农耕民居建筑聚落形态的乡土社会里，“树大分杈，仔大分家”，有无住房有时也会成为一个新家庭能否组建的分水岭。因此，建造一座新房子对于一个家庭来说，是家庭内部的一件大事，为了确保新房子的建设能够得以顺利进行，每个人都在一起工作。当然，对于整个家族来说，比如要建设宗祠、

① 迪耶·萨迪奇．权力与建筑［M］．王晓刚，张秀芳，译．重庆：重庆出版社，2007：170．

② 顾炎武．历代宅京记［M］．于杰，点校．北京：中华书局，1984：193．

③ 何清谷．三辅黄图校释［M］．北京：中华书局，2005：222．

庙社等公共建筑，通常由族长或者在本族内具有威望的人发起动议并召集全族商议立项，男女老少，唯力是尽，绝不推诿而终止。所以，建筑风格俭朴与否，与人的主体德性操守有关，与自然物的客观存在无关。在某种程度上，它暗含的只是一种权力的占有与被占有的关系。

人类建设高楼的动机有时并不单纯，有时不仅仅是“需要”，更是为了“炫耀”。人类用建筑来炫耀的内容可能包含权力、德性、审美情趣等不同的象征意味，这些对于作为大地之上的“宇宙”——建筑的本真意义而言，都将是破坏性的。

萨迪奇指出：“亚洲城市以最快的速度修建高楼大厦，希望通过这种方式尽快使自己迈入现代社会。没有紧随其后的一些欧洲城市从某种角度看起来则是离奇的陈旧和古老。从好处说，摩天大楼雄伟、幽雅、技术复杂，代表了城市的未来，但它们的出现不过是一种原始而粗俗的自我标榜的副产品。政治家们开始着迷于一幅充满摩天大厦的城市景象，诸如肯·利文斯通的伦敦，都逃不出这个范畴。作为伦敦的市长，利文斯通竭尽全力为伦敦修建尽可能多的新大楼。表面上看，这是迎合跨国公司的需求，避免它们迁往法兰克福或纽约，但事实上，力求最大、最高，同样也是庸俗象征主义，才是主宰这一切的真正原因。”①

阿摩斯·拉普卜特说过，对于环境和文化，人们总是在处理不同层次的意义。“高层次”指的是宇宙论、文化图式、世界观、哲学体系和信仰。“中层次”指的是地位、地位、财富、权力等方面的表达，指的是活动、行为和状况的潜力，而不是效用。“低层次”指的是日常的、实用的、识别的意义来装饰场景的线索，以利用记忆和社会情境，以及足够的希望行为、行动和道路等，这些可以使用户行为得当，举止温和，协调一致的行动。②

建筑活着，只有当建筑物成为活体，它才能够作为有机体进入生态视野。正如加得纳所言，“木材比砖头的应用范围广，因为在木材上人们可以进行进一步的加工——这是中国人最喜欢做的——因此，砖头的许多建筑性能都被忽视了。只有在木材上才能雕刻出复杂的纹饰。而中国人是如此醉心于建筑的装饰性，以至于后来的砖建筑也带有明显的木结构的特征，例如阳台的设计和雕刻

---

① 迪耶·萨迪奇．权力与建筑［M］．王晓刚，张秀芳，译．重庆：重庆出版社，2007：264.

② 阿摩斯·拉普卜特．建成环境的意义［M］．黄谷兰，译．北京：中国建筑工业出版社，2003：179.

精美的柱头。……这种狂热也可以有一个比较简单的解释：人们无法放弃在木质材料上的雕刻装饰，因为它符合中国人对建筑二维性的理解”①。这种貌似合理的理解，除了让人产生某种关于自以为是的三维空间的错觉外，恐怕只能表明言说者自己的“想当然”了。

不可否认的是，为了尽量延续建筑的生命，古人擅长的做法是：移置与重修。时常移置与重修在建筑文化中的地位比新建更重要。

2. 时空中的流变：记忆“原型”的历史探寻

有序的民居建筑嵌入历史，构成历史的“分岔”，它在有限时空内，塑造出一个不可替代的生态共同体以及生命世界。

这才是建筑的真实体态，对建筑赋予“总体性”的生命“群”观，是人类心灵应采取的可靠途径。正如萨迪奇说：“建筑当然不能在无序的宇宙中加强一种秩序，但它的存在确实在无序的宇宙中赢得一瞬的喘息。它提供了一个参考点，以供我们在无尽的世界中定出自己的位置。早期人类喜欢在周围环境中留下永恒的记忆，其中大多可以归结为建筑形式，从中我们可以清晰地看到，它们包含了一种力量，展示了早期人类希望找到某种方式将短暂的血肉之躯和看似永恒的星星联系起来……人类文明中，没有任何东西能够像镜子一样清晰地展示出无序与有序之间的对比，标示出人类的存在和拥有的文明。”② 这正好说明，从空间与时间的视角对民居建筑聚落进行掌控，以此来反映民众对生存状态的思考，有助于我们深入领悟村落时空历史。

“时空制度是对村落的认同，村民们在一定的时间共同举行仪式和庆典，这些区域性的活动突出了家族的凝聚力，加强了村落成员与亲属之间的联系，与此同时，家族的影响得以进一步扩大。而村落社会中独特的仪式与规范，或是对村历史的记忆，或是对普遍性制度的一种变通。”③ 节日的仪式和庆祝活动不仅增强了村庄的凝聚力，也达到了自娱的目的，为人们提供了慰藉。这可以从空间结构和时间结构方面呈现出来。

（1）空间结构。“村落的空间结构实际上是当地居民生活方式与文化背景的

---

① 斯蒂芬·加得纳. 人类的居所：房屋的起源和演变［M］. 于培文，译. 北京：北京大学出版社，2006：85.

② 迪耶·萨迪奇. 权力与建筑［M］. 王晓刚，张秀芳，译. 重庆：重庆出版社，2007：166.

③ 刘晓春. 自然村落：客家乡村社会基本单位的研究［J］. 赣南师范学院学报，1999（1）：49-54.

具体展现，亦即空间结构与文化、生活方式相互呼应的外在表现。村落空间结构存在的一定意象可以让我们用与其相对应的语言来进行解读。"①

黔西北各民族的生活方式体现在不同的方面，比如村落生活、物质、自然空间结构、村落形成的格局等。

乡土民居村落的生活、物质、自然空间结构通过其安排和建构的世界，具有一定的文化内涵，构成了自然空间的文化涵化，形成了独特的村落文化。例如，黔西北地区的村落通过村庙的建造，使自然地理空间成为神的超自然避难所。民居空间的建造不仅体现为民众对于民居空间的文化改造，同时也是物质文化的产物，所以它既是人们物质生活的产物，也是精神世界物化的体现。正是从这一点上，强烈的民间信仰在这片土地生根发芽，最终结出果实。

（2）时间制度。"所谓时间制度，就是从时间安排的视阈研究民族文化表现，主要是研究特定区域中特定人群的时间安排，研究他们的各种仪式、日常活动随时间变化的状况，对时间安排的发生、发展、变迁过程及其相关因素进行分析。也可称为时间结构。"②

时间制度中的村落，以自然规律和社会文化生活为基础，自然条件决定了五谷在人们生活中的重要性，因此，时间制度在五谷独特的社会文化中形成，在人民的时间体系中表现出来，并以此而形成了独特的生活礼仪文化。

乡村生活中最具代表性的是乡村节日风俗，它是我国的传统节日习俗，与农业生产和生活有着密切的联系。在黔西北乡土社会中，它的时间制度安排当然离不开农业生产和生活。农业生产周期为一年，因此，与农业有关的岁时节日也是一年，人们也就以农业为主围绕土地展开各种祭祀活动。

通过对黔西北地区乡村的社会时间和空间分析，我们可以看出这个区域的民众对身边自然物的认识，进而在认识的基础上赋予特有时间与空间制度中不一样的文化意义："他们把自然物首先认为是具有神秘的性质，赋予时间和空间神秘的力量。这样，造就了生活环境中的信仰空间和信仰时间。"③

3. 地位：记忆中的"国家"符号

文化符号，可以看作某种意义与理念的载体，它是经过时间洗涤之后进而沉淀下来的精髓。这是因为，人类生活在这个世界上，一直在为自己提供某种

① 文忠祥. 土族民间信仰［D］. 兰州：兰州大学，2006：112.
② 文忠祥. 土族民间信仰［D］. 兰州：兰州大学，2006：114.
③ 文忠祥. 土族民间信仰［D］. 兰州：兰州大学，2006：115.

结构，人类需要通过这种意义与理念的载体，来找到自己在这个世界的位置。这是人类的一种“穷则独善其身，达则兼善天下”的家国情怀与理想。

民居建筑作为人类的居所，是人们安身立命之地。伴随着人类的进化发展，它从一个简单的居住功能，逐渐形成不同地域、不同民族的建筑风格，呈现出各具特色的文化符号。事实上，在这种家国情怀与理想的视域里，人类所经历的一切就是通过符号的塑造，来达到对生命的确证与高扬。民居建筑聚落形态本身就是符号，具有象征性。

中国建筑作为权力象征体，其特别之处在于“家”，古代帝王往往在宫室、都城等建筑布局中贯穿了“家天下”的观念。

人们是通过表现个性来确证自我的，民居聚落也是如此。民居聚落认同的强化离不开文化符号的运用，通过使用文化符号，人们通过独特的和特定的符号来积极构建群体；并保持他们的群体意识，进而作为“建构身份”的文化符号存在。

建筑文化观念中的人类中心主义者认为，建筑只是符号。人类制作的符号，可能直接触及自然，也可能间接使用自然物，无论如何，其根本特性表现在，它是抽象的，可以复制的，体现人类赋予它的深度乃至意义。

这种符号形式的抽象意味着，特殊的意义已经不囿于特定的地理位置。当相似的建筑建立在不同的地点，意义也就被转运过来，就好比一种语言可以适应多种信息。这样，文化的传播成为可能。正是基于此，“建筑的符号体系使人们不论在何处都可以体验一个富有意义的环境，并以此帮助他找到一个存在的立足点。这就是建筑的真正目的——赋予人类存在以意义”①。在这里，自然提供给民居建筑的仅仅是一个实现人类意义的基点，自然服从于人类塑造意义的欲望。这种塑造力的无限扩张使民居建筑中的人类主体带有某种超越性的神圣光芒。

西方建筑是石头的建筑。西方建筑诉诸人力，努力追求的建筑品质可用一词来概括：永恒。在西方建筑文化观念中，人们建造的不只是现实，还是一个梦，一个完美的、纯粹的并且“一成不变”的梦。建筑是一座“梦工厂”——建筑物自觉地渴望永恒地矗立于世，永不倒塌、变形、褪色，无法磨灭，历久弥新。这正像人们希望永恒地伫立于天地间，彰显出宇宙之恒常秩序，以达

① 克里斯蒂安·诺伯特-舒尔茨. 西方建筑的意义［M］. 李路珂，欧阳恬之，译. 北京：中国建筑工业出版社，2005：228.

不朽。

长期以来，人们追求艺术的永恒魅力，摈弃短暂性的美的价值。因此，民居建筑的“纪念性”，成为从古典到现代建筑艺术的一个重要的表达目标——人们可以发现古埃及厚重而神秘的金字塔，古希腊、古罗马静止而稳定的神殿，中世纪高耸、挺拔的教堂……这些均反映出前人为取得纪念性而在时空延续上的不懈努力。

在黔西北地区，民居建筑是黔西北各民族文化的代表之一，也是浓缩的符号。从选址、建筑、装饰风格和室内装饰等方面来看，黔西北地区各民族文化的特点是明显的。因此，民居建筑、语言以及饮食等众多因素相互作用，共同构成黔西北各民族文化的符号。

四、本章小结

韩增禄先生说：“建筑作为一种综合性的文化，它又是哲学观念、伦理观念、宗教观念、价值观念、美学思想、行为心理、环境意识等多方面精神因素的外在体现。在这个意义上，建筑又是一部反映特定时空范围内人类文化特点的‘百科全书’。”①

人类创造了历史，也创造了不同历史时期的文化。在黔西北广大的农村社会，如果没有信仰活动，在不可征服的自然面前，难以想象人们会心安理得地生存下来，正是凭借信仰活动，人们在娱神的过程中，才得以在丰富和满足了精神生活的层面上，让自己定格于历史的社会生命记忆里。

自然环境与社会形态两方面对聚落空间形态有重大影响。自然环境影响的是聚落的“形”，而社会形态影响的是聚落的“神”。任何聚落形态的研究，只有对“形”和“神”进行充分的把握和分析，才能达到形神兼备的境界。

本章旨在通过对民居建筑的社会形态的分析，指出人类在建构民居建筑文化符号的过程中，凭借地缘与血缘的关系、祖先崇拜与族群认同的关系，让人类自身的生命得以历史性地存在。

---

① 韩增禄，何重义. 建筑·文化·人生［M］. 北京：北京大学出版社，1997：1.

第六章

生命与生态的逻辑环链：黔西北民居建筑文化的传承与发展

民居建筑是最能准确衡量一个民族忠诚度、判断力和严肃性的标尺。相对地区性和民族性整体特征而言，黔西北各民族是一个独立完整的文化单元。正是因为如此，需要对黔西北民居建筑演变的适应性机制进行提炼总结，进一步针对目前存在的问题，分析黔西北各民族民居建筑适应性演变的规律特点与发展趋势，提出适应性调适的模式与策略。

一、文化生态系统的稳定性与黔西北民居建筑的保护

（一）黔西北传统聚落和民居的遗存类型

1. 黔西北传统民居遗存

在不同的时期，由于人类得以生存的环境特征不断地发生变化，故而人类所构筑的民居建筑形态会有所不同（见表6-1）。

从表中可以看出，随着科学技术的发展和人类文明的进步，人类用以栖身的民居建筑形式在不断变化。

当前，黔西北全境传统的民居聚落，主要还有以下几种类型。

（1）民居建筑聚落基本还保持着原有的传统面貌，但是绝大部分已残旧破损，主要分散在发展滞后、交通极为不便利的偏远地带。这些零星的民居建筑，聚落内居民数量呈逐渐下降趋势，年轻一代的村民或搬居村外另建新居，或外出打工，只有老人与小孩留守村中，村落空心化现象十分明显，民居村落正在解体甚而消失。

（2）民居建筑聚落大部分已经更新为现代化的建筑，传统形式不复存在。有的已经扩大成小型城镇，建筑层数不断增加，其单一的居住功能也正逐步向商住复合功能转化，其经济结构也从单一的农耕模式逐渐向多元化模式过渡。这种民居建筑聚落主要分布在经济、交通较发达的平原、河谷地带，或者在城

市周边以及靠近国道、省道附近区域。

表 6-1　不同时期人—居住建筑—环境的关系表

	使用材料	技术水平	住宅形态	聚居形态	自然资源使用状况	社会形态	科技水平	环境状态	生存状态	居住满意度	主要环境伦理观	理想居住环境
农业文明	木材	低	居民	街坊	低	封建	低	静态平衡	艰难	高	风水、儒、道	桃花源
工业文明	钢筋混凝土	中	集合式住宅	住宅小区	高	城市	较高	破坏	丧失精神家园	低		乌托邦
生态文明	环保材料	高	未知	未知	节能	地域	高	平衡	寻找精神家园	高	可持续发展	生态城市

（3）民居建筑聚落尚完整存留，但较为破旧，因为居住条件恶劣，存在危房与火灾的安全隐患，村民在政府引导下就近整体搬迁，以便更靠近交通干道与水源。原有的民居建筑因为长期无人居住，很快就会腐朽塌毁。

（4）民居建筑聚落非常完整，凭借旅游产业的兴起，聚落迸发出新的活力。原有的产业结构得到丰富和补充，其中的人口增加较快，民族传统得到较好的保存与发展，人们的建造活动仍然旺盛。

（5）民居建筑聚落依然保持着一定的生命力，聚落正处于从传统向现代缓慢转变的过程之中。

2. 黔西北农村民居建筑中，当前存在的功能性问题

黔西北农村民居建筑中，当前普遍存在的功能性问题，主要从以下几个方面体现出来：

第一，农村居民建筑生产生活的整体规划不足。随着国家持续加大对农村建设和改善农村经济水平的力度，黔西北农村居民已经基本普及了电力、自来水、道路硬化等工程，同时，一些靠近城市的农村已经能够接入互联网端口。然而，农村基础设施仍存在着不太完善的现象。比如，当前农村的电力设施，基本上都是使用架空方法，它必然给居民安全造成隐患，许多高大的树木被毁坏，影响美观。黔西北许多地方的农村，仍然还在使用旱厕，春夏蚊蝇滋生，环境在一定的程度上受到污染，居民的健康也受到影响；农村在冬季以煤取暖，

由此产生了大量污染室内生活环境的粉尘，这些粉尘是地氟病产生的根源。这些都是由于当前黔西北农村民居建设中缺乏对农村居民建筑生产生活的整体规划所造成的。

第二，公共活动空间以及公共设施还不完备。这种状况具体表现为：

（1）人工观赏性植物与公共绿地缺乏。缺乏观赏植物与绿化，从本质上讲，这并不是因为当地居民没有养成习惯，我们在实地考察的过程中，经常会看到当地居民在院子里大规模种植花木，在农村市场也经常看到村民们卖鲜花，一些村民将此作为一个副业。然而，由于缺乏公共空间和整体规划，在当地许多村庄发现公共绿地和公共观赏植物很少。

（2）公共活动空间缺乏。当前，黔西北农村居民的生活中传承了很多传统农村民俗，而且大量民俗活动规模不断扩大。如与传统习俗相比较，婚丧嫁娶以及其他活动的投资和规模更甚，再加上各种社会关系的错综复杂性以及兴起的旅游潮，使得一些民俗活动正逐渐成为当地居民具有举足轻重作用的社会活动。民间活动的扩张，一方面反映了当地居民对社会活动的心理需求，另一方面必然导致活动空间体量的不足。

第三，存在着不规范的农村民居营建行为。通常而言，黔西北地区绝大部分农村民居，建设并不十分规范。大多数人由于追求建设成本低，民居通常由一些无经营手续、无设计资质、无施工资历的“三无”人员来进行设计和承建。

这些不规范的营建活动，不能保证建筑质量，无形之中给当地农村居民的生活带来了一定的隐患。当然，另一个原因也在于，那些拥有建筑设计和施工管理的部门，不愿意接手单体的个人民居建设这种小项目的建筑工程。因此，在目前的状况下，要解决好这一突出的问题，就要对农村的民居建设进行统一的总体规划，这是当前农村建设设计规划面临的紧迫性和必要性任务。

3. 农村建设中面临的地方建造问题

（1）建筑材料的问题。黔西北农村当前的建筑材料主要为砖、水泥、混凝土与瓷砖等，这些建筑材料背后的能耗对环境的污染较大，很难在降解、拆除之后加以利用。

（2）建筑技术的问题。黔西北传统的民居建筑技艺已几乎失传，曾经的手工施工技艺如今已无法企及。黔西北广大农村当前的建筑技术滞后，器具简单，以人力为主，效率低下，湿作业多，工程质量无法保证。

（3）建筑队伍的问题。施工人员仍然是以师徒承袭的模式进行培养，那些掌握传统施工技艺的工匠已经很难找到。当前黔西北农村施工的主力人员，多数是自学成才或者在城市建筑公司掌握了粗略现代施工技术的人员，他们对传统做法知之甚少，而对现代技能技艺又掌握不足。因此，很难希冀这样的施工队伍能创造出好的作品。

（4）地方施政问题。由于黔西北地区所辖的多个县经济非常落后，地方政府财力严重不足，因而在新农村建设中所起到的作用非常有限，在对农村的投入上，仅仅停留在基础设施改善和村容整治等方面，对用于新农村建设的补贴有待提高。

（二）变革中的民居建筑的更新和重生

1. 全球变化和可持续发展

在科学文化发达的时代，人类开始探索自然的神秘，随着科学技术所带来的生产力的巨大进步，人类有能力向自然“开战”，把自然界当作取之不尽、用之不竭的资源库，为了满足自己贪婪的物质消费欲望而不断索取。与此同时，人们又将大自然作为排放垃圾的场所。人真正成为万物的尺度，失去了对自然的敬畏和尊重，导致了环境恶化、生态失衡、资源枯竭，乃至于人类的生存受到威胁时，人们在精神上失去信心，成为“孤独的生活者”。

为了保护生态环境，1972 年联合国人类环境会议后，我国政府先后采取了一系列措施：1973 年，国务院环境领导小组和各省、市环境保护机构成立，对工业“三废”（废水、废气、废渣）进行了全国范围的管理；1979 年颁布《中华人民共和国环境保护法（试行）》；1989 年《中华人民共和国环境保护法》通过并于 2014 年进行修改，1992 年，发表了《中国环境与发展十大对策》，提出实施可持续发展战略；1994 年，颁布了《中国 21 世纪议程》，是中国实行可持续发展战略的行动大纲；1998 年，建立了新的国家环境保护行政管理部门，提高了国家环境保护的水平和职能；1998 年，国务院印发了《全国生态建设规划》；2002 年，《国家环境保护“十五”计划》出台；2003 年，十六届三中全会提出，坚持以人为本，树立全面、协调、可持续的发展观，促进经济社会和人的全面发展，这是党的文件中第一次提出科学发展观，十六届四中全会提出，构建社会主义和谐社会就要处理好人与自然的和谐；2007 年，党的十七大明确提出建设生态文明的要求并作出总体部署，这是我们党执政兴国思想的新发展，它是党的科学发展的升华，是和谐发展的理念，是人民群众幸福理念的重要体现。用发展着的马克思主义指导中国特色社会主义伟大实践，就必须在全社会牢固树立起生态文明观念。

党的十九大报告提出：建设生态文明是中华民族永续发展的千年大计。必须树立和践行绿水青山就是金山银山的理念，坚持节约资源和保护环境的基本国策，像对待生命一样对待生态环境，统筹山水林田湖草系统治理，实行最严格的生态环境保护制度，形成绿色发展方式和生活方式，坚定走生产发展、生活富裕、生态良好的文明发展道路，建设美丽中国，为人民创造良好生产生活环境，为全球生态安全作出贡献。这是我国生态文明建设提出的一系列新思想、新论断、新举措，为未来我国全面推进生态文明建设和绿色发展指明了方向。

1951 年，我国政府提出了“适用、经济、美观”的建筑方针，由于当时的国力十分薄弱，1956 年改为“适用、经济、在可能的条件下注意美观”。随着改革开放的不断深入，中国综合国力不断增强，1986 年中国政府提出了“适用、安全、经济、美观”的四项原则，一直沿用至今。“适用”，主要指适当的建筑面积、合理的布局、必要的技术设备、良好的隔热和隔音环境。“安全”，主要指建筑物的安全等级、建筑物的耐火等级和耐火设计和建筑的耐久性。“经济”，主要指经济效益，包括节约建设成本，降低能源消耗，缩短施工周期，减少操作、维护和管理费用等，不仅要关注建筑本身的经济效益，还要注意结构的社会和环境的综合效益。“美观”是在安全、经济、建筑和环境的前提下，作为设计的重要组成部分，改善室内和室外环境的设计，为人民创造良好的工作和生活条件。政策还建议对不同的建筑，不同的环境，应该有不同的审美要求。总而言之，设计师在设计过程中应区分不同的建筑，处理“适用、安全、经济、美观”的关系。

2001 年，提出《中国生态住宅技术评估手册》（聂梅生等）。2003 年，“绿色奥运建筑评估体系”完成。2006 年 3 月，建设部提出了“绿色建筑评价标准”的核心内容，即节能、节水、节水、节材、环保（见表 6-2），并在当年 6 月份实施。

表 6–2　中国绿色建筑评价标准概要

	等级	一般项目（共40项）						优选项数（共9项）
		节地与室外环境（共8项）	节能与能源利用（共6项）	节水与水资源利用（共6项）	节材与材料资源利用（共7项）	室内环境质量（共6项）	运营管理（共7项）	
住宅建筑	★	4	2	3	3	2	4	--
	★★	5	3	4	4	3	5	3
	★★★	6	4	5	5	4	6	5
公共建筑	等级	一般项目（共40项）						优选项数（共9项）
		节地与室外环境（共8项）	节能与能源利用（共6项）	节水与水资源利用（共6项）	节材与材料资源利用（共7项）	室内环境质量（共6项）	运营管理（共7项）	
	★	3	4	3	5	3	4	--
	★★	4	6	4	6	4	5	6
	★★★	5	8	5	7	5	6	10

2. 自然选择和人工选择

自然选择对应自组织力，持久地发生作用，自发地存在于民居建筑的适应性机制中；人工选择对应他组织力，人为地、有条件地发生作用，不同历史阶段的具体条件下，自然选择和人工选择作用的强度大小以及方向都可能不同。

传统民居建筑适应性的生成，主要依靠自然选择作用，社会发展阶段所决定的技术水平局限与自觉意识的薄弱，必定会导致人工选择的作用减小。但是随着社会的发展，人工选择的作用将逐渐显现并且普遍化，人们能够在认识并运用客观规律的基础上，对民居建筑的适应方向进行调节，以便重构均衡结构。当然，自然选择是一直存在着的，自组织结构仍旧在发生作用，面对人工选择自上而下的介入，二者之间的契合关系通常决定了对于民居建筑的发展是保护还是破坏，这之中不一定泾渭分明。当然，人工选择能够直接影响甚至决定建筑的适应性，但是外力最终难以永久持续，作用多是局部与短期的。我们主张，以人工选择作用于自然选择的过程为主，直接介入建筑要素为辅（如图 6-1）。

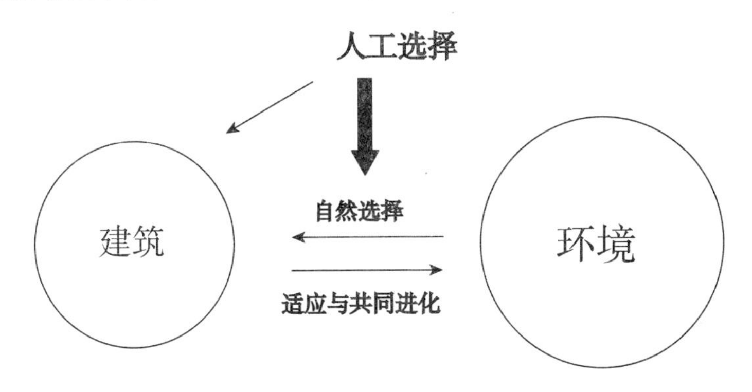

图 6-1　人工选择与自然选择的作用关系

人工选择作用于自然选择，也就是以有意识的人工选择介入无意识的自然选择，人工选择的定位是理性引导与调整，而并非控制，而“理性”的基础则是建立在对自然选择规律认知、尊重和顺应的前提之下的；人工选择直接介入建筑要素系统，也就是借助人工选择灵活和高效的优势，针对建筑适应性中外显的、恶化速度较快且破坏性较大的问题，给予及时针灸式的治疗，遏制恶化形势。民居建筑是适应于环境而存在的，同时也是由其背后一系列庞大的环境系统来支撑着的，环境是根本。但是，民居建筑本身总是以物质性的表征呈现出来的，其情感、精神、信仰都需要通过民居建筑语言来表达，所以对民居建筑的“治标”也有着十分重要的意义。必须运用“治本为主，标本结合”的调适模式。

二、黔西北民居建筑与文化研究的再思考

（一）黔西北民居建筑文化生态系统稳定性的内因

1. 充分利用地区自然地理条件

黔西北生态脆弱区形成的原因，一是受自然因素影响，一是受人为因素的影响。当地地理环境复杂，条件恶劣，生态环境越来越脆弱。同时，由于基础设施薄弱，经济落后，人们为了自身的生存和发展，对生态环境进行过度开发以及资源的不合理利用，加剧了本来就不好的黔西北生态环境不断地恶化。

相对薄弱的基础设施、日益严峻的生态环境、急剧膨胀的人口、低下的人民生活水平，是黔西北目前面临的困境。地处生态脆弱区的黔西北全境的生态建设与恢复，应当在现有的基础上，逐步实现政治、经济、文化、社会和生态的共同繁荣与整体和谐。

民居建筑的发展和演变，通常而言要受到气候、地理、材料、技术、经济、文化等诸多因素的制约。因此，在黔西北这个相对落后的地方，未来的民居建设不能顾此失彼，要将上述诸多因素的关系协调好，积极面对更新技术的发展和文化传统的许多问题，应该妥善解决这个对立统一的矛盾。同时，这一地区的民居建筑，不应对高科技与现代化奢求过高，也不能同文化传统与地域现实相脱离。唯有如此，才能使黔西北地域的民居建筑更富生命的张力。

第一，适当做一些技术改良以适应当地气候。气候类型不同，民居建筑便会呈现出不同的形态。这是在当下的地域建筑实践之中，仍然需要考虑的因素。

民居建筑适应自然的主要方式之一就是适应当地气候，应充分了解当地的日照、风向和雨水等情况，采用相应的手段。黔西北地区冬季较为寒冷，民居建筑节能要着重考虑冬季保温，应结合当地冬季太阳的运行规律，选择合理的朝向，在满足自然采光要求与室内热环境的前提下，尽量减少迎风向开窗的面积。同时，冬季防风不仅能提高室外空间的舒适性，还能减少冷空气吹入室内造成的热量损失。

第二，技术进步和社会发展相协调。建筑技术与社会发展相协调，主要体现在自然属性与社会属性两个方面：自然属性是对自然客观规律的遵从，是对建筑技术方法合理性以及效率的追求，比如，在建造的过程中要符合重力规律，建筑技术发展是从低水平到先进的过程，只有这样，建筑技术的创新与功能才会越来越强。社会属性主要体现为建筑技术与特定的社会环境相互作用、相互

影响的关系，建筑技术受环境的制约，对环境产生反作用。简言之，建筑技术要适应人的物质文化需求，适应社会发展的需要，二者相互适应与促进。

在黔西北地区，民居建筑材料相对来说较为因地制宜，尽管现代科技不是很发达，但是随着时代发展的需要，各民族在进行建造时，应该根据自身情况和技术发展的现状，使社会发展与人们的需求更加吻合。

第三，与当地社会经济发展情况相协调。在农村，提高民居建筑生态节能技术的核心因素是经济因素。地方经济水平应该与适当的节能技术相协调。较高的节能技术长期经济效益很好，但是，它可能在早些时候投资需求较高，可能远高于当地平均的经济负担能力。而那些较低水平的节能技术，它们所带来的经济效益并不是最好的，但是由于生产成本低，因而这种技术可能会在相对落后地区有一定的运用市场。

在黔西北地区的广大农村，人们的生活水平随着社会经济的发展得到了极大的提高，那些传统、简陋的民居建筑很难满足人们不断提高的生活质量需要。但是，人们应当建立生态和节能的观念，树立生态、绿色、环保、可持续发展的理念，应将舒适与实际相关联，确保地域建筑的经济性，全面考虑当地社会、经济等各种因素的相互影响、相互作用。这些都是在民居建筑设计中同规划和设计指导方针相适应的东西。

第四，对当地各民族的生活方式与文化的尊重。文化本来就是由不同地域的人们按照不同的方式来创造和生成的，因而文化的特征也会不尽相同。

一个地区的民居建筑，只有与当地的文化传统、民族特点相结合，才具有地方特色，让人感觉亲切和熟悉，从而避免千篇一律。

黔西北生态民居建筑，不仅仅是一项技能上的要求，同时也应该是民族文化的体现。每个民族民居建筑的发展，都与当地传统的民族文化有渊源，因为，这种民族文化传统是当地老百姓得以生存、延续的习惯，是他们喜闻乐见的形式。

黔西北地区民居建筑设计，在传统的基础上，可以在民居建筑设计中使用一些如象征、保留传统装饰符号以及合理利用传统的文化等一些元素，撷取精华，取其神韵，使用传统与现代设计相结合的方法。

第五，建筑材料循环利用策略。表现在具体的规划设计中，就是很好地把握住一个地方场所特性的多种因素，将人、自然与社会三者协调好、统筹好，唯有如此，才能做到同各时代、各社会的人的需求相适应、相和谐。

地域性材料的使用以及材料的循环利用是最适宜当地经济、生态环境以及民居建造方式的先进经验与策略。地方材料具有很好的环境效益和经济效益，就地取材减少了运输环节，节约了能源消耗。

材料的回收与利用在黔西北当地非常普遍，具有良好的经济性与生态性，应当坚持这种传统，当地新建房屋所运用的大多数木材以及石材基本来自旧房屋拆除下来的材料。

同时，技术的发展应当和当地的情况相适应，与民族特色、文化传统相适应。通过传承文化来发展技术，让技术的发展确保文化的继承与创新，以文化推进技术发展，并用发展的眼光来对待地域建筑，只有不断发展和创新，地域建筑才会受到大家的欢迎与认可，也才会有活力。

黔西北地域的民居建筑，充分认识到了该地区的场所特性，与当地的自然环境、气候相协调，遵守当地人的生活习惯和审美价值，遵循该地方的传统与文化特色，给人带来方向感和归属感。

2. 改变与社会人文环境不协调的发展模式

人文环境是指特定地域的政治、经济、文化、技术、价值观念、宗教伦理以及相应的生活方式等文化氛围。同时，它还反映该地域的人的素质、精神风貌、心态与性格等因素。

民居建筑与人文环境有密不可分的内在关联，这主要体现在人们的意识、伦理、审美趣味、社会心理与生活行为的功能等诸多要求方面。因此，地域性民居建筑，除了反映自然环境特性外，在一定程度上还应表现人文环境特色。人文环境对民居建筑的空间布局、外观形式以及细部装饰，均有极大的制约性。

众所周知，地理气候、地形地势等自然环境尽管对地域性民居建筑影响很大，但它并不是影响民居建筑的地域性美学特色的唯一因素。事实上，不同地域的人文环境，同样是民居建筑产生美学特色的重要条件。民居建筑作为人类体现生存价值的生活场所，不同生存式样的选择使之留下了深深的精神文化属性，其在社会生活、习俗、情趣和文化艺术等方面，反映了人民的精神价值和人文价值。

事实上，地域性民居建筑文化并非一种单一的文化，它们是本土文化和外来文化的混合体。同时，它也不是停滞不前的。在民居建筑发展史中，由于外来文化的传播和影响，地域文化得以演进与发展，并不断产生新的模式。因此，地域特色总是处在演变和创造的过程之中。

尽管这样，地域文化总保持一些“文化传统”和“具有重要意义的过去”，这种保持会对传统进行筛选。可是，这种对传统进行的筛选，在黔西北生态脆弱区，却并非一帆风顺。长期以来，人们受到生态系统和生态功能从“无价值”

到“有价值”的主导意识形态的影响，对生态资源过度开发，导致了一系列的环境问题。基于此，加强环境保护尤为重要。

随着经济的发展以及科技的进步，人类社会聚集了较为丰富的物质财富，但是，由于没有重视资源、环境价值，人类社会未来的发展空间会受到影响。基于此，加大对环境保护的力度就显得尤为重要。与此同时，我国政府着眼当前形势，在生态建设和制度创新等诸多方面取得了重要进展。

中国政府在当前形势和生态建设、制度创新等诸多方面取得了重要进展，《中华人民共和国国民经济和社会发展第十一个五年规划纲要》中提出，建立生态补偿机制——谁开发谁保护，谁受益谁补偿的原则。另外，党的十八大报告指出，建设生态文明的战略任务，需要建立和完善资源有偿使用制度和生态环境补偿机制。

黔西北生态脆弱区，不仅是我国生态脆弱性较突出的欠发达地区，而且是我国人地关系矛盾较尖锐的地区。由于黔西北地区生态补偿法律机制还不是很完善，生态补偿中有关补偿标准、补偿金额、补偿模式、补偿主体等，都有待于进一步明确规定，这关系黔西北地区社会经济以及生态建设能够可持续发展的问题。

黔西北广大农村的生活、生产方式和城市有着很大的差异，这主要在于，黔西北广大农村以农耕计生方式为主，所以，黔西北地区的乡土民居建筑，要尽量保持传统的乡土民居建筑形式和建设方式，不能过多地干扰当地人民的生活方式与传统习俗，并在此基础上努力实现传统民族文化的可持续发展。

（二）社会主义新农村建设政策的源起

1. 农村民居建筑模式螺旋式上升演化的需求

众所周知，我国推行新农村建设的政策，大致可以分为以下几个阶段：

（1）20世纪50年代，广大农民的温饱尚没能解决，为了解决全国的粮食供应问题，维护农村社会和全国的稳定，中国首次提出了社会主义新农村政策，积极推动发展农业生产。后来一段时间中断了这一政策的推行，致使农业生产停滞不前。

（2）改革开放后，农村生产力空前解放，农村各项事业取得了快速发展。大家一直期待着的“楼上楼下，电灯电话”，已基本实现。新农村建设时期以两种文明为主要内容，这是根据中国社会实际发展的历史现状和教训总结出的经验，以适应时代要求而提出来的。20世纪80年代，中国提出了“小康社会”的概念，建设社会主义新农村是实现小康社会的重要内容之一。

（3）在新的形势下，第十三届全国人民代表大会第四次会议审议通过了

《中华人民共和国国民经济和社会发展第十四个五年规划和2035年远景目标纲要》，在“实施乡村建设行动”这一章节中明确提出：把乡村建设摆在社会主义现代化建设的重要位置，优化生产生活生态空间，持续改善村容村貌和人居环境，建设美丽宜居乡村。

基于此，建立适合黔西北山区农村的绿色可持续建筑设计模式，是当前新农村建设的迫切任务。

诚然，“自然不是存在着的，而是生成着并消逝着的”①。物质世界在自组织力的作用下处于永恒的循环运动之中，但是，这一循环并不是闭合的圆圈运动，而是循环上升的过程。每个循环中先沿着一种或几种主导因素作用形成的物质层次向上演化，逐渐生成较高的物质层次，达到一定高度之后，大部分物质层次下降，小部分物质以已达到的高点作为起点进入新一轮的循环。② 即螺旋式演化，这种演化，其规律也适用于生态系统与人类社会。人类社会的生存和发展既离不开自然环境中能量与物质的供给，同样也离不开人类的生产力资源（经济技术）与主观能动的调节（文化观念），人类在认识自然与社会的发展规律、自我发展的需要与协调能力的基础上所形成的价值观系统与行为准则，使人类社会在与自然的对立统一中呈现螺旋式发展。③

以此为落脚点，我们看到，黔西北民居建筑在演变的过程中（如图6-2），形成时期的民居建筑表现为对自然环境的绝对依附；成熟时期的民居建筑表现为对环境的适应达到一种制衡，但是，此时的制衡并非出于自觉，而是在自发状态下形成的，是一种自在的制衡；变迁时期则主要由于强劲的经济技术环境的选择作用，表现出对经济技术的绝对依附，再次出现失衡。

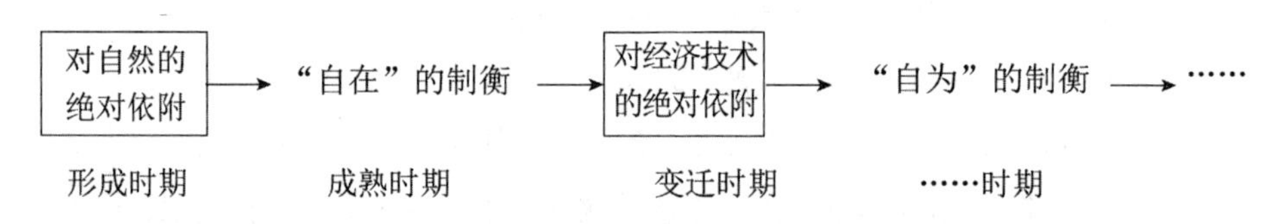

图6-2 建筑与环境之间关系的螺旋式循环

如此无序和有序的交替演变，正是建筑在适应环境的过程中，有序建构—

① 恩格斯. 自然辩证法［M］. 中央编译局，译. 北京：人民出版社，1971：13.

② 吕乃基，刘郎. 自然辩证法导论［M］. 南京：东南大学出版社，1991：54-61.

③ 叶文虎，毛峰. 三阶段论：人类社会演化规律初探［J］. 中国人口·资源与环境，1999(4)：1-6.

稳定发展—解构与重构—达到新的有序，这也正是循环上升的螺旋式演变过程。曾经为了生存的居住，现在又一次进入人类对于生存的关注，人类的思维再一次回归到对人与自然之间关系的审视，进而探求可持续的生存路径。出于这样一种自觉意识的强化，我们可以断言，下一步民居建筑将走向“自为的制衡”①。

2. 建设资源节约型社会的要求

无论是从资源生产，还是从消费方面来看，我国都面临着人均资源占有量较少的现实，就算是较为丰富的煤炭资源，也仅占世界人均资源的 50%；石油仅为平均值的 10%，由于我国正处于经济快速发展的关键时期，资源需求与消费逐年增加。毫无疑问，资源短缺将会严重影响我国社会的顺利发展。因此，如何提高资源利用效率，如何节约资源，已然成为各行业积极研究和讨论的课题。

不可否认，建筑业是社会资源总量的主要消费者之一。据统计，在整个社会商业能源消费的体系中，建筑运行耗能的比例，约占全国的 1/3，欧洲和美国约 1/2。然而，中国的民用能源利用率低于发达国家。建筑能耗与生产能耗相比，建筑能耗主要就是消费能耗。因此，在世界范围内建筑能耗和能源问题日益迫切。

我国农村民居建筑随着农村城镇化步伐的加快，面积不断增加，同时由于人们的生活方式发生了巨大变化，使得建筑能耗比重逐年攀升。根据清华大学建筑节能研究中心的相关资料表明，“目前我国农村住宅商用能源耗费总量已达到城镇建筑商用能源耗费总量的 1/3，而且以每年超过 10%的速度在增长”②。如果按照城市的标准使用，那么，农村民居建筑的能源消耗将会比当前城市的要高出许多，毫无疑问，倘若不对这种能源消耗加以遏制，必然会给中国带来巨大的能源和环境问题。

我国政府在 2009 年丹麦哥本哈根会议上提出：“……我国在保护生态基础上，有序发展水电，积极发展核电，鼓励支持农村、边远地区和条件适宜地区

---

① “自在”“自为”出于黑格尔对绝对理念发展阶段的表述。从自在阶段到自为阶段的发展是由低级阶段到高级阶段的发展，是由存在到思维的转化，可引申为“自发”与“自觉”。后马克思、恩格斯以“自在阶级”和“自为阶级”描述无产阶级政治成熟的两个阶段，当无产阶级接受马克思主义理论和马克思主义政党的领导，认识到自己的历史使命，其则由自在阶级发展为自为阶级。

② 清华大学建筑节能研究中心. 中国建筑节能年度发展研究报告 2012 [M]. 北京：中国建筑工业出版社，2012：51.

大力发展生物质能、太阳能、地热、风能等新型可再生能源。2005年至2008年，可再生能源增长51%，年均增长14.7%。2008年可再生能源利用量达到2.5亿吨标准煤。农村有3050万户用上沼气，相当于少排放二氧化碳4900多万吨……1990年至2005年，单位国内生产总值二氧化碳排放强度下降46%。在此基础上，我们又提出，到2020年单位国内生产总值二氧化碳排放比2005年下降40%—45%……”显而易见，从这些数据中可以得出，我们的节能减排工作任重而道远。

目前，我国环境污染严重的问题仍然存在，资源消费高、浪费大，由于人口的不断增加，环境压力增大，人口增长与自然资源短缺的矛盾日益突出。我国已经把保护环境、节约资源作为国家的一个基本国策贯彻施行，坚持节约优先、节约和发展的资源发展战略。旨在促进经济发展方式转变，缓解资源环境压力，以应对全球气候变化带来的种种不良后果，建设资源节约型、环境友好型社会，进而增强我国可持续发展能力。

3. 当代农村新民居建筑中的二律背反问题

随着科学技术的发展，新的建筑材料和技术大大改善了生活环境。然而任何事物都有两面性，现代科技的盲目性导致人们放弃了所谓落后的传统技术和材料，并试图用一种新技术解决复杂的问题，其结果是资源的浪费和当地文化特征的丧失。当我们认识到传统生态建设战略的同时，也必须认识到，任何一种策略都并非一成不变的，应该结合时代的特点、经济状况、文化条件和地理资源条件等对传统的生态策略进行补充和创新，从而建立适合当地条件的构建策略。

黔西北山地民居建筑的发展，目前面临着以下困境：

（1）一些适宜自然环境的建造技术丢失与新建民居设计标准的低下。绝大多数农村传统的民居建筑，在经过长时间的演变过程中，逐渐形成了充分利用自然环境的可供借鉴的资源。但是，大多数新建的砖房在进行建造的时候，主要考虑的都是成本因素，而较少考虑设计规范与周围环境因素。在这种情况下建造的民居，结构安全较低，且不生态、不节能。根本原因在于，它缺乏现代建筑节能技术支持，没有继承传统民居绿色建筑的经验，导致新农村民居建筑在适应气候和环境方面失去了能力，破坏了周围的自然环境和资源，产生了大量的建筑能源消耗。

（2）传统地域建筑文化风貌的遗失衰落与新建民居形象的单一趋同。随着城市化进程的加快，以现代价值观为代表的城市文化对农村传统观念的严重侵蚀，不同程度地导致了传统的农村习俗、文化等观念被异化，甚而被遗弃。被简单城市化了的乡村建筑形式与活动空间，导致了村落传统地域建筑环境的丧失与衰落进一步加剧，“千村一面”的现象不断出现。

（3）农村用能结构与新建民居生活居住模式发生变化。新的黏土砖、混凝土和空心预制板建造的民居逐渐取代环境适应性良好的农村传统民居建筑。比如，传统利用秸秆、树木等生物质为主的生活用能结构随着新建民居生活居住模式的变化而发生了改变。根据清华大学建筑节能研究中心相关资料表明，“农村户均生物质能耗比例从2000年的71%下降至2010年的44%，更多的生物质能被煤炭或电能所取代”①。从目前我国的发展趋势来看，南方农村地区的用电量以及北方农村的煤炭消费将会逐渐增加。电力消耗的急剧增加，必然会加剧农村电网的负荷，同时，对大量的资源进行低效与不合理的使用，既污染了环境，又浪费了大量的资源。这些现象，一定会给我国农村可持续发展带来许多不利因素。

（4）农村规划建设方向与农村社会发展不符合。在一些农村地方，有些人认为，新农村建设仅仅是对农村现有的民居建筑进行一次巨大的拆除和改造的过程，这就必然导致对农村居民点规划与建设的误解。当然，也不能排除那些功利性较强的做法，它虽然可以在短时间内对村庄进行村貌改造，但是从长远的利益观来看，这种做法没有从农村自身的特点考虑，不是结合本地区现有的条件进行的，缺乏针对性，导致模式相似，村庄布局缺少传统村落的原始生命力，不符合村民的生产活动与生活方式。

黔西北农村地区的民居建筑要得以发展，必然不能遵循上述的路径模式。而是必须走生态可持续发展的道路：自然环境的建造技术与新建民居设计标准要相适宜，传统地域建筑文化风貌与新建民居形象要充分结合，农村用能结构的变化要与新建民居生活居住模式相适应，农村规划建设方向与农村社会发展要相协调。

唯有如此，才能建立一个和谐的自然环境、社会发展和资源保护民居建筑的可持续发展模式，这是解决黔西北山区农村住宅发展中存在问题的有效途径，同时也是建设节约型社会的需要。

---

① 清华大学建筑节能研究中心．中国建筑节能年度发展研究报告2012［M］．北京：中国建筑工业出版社，2012：10.

（三）空间整合与生态调适

1. 山地农村民居演进现状的需要

从目前新农村建设的总体情况来看，一些地方热衷于村容整治，这对促进农村产业经济和教育事业的长远发展来说力度还不够，这种建设模式，既浪费资源，又对农村经济社会的发展不利，对环境保护也无益，是不可持续的。

农村经济的迅速发展，得益于我国市场经济的改革以及城乡一体化的推进。同时，人们对民居建筑的需求，由于受到城市生活方式及价值观的影响而发生了较大的变化。一些先富起来的农民，开始不断地效仿城市的生活与消费方式。这在民居建筑上的深刻反映就是，那些传统土木结构的民居建筑被砖砌结构的“新家”所取代，并逐渐成为农村民居建筑的发展趋势，这些民居建筑形态单一趋同，遍布在全国各地。单调的乡村空间布局与格局，就是在规划农村民居建筑时把城镇的建筑方式作为模仿的对象，从而导致乡村地域特征与文化特征慢慢消亡。当前，由于城市建设的单一趋同，导致民居建筑在能源消耗上存在不容忽视的问题。当然，在农村民居建筑中高污染、低质量等能源消耗的发展趋势也没有得到足够的重视。

黔西北农村以前普遍存在的问题就是：人民贫困、房屋破旧、经济发展缓慢、设施落后。随着我国改革开放和城镇化进程的加快，黔西北农村经济发展迅速，生产生活方式逐步改变。黔西北农村在过去的三十年里，由于经济的发展从而使民居建筑也发生了巨大的变化。但是，目前黔西北的新农村建设和其他省份的新农村民居建筑相比严重滞后，而且即使是自身区域内的新农村建设，各个县域的进度也各有差别。

黔西北山区的农村，长期以来由于山地交通阻塞，同外界接触较为困难，因此人们的生活环境相对封闭，长时间处于一种自发演化的状态，黔西北传统的乡土民居建筑在这种状态下，具有浓烈的山地乡土气息地域特色。这些民居建筑与周围的自然环境相结合，因地势而建。这些传统民居虽然都建于技术水平不发达的时期，但是它们在建筑过程中，消耗更少的资源，形成了适应气候环境的建设模式。

黔西北当前的新农村建设，同样也是在恶劣的自然条件下进行的，能在技术和成本都很低下的情况下，使民居建筑既符合自然、人文精神和生活环境，又能使人、建筑与环境和谐共存。当前的新农村建设，能将古人留下的朴素的营造智慧同当地新农村建设进行有机结合，构建出一个适合自身的新农村建设模式，同时也将主要精力放在人文空间场所的营构、设施的改良与修缮以及现有产业的升级上，可以说，走出了一条既具人文又有生态内涵的黔西北新农村建设的道路。

2. 传统山地农村民居建造方式的影响作用

民居建筑再生设计应适合当地的地理环境。黔西北地区既有独特的地理景观和地域文化特色，坚持适合地理环境的原则是一种简单的建筑生态思想。因此，对于传统民居或新建住宅的改造，我们必须根据实际的条件，因地制宜地调整措施，以保护环境为主要出发点，反映民居建筑和自然环境的相互协调。山地民居建筑的开发并不是盲目地复制城镇建设的实践，而是在继承和改良传统民居优秀的建筑经验的同时，融入适宜于传统民居的现代材料与方法，为传统民居建筑注入新的活力。

黔西北地区传统民居包含着许多有价值的建筑生态经验和建筑技术，这是民族文化的精髓，不容小觑。目前，有关民居建筑再生设计的成果，可谓硕果累累。但鉴于传统民居所具有的典型性的地域特征，民居再生的设计应选择适合地方风格的民居建筑材料和施工技术，以适当的技术原则确保地方特色。

根据农村能源消费的发展趋势，可以说，低碳、生态、可持续的民居建筑发展模式，是我国建设资源节约型社会的根本要求。因此，充分借鉴、利用山区农村传统民居建筑的优秀经验，对于指引黔西北地区的民居建筑的设计向着绿色、生态的方向发展是非常有益的事情。

在广大的乡野农村，民居建筑最基本、最原始的功能就是抵御严寒酷暑、遮蔽风雨日晒。显而易见，自然气候现象对人类的生产生活活动有着非常重要的影响（见表6-3）。

表6-3 严寒地区和寒冷地区农村居住建筑的窗墙面积比限值

朝向	窗墙面积比	
	严寒地区	寒冷地区
北	0.25	0.30
东、西	0.30	0.35
南	0.40	0.40

地域与气候对于一个特定地域的民居建筑来说，是非常重要的环境影响因素，同时这也是引起区域差异极为重要的原因。不同地区人的生活行为模式，会直接受到气候类型的影响，因而在不同的气候区，会出现不同形式的建筑模

型，以此来应对气候造成的影响。但是一个特殊的地理环境中，在相对较大的时间跨度范围内，气候自身是一个相对稳定的环境因素。正是缘于此，人们相对不变的生活方式就是在地域传统的民居建筑模式下得以形成的。例如，在寒冷的高纬度地区，人们的户外活动通常都很少，他们的活动多数情况下都是在室内进行的，因而他们的传统民居建筑相对独立，墙壁封闭、厚重。而在低纬度地区，人们的传统住宅建筑一般比较开放，为了便于通风和除湿，所以墙体轻而薄。

建筑材料的分布和选择，也会受到地理和气候的很大影响。例如，黄土高原的传统民居材料主要以黄土为主，而那些多山地区的民居建筑材料主要为木材、原土、石材，南方潮湿平原地带多为竹木材料等。

当然，民居建筑所处的地域地貌，也对其布局模式有较大的影响。土地宽裕的平原川塬地区，其民居布局相对舒展、院落层进关系较多，建筑多以一层为主；用地紧张的山地丘陵地区，民居布局则相对向小体量、窄院落、多层数方向发展。

黔西北地区传统农村民居，蕴含着人与自然和谐相处的地域式技术范式，从传统民居中吸取有价值的生态设计方法，进行分析和总结后，再融入现代农村民居建筑的设计中，可以互为支撑、相互结合，使地域文化既得到继承，又有所发展，还可以使民居发展形成互补性的多样性建造格局。

在黔西北地区，由于生产力水平、科技水平以及经济基础有限，山地乡村传统民居建筑，通过有效地发挥材料机械性能，尽可能地选择与使用合适的天然建筑材料，同时降低了成本，几乎不花费太多的精力，创造了相对合适、健康的人居环境。但由于传统民居建筑的自然生态建设以经验为主，具有一定的偶然因素，而且传统民居的室内空间功能难以满足现代生活方式需求且耐久性较差，暂时还没有形成一个相对稳定的系统理论。

随着农村经济的发展，黔西北地区民居建筑需要改善不利影响。因此必须对传统民居建筑的适宜性、被动式建造方式进行解析，提取出合理的生态建造模式，才能真正地做到对传统民居建筑的生态经验的继承、借鉴与完善。

当下，人们通过对传统民居建筑的生态设计方法进行分析与总结，然后进行现代山地农村民居建筑设计，使二者互为支撑、相互结合，地域文化既得到继承，又有所发展，真正实现对传统民居的生态体验的借鉴和完善，建立符合现代绿色、生态、可持续的民居建筑模式。

三、黔西北民居建筑与文化研究的人类学启示

（一）黔西北民居建筑文化中的生态要素与原则

1. 民居建筑文化中的生态要素

根据文化生态学的理论，人类在生物进化的过程中能够适应环境的特殊存在。人类的这种特殊存在，在许多情况下是通过文化这一中间介质，同环境进行各种反映。

黔西北全境民居建筑空间特点与黔西北的自然地理环境密切关联，以社会经济为基础，并受到地方传统文化的影响，充分凸显了黔西北地区的地域特点和时代特征，如实地传承了该地区思想文化。主要体现为：

第一，地理环境对民居建筑的影响，在社会历史发展中起着积极的作用。这是因为，在落后的科技水平时代，人类改造自然的能力必然是非常有限的，那时的人们由于生存的需要，只能尽可能被动地去适应自然、符合自然的种种要求。

而这种要求，在黔西北民居建筑上主要体现为：尽可能地因地制宜，不断地适应气候，省时省力地就近取材。这是因为：首先，黔西北典型的喀斯特地貌，决定了黔西北山地地形布局的民居建筑特点，人们的日常生活和生产以及相对落后的技术条件与经济水平，都受制于山地的影响因素。因此，在黔西北民居建筑的选址与布局中，山地因素起着关键性的作用；其次，由于黔西北地区属于亚热带季风气候，夏天炎热少雨，冬天寒冷，这种状况就要求黔西北民居空间结构需要具备如下的特点：有利于防雨遮阳的屋顶、檐廊；具备防寒隔热的灵活的空间布置与营构措施；最后，黔西北新农村民居主要是砖混结构，这种结构的产生，虽然有当地民居建筑的审美特征，但是从另一方面而言，这种结构也制约了黔西北民居建筑形式与布局的种种变化。

第二，文化环境、社会经济对民居建筑的影响。黔西北地区民居建筑空间特征和黔西北自然地理环境密切相关，基于当地的社会经济状况，并且受到传统文化的影响，应充分强调黔西北山区的区域特征和时代特点，并如实地传承黔西北地域历史民族文化的发展特点。

黔西北地区的民居建筑，除了顺应自然地理这样条件之外，文化环境、社会经济也对其产生了一定的影响。当然，与自然地理环境的影响相比而言，文化环境与社会经济对民居建筑的影响相对要弱一些，但它并非可有可无的，而

是不可或缺的因素。文化环境与社会经济使民居建筑具有鲜明的时代特征，在当代社会中，人们的生活、文化环境与社会经济经历了巨大的变化，为了适应现代生活的生活节奏，民居建筑当然也会随之而变。

第三，传统思想对民居建筑的影响。在传统思想里，影响作用较大是风水理论与儒家思想。传统民居建造的指导原则主要就是风水学，民居的朝向、民居的选址等都有具体的方法，同时，风水学对建造过程、室内空间安排以及单体空间设计等方面相应地也有好与坏的评判标准。儒家思想，比如“天人合一”“人际之和”以及“尚中”等，在传统民居的设计中，都有相应的体现。

因此可以说，黔西北民居建筑在形成与发展的过程中，自然地理环境是基础，是地理环境决定论的特征充分体现；而文化环境、社会经济是主导，因为民居建筑永远与建造时的经济和文化环境有关。现代科技水平大大提高，人类改造自然环境的能力增强，文化环境对民居建筑的作用越来越大；传统思想是诱因，因为民居建筑是与自然和谐的民族传统观念有关。

2. 构建适宜性生态民居建筑模式

传统民居可持续方式的适用性与低能源消耗的特性，才能解决黔西北山地农村发展面临的许多问题。理清当前形势的发展所面临的共同问题，同时利用现代民居建筑设计方法的优点，构建绿色适宜性生态可持续的民居建筑模式，以此来满足农村新的生产生活方式，适应自然资源和环境，才是最为行之有效的解决办法。

首先，对黔西北地区山地农村传统民居如何适应气候，自然环境的适宜性低能耗的营建经验如何获得进行分析归纳总结。长期以来，黔西北农村传统民居历经时间的演变，在适应气候环境的过程中，逐步形成了特有的被动式建筑形式、用能方式与围护结构，在基本确保了周围自然环境优越性的同时，还建构了相对舒适的室内环境。在经济发展水平低下的山区，建立一种低投入、低消费、低污染的节约型适宜性生态民居建筑模式，是黔西北地域民居建筑未来发展的必然趋势。

其次，建立黔西北山地农村民居适宜性生态建筑模式。通过调查研究，在对影响民居建筑内部和外部因素的发展模式，以及资源使用的方法等方面进行综合考虑的基础上，全面掌握该地区居民的生产和生活方式。黔西北山区农村住宅建设适应区域气候适宜性、区域适应性布局与可再生资源的使用等三大方面，明确了黔西北山区生态可持续发展的优化策略，确认了山区农村民居承载力范围内资源、环境和经济发展的技术路线，并提出了适合该地区是山区生态民居建筑模式的理论和方法。因此，大胆探索和借鉴山地农村传统民居中所蕴含的适宜性绿色建筑模式，用来指导黔西北山地居住区设计沿着绿色生态发展方向建设，是非常有利的。

最后，完善丰富黔西北农村民居建筑的设计理论，为黔西北山地农村民居建筑的生态化提供引导与借鉴。将研究的成果运用到黔西北地区山地农村的实践之中，以检验研究成果的正确性及合理性，分析其实际应用效果，同时人们针对实践过程中出现的问题进行反馈，修正模式理论研究成果中的偏差，以进一步完善民居建筑生态可持续建筑模式体系。这有助于该地区农村建筑演变沿着正常的轨迹发展，从而达到改善黔西北农村的人居生活环境条件、使人与自然协调发展的目的。同时，也便于周边地区建筑民居时参照与模仿，从而带动周边地区的农村生态民居建设。

黔西北地区山地农村民居的适宜性生态可持续建筑模式的理论与方法，有助于更进一步继承与发扬传统民居生态建设的经验，有利于我国农村建筑可持续发展的人居环境理论逐步完善，这在理论和实践上对当地及我国山地农村新民居建筑的生态化建设具有积极的作用，具有很强的指导与借鉴意义。

3. 民居建筑文化的生态化原则

在复杂的生态系统中，民居建筑形式与其他系统之间相互作用。鉴于民居建筑生态发展的现状，民居建筑文化的生态化应遵循以下原则：

一是顺应自然形态的原则。自然是生态的原始环境，提供了最基本的生活条件。不考虑自然条件的任何生态设计，就不可能真正成为生态的东西。因此，尊重自然、与自然相结合是民居建筑生态发展的基本原则。与此同时，以自然形式作为总纲，以局部为重点，整体表现为迎合自然形态的趋势。这就需要对所处自然环境的土地状况、地形条件以及动植物资源进行针对性的分析，确立民居建筑形态的地域化与自然化，进而达到预期目的。

二是适应气候环境与就地取材的原则。人们应全面分析地域、气候特点，结合小范围自然因素如植被、水体对微气候环境的作用，充分了解气候对民居建筑的积极和消极影响，选择合理布局、民居空间组合、局部构造形式等，充分利用自然能量流动，创造适应所处气候环境的民居建筑形态。地方建筑材料的使用一直是传统的地方习俗，不仅充分发挥了资源优势，而且强调地方生态环境的可持续性。农村居民建筑的建设，应在不影响自然生态环境的情况下选择地域性材料，利用周围环境的资源构建循环系统的生态圈。

三是绿色经济与环保经济的原则。建筑业是资源消耗最密集的产业之一，采取更经济的措施是生态化的重要组成部分。民居建筑的建成环境，是人们生产活动对资源影响最显著的区域，而民居建筑形态在一定程度上反映着民居建筑的资源利用和经济成本，也是构成民居建筑环境的成分之一。因此，民居建筑形态在构建过程中也要合理利用资源，保持经济可持续发展。民居建筑与周围环境相协调，不仅为人们提供良好的建筑环境，还可以减少外部环境的负荷，如传统自然材料的可回收性和可循环利用性就具备环保又经济的特征。新技术材料的应用也应注重与环境的和谐关系，尽力营造绿色健康的环境。

四是实用与美观的原则。人们对民居建筑的要求因人而异，但民居总体要保证居民的基本需求便利，注重实用性，使得住户居得其所。民居建筑不仅为人们提供一个休息的地方，同时也是自家身份地位的象征，很多住户之所以盲目模仿外来形式风格，也是对自身身份地位的一种追求，因而民居建筑形态表达也应关注人们对美观的一种诉求。民居建筑的自然属性是供人们居住，其形态也要符合人们的实际需要和心理感受。民居建筑形态反映的民居环境直接关系居住在内的居民的生活方式和居住质量，在生态设计中，应考虑人与民居建筑的和谐关系，提供适宜的居住环境。

五是继承与发展的原则。保护和修缮历史遗留的民居片区地段，珍视历史遗产，继承乡土聚落特色和传统民居形态，同时适当保护和利用有标志性意义和开发价值的民居组群景观。这是因为，文化行为是国家意识形态和意识形态群体活动的代表，思想的形成来源于人们的认知实践经验，所以文化也是一定的人的社会生活方式或生活方式。历史的发展伴随着文化的进化，而地域的差异也为不同的文化孕育提供了不同的空间条件，这种文化差别是维系不同民族群体情感的纽带。民居建筑作为这种文化的载体与传播者，使得民族情感有了搁置的场所，形成归属感。我们应尊重当地的传统文化，使民居建筑朝适合当下生活状态和需求的方向发展，创造多样化的生活交流空间，更贴近当地的文化生活实践，保持乡村和城镇的持久生命力。如今，全球化的文化融合在不断扩大，区域文化差异正在缩小，这导致了区域文化的缺失。本地化民居建筑是最直接的反映，代表着深层次的文化根基培育的产物，理应为保护地区固有的文化特色、延续地方历史文脉、实现文化多样性身先士卒，充当先锋带头作用。本地民居应积极吸收外来文化，尊重当地的本土文化，继承和发展并重，建立适应现代社会的传统特色民居形式。

（二）生态、生命与民居的互动关系

1. 耦合关系，物尽所用的建筑理念

尽管自然环境恶劣，物质资源有限，但黔西北农村地区的各族人民已尽最大努力创造舒适的生活环境。与此同时，他们在住宅建筑中积累了大量的生存智慧，突出了实用性和良好生态适应性的基本原则。这些民居的生存智慧，是黔西北民居建筑在新时代具有地区特色的基础，为当下的新农村生态民居建设提供了可借鉴的经验源泉。可以大致从以下几个方面体现出来：

（1）重视生态关联和生态伦理观念。生态关联观念表明，生物圈里各种生物之间的关系并不是简单的线性关系，而呈现出相互交叉的网状关系（如图 6-3）。在生态系统中，每一个物种都与其他事物相互作用，任何物体都是生命维持系统中的一环。人类本身也是生态系统的一个环链，与居住环境有着千丝万缕的联系。环境资源这些并不是任由我们随意掠夺的“资源”，人类应有生态关联的理念。（通过比较，第三幅图显示出了自然界生态系统中共存的各物种在共同进化中呈螺旋式演化的趋势）

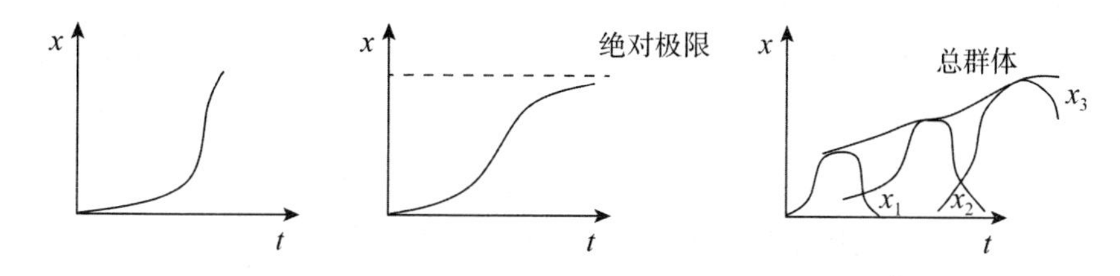

图 6-3 生态系统的不同生长特征

从这一原理出发，生态建筑需要运用系统的概念来反映自然、社会和建筑的美学规律，努力体现生态伦理观念，反对人类中心主义。同时，人类对自然万物应保持宽容和仁厚的心态，坚持无伤害原则，实现对自己欲望的克制，实现生态系统的可持续发展，促进人类与其他生态物种的协同生存。

（2）重视生态选择与生态适应观念。自然界留存的均是有用的，这是“生态智慧”选择的结果。生态发展规律表明，生态系统通过漫长岁月的生态选择，从低级到高级，发展成为顶级群落；从简单的单级生态系统，发展成为一个复杂的二级和三级生态系统。因此，生态建筑倡导“生态选择”的原则，强调建筑审美文化的生态演进，通过新陈代谢，保持审美文化永恒的生命力。

生态适应则是生物“生存智慧”在审美文化中的生态演化，同样必须强调适应观念。适应是建筑文化和环境的相互调节与制约，其中包括适应和使之适

应。适应与使之适应是建筑文化生态主体与建筑生态客体的统一，它强调生态系统的相互作用和协调发展。因此，生态建筑强调通过运用生态规律，使建筑文化成为和谐、协调以及不断循环再生的反馈系统，这样，不仅获得稳态机制和动态平衡的发展，而且导致审美文化的进化，使它成为优秀的审美文化系统。

(3) 重视生态循环与适宜技术观念。现代工业生产是线性的非循环模式，以“原料—产品—废物”模式的运动为典型特征，在过程中产生大量的废弃物，造成资源破坏和环境污染。生态建筑强调应用生态规律，使人类生活环境的创造成为物质、能源和信息的循环系统，而可持续发展战略则体现在减少废物和废物回收利用方面。

在建筑审美文化中，生态建筑引入了非线性生态循环观念，该观念认为建筑审美文化系统可以通过文化传播、文化交流、文化融合等实现建筑文化的转化和再生，进而实现系统结构和功能的转化和再生，达到创造性生命力的目的。

另外，适宜技术观念也是生态建筑美学的重要观念之一。所谓适宜技术观念是指适应当地经济与技术条件的一种技术策略，是与生态经济学模式相适应的一种技术观念。

事实上，生态建筑不寻求大规模、复杂的技术，它对高科技的未来前景持谨慎态度。它提倡人性化的技术路线，并倾向于使用生态友好技术，通过对建筑细节的精心设计，以“适应当地条件”为特点，以技术效率和效益为重点，提高能源和资源的利用效率，降低使用不可再生资源的成本。

2. 人与自然的崭新关系

(1) “自然—人—社会”的生态共同体。生态伦理扬弃了传统哲学的二元范式，将人、社会与自然观视为生态共同体。针对人与自然分离与对立，人高于自然的传统观念，生态伦理学首先强调人是自然的产物，自然是人类社会的前提，人和社会是与自然是密不可分的。也就是说，作为一种生物物种，人类属于自然世界，是自然物体的一种特殊形式，是自然的多样性和丰富性的一个例证。在此意义上，人以及人类社会都不是独立于自然界的。

生态伦理学不仅把人类、社会与自然看作一个生态共同体，而且把他们看作是协同发展的共同体，这是对自然的平等关怀。一方面，人类的生命活动与地球生态系统的生命活动密切相关，而自然的可持续发展是人类社会生存和发展的必要条件；另一方面，人类活动直接或间接地影响着地球的生态系统，人类社会的发展构成了自然进化的不可分割的一部分。人们为了创造历史，必须首先能够生存，为了生存，必须使用和改造自然活动以获取人类自己的生存资源。在地球生态系统中，人类利用和改造自然的过程形成了人类社会。

因而，人类的历史是自然史的一部分，生态理论学的任务就是要揭示“自然—人—社会”辩证发展的规律，促进人—自然—社会和谐的发展。

（2）从人类中心主义到生态整体主义。人类中心主义是基于笛卡尔的二元论而得来的。笛卡尔强调人与自然的分离与对抗，强调人应征服自然，主宰自然，忽视了自然生命的存在价值。因此，人类中心主义是机械的世界观、思维方式和价值观。自20世纪70年代以来，全球生态危机被归咎于人类中心主义，于是非人类中心主义应运而生。在这些思想中，生态整体主义是典型代表。在生态整体主义的观点中，人类只是自然界众多物种中的一种，并不比其他物种好，也不比其他物种差。人类在整个生态系统中占有一席之地，人类只有在有助于生态系统的时候才有自己的价值。生态整体性是生态世界观的思维方式和价值观。生态世界观包含了非常广泛的生态思维。在这样一种世界观中，生态系统中没有游离于联系之外的个体，在现实中所有的单元或个体都是内在联系的，所有的单元或个体都是由这种关系构成的。

同样，人类也不例外。人类不仅是人类社会的一部分，也是自然社会的一部分。从人与自然之间的内在联系来思考问题、了解世界，从长远来看，自然的利益与人类的利益是一致的，为了提高生态的整体利益和价值，将其作为人类行为的出发点，人类的可持续发展得到了实现，这就从人类中心主义转变为生态整体主义。

（3）从片面发展走向人—自然—社会的协同发展。生态伦理学是革命性的，这种革命性对根深蒂固的人类中心主义是一种挑战，其主流意识形态是非人类中心主义，它强调自然内在的结构，并把道德关怀的对象从人类物种延伸到其他物种和整个生态系统。生态伦理学对现代工业社会的物质主义、享乐主义和消费主义持批判态度，倡导人与自然和谐相处，倡导“绿色生活方式”，提倡使用“生活质量”理念来取代“生活标准”理念。在社会和政治领域，生态伦理要求一个更有利于环境保护的公平分配模式。主张一种多元化的、以自治的共同体为主要形式的政治结构，其基本原则是自由、平等和直接参与，从而促使人类的发展从片面发展走向人—自然—社会的协同发展。

地球生态环境的命运与人类的命运息息相关。维护地球生态系统的稳定、和谐与美丽，无论是对地球生态系统还是对我们自己，我们都是受益者。所以，尊重生命、尊重自然和保护生态环境，是作为一个有道德的人所必须履行的义务。唤醒人们的生态意识，倡导精神生态和自然生态的良性互动，构建生态整体利益为目的的自然、生态、绿色、可持续的价值观和生活方式，使人与自然的和谐发展，人与社会和谐共处，从根本上防止生态危机，这些都为实现可持续发展、构建和谐社会提供了重要的思想基础和精神动力。深层生态文化价值观号召人们从根本上改变人们的生态意识，为人类解决生态危机提供了价值指导，为人类提供了行为和道德实践。

3. 各民族生存的生态意义

我们研究黔西北各民族民居建筑文化，探索黔西北地区各族人民生存与发展的栖息地，对自然生态环境、精神生态环境以及社会生态环境的可持续发展具有重要意义。

其一，自然生态环境的意义。人类既可以是自然环境的拥护者、保护者，也可以是其遗弃者、破坏者。近几个世纪以来，人类对环境“集体无意识”的持续破坏（或者改造）规模庞大，从而引发了当今全球性的生态危机，这也是肇始于西方的工业文明在其野蛮发展过程中攻城略地所造成的严重后果之一。这里套用荣格等人的“集体无意识”理论，无非想说明这种后果的广泛性、持久性、深刻性，而且，如果仍然不加以遏制、令其为所欲为，他们便极有可能从根本上改变自然生态的面貌，使得地球不再宜居。

人类以无坚不摧、无往而不胜的巨大能量，构成对自然界的绝对优势并按照人的意志重塑地球，其结果是环境污染、资源枯竭、生态破坏以及对人类生存的威胁。于是现代化的脚步成了自然界香消玉殒的挽歌，而一旦自然界被破坏，迄今为止人类所创造的文明也必将灰飞烟灭。

众所周知，生物对环境要适应就是生态学中一个重要规律。适应是生物与环境之间的本质联系，和谐就是二者最核心的原则。诚然，环境作为前提条件，常常会给生物的生存与发展构成一定的压力。

现代生态哲学和生态伦理学告诉我们，自然是一个有机的整体，每一种生命（或无机）生物都是生命进化的其他形式。人类作为自然生态系统中唯一的文化物种，要像其他生物也要尊重从动物到植物的一切，从无感觉到有感觉的审美形式一样。

但是，生物通过自己的能力，能够调整自身的生理结构，调整自己的行为，然后积极努力地去应对环境、适应环境，这就是生物自身所表现出来的“生存智慧”。

在黔西北的农村社会中，那些隐于群山围绕中的民居建筑，乍一看，施工方法简单，同现代平等与舒适的大城市环境相比，难以达到那样的高度，但是这些民居建筑却是在现有的技术、材料非常有限的条件下，在乡野农村社会里所仅有的客观资源的基础上，以较低的生态成本逐步满足了人们的基本生存需要，尽可能地促进了人与自然的和谐。不可否认，它们也应该是黔西北各民族在自然生态环境中的一种“生存智慧”。

其二，精神生态环境的意义。众所周知，整个人类社会其实就是一个巨大的文化生态环境，每一个地方各民族的文化，既是这个巨大的文化生态环境的一个环链，同时其自身也构建起了一个与众不同的独立的小文化生态环境。各个民族的文化信息只有在文化生态环境中，通过交流才能达到发展、创新的目的，它们既吸收其他文化来利于自身文化的发展，同时又与各种文化相互作用、相互影响，从而达到某种平衡的状态。“在人与自然的生态系统平衡中，文化多样性对进化的重要性，不亚于生物多样性对进化的重要性。”①

拉德克里夫-布朗，从文化功能主义的立场出发，曾多次指出，单线的文化发展模式，“已经越来越难以解释我们这个世界上人类的知识和文化发展的多样性。许多无可争辩的事实说明，文化的发展不是单线的，作为一个社会历史和环境的结果，每一个社会都发展它自己独特的类型”②。

人类文化生态环境的一个显著特征就是，文化具有多样性与差异性，人们正是凭借这种多样性与差异性来增加对世界的理解与认知。

我们知道，各个地方的民居建筑文化都是独一无二的。如果该地方的民居建筑不复存在，必然会导致其独特的历史、文化知识的消失，一旦类似的现象发生，那将是不可挽回的损失。同时，由于全球社会经济的变化以及文化的融合，世界各地的农村居民建筑极其脆弱，它们面临停滞、衰退和同化的严重问题。

一种民居建筑文化的消亡，预示着一个小的人文生态环境的破坏，而大量农村民居建筑文化的消亡，则将很有可能会导致大的人文生态环境失衡，进而逐渐蔓延到整个人类的人文生态环境。

黔西北民居建筑作为地方文化的物质载体，反映了当地文化和传统的空间观念。这种精神生态是黔西北各民族在赖以生存的地理环境基础之上形成的人文图景，是他们在对自然环境进行适应、改造与加工的过程中构建的相对稳定

---

① 克里斯·亚伯. 建筑与个性——对文化和技术变化的回应［M］. 张磊，司玲，侯正华，译. 北京：中国建筑工业出版社，2003：222.

② 拉德克里夫·布朗. 社会人类学方法［M］. 夏建中，译. 北京：华夏出版社，2002：9.

的文化状态，是人为的生态系统，其间贯穿着黔西北各民族文化的交往规则、行为方式与生存形态。

其三，社会生态环境的意义。现代技术与工业文明在工业革命的进程中，不断地给人类带来了前所未有的力量，同时，维系了几千年的建筑和自然之间的和谐关系也断然被撕裂了。世界各地蔓延的“国际式”建筑无视地域气候与环境，造成了高污染与高能源消耗的建设和使用、区域资源浪费、全球能源和生态危机加剧。随之相伴的是，在工业文明的冲击下乡土民居建筑的多样性也在灾难性地衰退，就像今天世界上的植物和动物一样。

随着大量民居住宅“物种”的消失，人类的一些潜在智慧与经验不可避免地会随之而逝，一些曾经让人叹为观止的美好记忆将会在我们以及后代的生活中不复存在。

在国际建筑协会举办的第20届世界建筑师大会上，吴良镛先生发表了题为《建筑文化与地区建筑学》的报告，他在报告中指出：“发掘文化内涵是繁荣建筑创作的途径之一……每一区域、每一城市都存在着深层次的文化差异，发挥地区文化特点是近代学者关注的课题之一……正是这种各具特色的地区建筑文化共同显现了中国传统建筑文化丰富多彩、风格各异的整体特征。”①

不同地域民居建筑，都在各自漫长的历史实践中，积累了与生物“生存智慧”相适应的地域环境的优秀经验，构建起别具一格的地域建筑模式，形成各种民居建筑“物种”和自然环境相统一、相协调的典范。

对黔西北乡土民居建筑进行解释与分析，去粗取精、去伪存真，是继承与发展黔西北各民族民居建筑文化的重要手段。

因此，需要我们做的，就是要尽一切努力改变一味索取的生活方式，转变人们的文化态度，与此同时，建构一种“主体”与“他者”共生的生态模式，进而达到以诗意地栖居为目标的生态审美观。

黔西北各民族的民居建筑文化，在长期的历史发展过程中形成了独特的习俗与民族情感，延续了几千年，是该地区各民族的集体记忆。这些民居建筑文化，承载着黔西北各民族与众不同的价值体系与宇宙观，是中国多元文化宝库中不可或缺的一个部分。

---

① 吴良镛. 建筑文化与地区建筑学［R］. 北京宪章分题报告，1999：146-150.

四、本章小结

本章首先阐述了生态建筑与民居建筑的生态适应性，指出建筑的生态适应性是自然环境、经济技术环境与社会文化环境共同选择的结果，并推动了民居建筑的螺旋式演化，进而呈循环上升的发展趋势。

其次，从民居建筑演变的生态适应性机制出发，重点对黔西北民居的生态性能进行探讨，从民居建筑对生态环境的响应以及民居协调自身需求等方面分析后得出，由于黔西北地区是典型的喀斯特生态脆弱区，因此其新农村建筑设计，应在气候、环境、经济等方面探讨生态节能形式，并采取相应的生态战略和节能措施，在保留传统特色的同时，促进节能建设，保护生态环境。同时，黔西北各民族是一个适应性极强的民族，其历史总是和国家全局的发展休戚与共，各民族人民总能够积极适应新的形势而为自己赢得一席生存之地。

再次，对黔西北民居建筑的成因进行了分析，提取其蕴含丰富的建设智慧。诚然，由于时代在变化，其中有些具体的做法或者已经不合时宜，但其背后的节能、环保和文化传统的许多优点，是值得当前新农村的建设者们认真研究的，并且应该很好地加以归纳和总结。

最后，强调在推动黔西北民居建筑文化的传承与发展的过程中，应如何在一定的逻辑层次中彰显出生境、生命与民居三者相互联系、相互统一的动态平衡关系。

第七章

结论与讨论

在全球化时代，人类社会的发展正在从区域性向全球性发展转变的进程之中，大家相互联系、相互影响，你中有我、我中有你，彼此之间泾渭分明的界限被打破。人类社会的发展进程，经农业时代、工业时代、电子时代发展到当今的信息时代，这一路径必然导致人类由确定性地域生存方式逐渐向全球性生存方式转变。

人类并不是什么超自然的特殊生物，而仅仅是地壳物质演化的产物。人类的发展过程，实质上就是通过不断地调整自己的适应性，来与不断变化的物质世界保持平衡的过程，人类也是在与物质世界不断地进行新陈代谢的交换中才得以生存。

当下，气候异常、植被锐减、土地沙化、水资源短缺、水质污染和大气污染等各种各样的严重现象频生。人类凭借超凡的能力，可以轻而易举地毁灭所有生物的生存环境，但是，却没有足够的勇气与智谋，为其他生物以及人类自身造就一个适于生存和进化的环境。

每个人都是生态链当中的一环链，人们的生产方式、生活习惯以及消费行为都在各个方面不同程度地影响着地球。人类是自然界生物进化的产物，从诞生之日起，便同自然之间保持着千丝万缕的联系。当然，人和自然的这种联系，并非一成不变，而是随着历史演进，每时每刻都在不停地运动变化着。这种运动变化，既影响着其他生物层的生存与发展，又影响着人类的生存与发展，人类与其他生物的这种关系，在生态链上是一种协同共生的关系。

因此，遵循可持续发展的原则，需要在选择材料、利用资源以及能源效率等各方面做出整体的考虑。正是在此背景之下，生态民居建筑应运而生。

可以说，生态民居建筑是 21 世纪建筑设计发展的方向，生态建筑是根据当地的自然生态环境现状，运用建筑技术科学的基本原理，进而达到建筑和环境之间的有机统一。

当然，由于民居建筑文化的系统性，本书对其的研究也不是孤立的，而是互相关联与互相补充的，具有较强的综合性，涵盖了“生境”“生命”和“民居”三大部分。在这样一个体系下面，每一个环节都预示着一个很大的题目，且都可以大有所为，因而不可能一劳永逸、“毕其功于一役”地解决一切问题。因此，生态学视阈下的民居建筑审美文化研究，不仅需要理论探讨，也需要有对现实的分析；不仅需要回顾历史进程，也需要思考未来。正是基于此，研究方法必将是多元化的，研究思路也当然需要立足于系统论。只有这样，才有可能找到解决当前民居建筑发展的有效途径，也才有可能揭示出民居建筑文化发展的内在规律。

那么，应当如何探究黔西北民居建筑文化观念的生态性，我们从复杂性生态美学角度出发，也许会有一丝启发。复杂性生态美学的角度，即是把观照主体、对象一同纳入一种开放性与涌现性的复杂性生态系统中来加以考量的方法。在此，本书未严格地按照哲学的逻辑框架来介入话题，同时，也试图回避人类中心主义以及自然中心主义倾向，在强调复杂性生命系统以及尊重个体存在的基点上，相信个体生命在生态系统不断涌现出的史实中会更加有所作为。

全球经济一体化导致全球文化的趋同，这在建筑领域的反映就是，建筑的民族性被建筑的“国际性”所取代，地域建筑文化被全球文化所湮没。随着地域意识的觉醒，地域主义成为建筑师们追求的一种风尚。吴良墉先生在《北京宪章》一文中指出：“现代建筑的地区化与乡土建筑的现代化，殊途同归，共同推进世界和地区的进步与丰富多彩。”① 基于此，不同地域的乡土民居建筑是现代地域建筑发展的基础，有利于推动现代主流建筑文化的发展。

乡土民居建筑的形式，同历史与传统相关联，受到经济条件、地理条件与民族性等的影响，其来自乡土社会的自身图像，忠实地呈现了地方文化的独特性。尤其是黔西北地区的乡土民居建筑文化，在它还未遭到较大的破坏之前采取必要的挽救保护措施，在今天具有较大的现实意义。保护乡土民居建筑文化，最关键之处，不在于保留视觉符号，而在于能从更深层次上理解其中蕴含着的超越形式与功能的文化含义，通过表面的形式去追寻内在的精神实质。只有这样，才能在现代化进程中给予乡土民居建筑新的生命力。

黔西北严酷的自然环境，使得人们对神秘难测的自然界充满着畏惧情绪，

① 吴良镛. 国际建协《北京宪章》——建筑学的未来［M］. 北京：清华大学出版社，2002：182.

从而产生了巨大的生存与心理压力。也正是由于这些压力，黔西北各民族形成了“自然崇拜”的观念，这是黔西北各民族民居建筑文化的精神根源，也深刻地影响了黔西北民居建筑的营建与布局。

理解了黔西北各民族的自然观，接下来无论是从安全与领域、宇宙观，还是从民居生态智慧的角度来审视黔西北乡土民居建筑的表象，都可以彰显出黔西北各民族在漫长的历史变迁岁月中努力适应独特环境而慢慢形成的生活方式。无论是聚落群体对于地方神的供奉，还是家庭个体对于民居院墙与院门的守护，都是出于在不安的心理环境中对安全与领域的强烈需求。

黔西北各民族的宇宙观，表现为人们在居住生活中努力顺应神圣的时空秩序，以获取神的认可和保佑。黔西北各民族民居建筑所展示出来的生态智慧，是为了更好地生存，应对特殊气候与匮乏资源的实践经验而得出的总结。

可以看出，基于特殊的自然环境与人文环境而产生的黔西北民居建筑，构建起了一个“神人共居”的空间系统。这个系统，把天（气候）、地（地理）、人（居者）、神（宗教）众多方面的因素有机、和谐地统一起来，是“取材于地，取法于天，是以尊天而亲地也”（《礼记》）的深刻体现。这样的民居建筑是特定生存模式的物质载体，也是黔西北各民族实现“诗意地栖居”的精神家园，在某种程度上舒缓着居住者面对典型喀斯特环境时的生存与心理压力。

我国学者庞朴曾提出“文化结构三层次说”，他主要从物质和心理的角度出发把文化结构分为物质文化层、心理文化层以及理论制度层。“文化结构三层次说”曾在我国文化理论界引起过共鸣。而事实上，在 20 世纪 30 年代，吴文藻先生早就提出过“文化三因子”理论观点，即文化的物质因子、精神因子以及社会因子。基于此，我们可以得到启示，既然文化可以划分为三个维度，并且得到学人们的认同，那么，也可以相应地把民居建筑的审美文化适应性，理解为这三个维度的调适、涵化的过程。

根据这种分类方法，本书从“物质文化”“精神文化”以及“社会制度文化”三个方面，对黔西北各民族民居建筑的文化适应进行分析。概而言之，物质文化反映人类同自然等外部环境的关系，精神文化则反映了人与自我的关系，而社会制度维度体现了人与人之间的关系。当然，需要着重指出的是，我们所论述的文化适应的这三个维度，并不是截然分开的，而是“三位一体”的关系，你中有我，我中有你，是一个螺旋上升的拓扑关系。

我们将黔西北各民族民居建筑文化的研究，分为三个构成层次——人的生物生命的满足、精神生命的实现和社会生命的记忆。人们的建筑活动展示了人类价值观的选择性结果。当生活在相同或相似的栖息地时，不同的民族可能会有不同的民居建筑模式，这从根源上可说，是不同的文化价值观在起作用。鉴于此，本书力求探析黔西北各民族民居形态中内蕴着的文化逻辑的根源。

在民居建筑审美文化生态适应性上，我们把它具体划分为三个层面：

第一个层面和人们的生活需要、物质功能密切关联，主要体现为生活实用性，主要是由民居建筑中的人类生活与实用功能相互激发进而促成的，这一层面体现为“安全感”。

这个层面以自然生态性存在为基础。人们为了满足生存与发展的需要，运用生产力改造自然，进行发明创造，从而具有了改造自然的能力。这体现在建筑领域，就需要对客观现实如材料获取的难易程度、气候条件等方面采取不同的物质技术手段。这种技术手段作为一种生存应对，具有一定的灵活性与应变机制。

第二个层面主要体现为民居建筑的“舒适感”，如果说在第一层面中，主要还是物质性特征与功能性需求在起主导作用的话，那么“舒适感”则更多地凸显了民居建筑的精神性特点，这一特点是人们对居住环境的情感需求。

这个层面以精神生态性存在为导向。精神性的东西必然包含着意识形态部分，它是特定的自然与社会条件长期积累的民族心理。我们知道，不同的族群，由于文化背景与思维方法的不一致性，使得他们的文化异彩纷呈。因此可以说，黔西北民居建筑形态，自有其特有的文化逻辑，它把各民族世代相传的生存方式，通过民居建筑这一形式进行了具体展示。这些精神性文化元素，植根于黔西北各民族的意识深处，在对整体环境的某种协调与融合之中，其作为一种内在力量，左右着黔西北各民族民居建筑的构型模式。

第三个层面上升为民居建筑的社会历史记忆。这种记忆，是建筑的格调与责任，也是一个社会总的生活水平、生活模式以及生活情趣的写照。由于建筑活动表现出人类共有的强大生命力，在几千年的历史发展进程中，人类哪怕受地域环境、人文因素、社会条件等不同因素的影响，依然孜孜以求，从不感到疲倦。

这个层面以社会生态性存在为旨归。建筑本身就是一种文化，一种人类文化符号，它与物质性因素、精神性因素相较而言，所代表的寓意相对深远，以达到陶冶与震撼人的心灵来达到某种历史记忆的效果，可以说，是五千年文明进程中所遵从的“三不朽”的某些方面的缩影。

当然，人类的生存，应该是整体性的生存。自然生态是人的生物生命得以存在的首要前提。人们通过民居，无外乎是为生命生存找到一个防卫的居所；在精神生态中，人类的生物生命向外拓展，他们想在博大的精神时空中，带着些许生命的愉悦与欢乐，凭借民居，构筑一道心理上的屏障；在社会生态中，人们在努力找寻生命活着的意义，采用的方式有多种，而建造民居，仅是其中甚为细小的一种。但无论如何，它还是把人的社会生命铭刻其间，权且作为生命不朽的某种社会记忆。

本书缘于写作的需要，把它们分而述之。事实上，我们知道，无论是自然生态、精神生态与社会生态，还是人的生物生命、精神生命与社会生命，它们都是一个有机的统一体，并没有高下尊卑之别。它们都在人类的整个发展过程中，不断地进行一次次的冲刺，在螺旋上升的过程中，一次次地完成生态、生命与民居回旋的逻辑圆圈。因而，我们可以说：在生境、生命与民居所建构的动态平衡关系中，民居建筑是人的三重生命在不同层次上的满足与实现。

后续研究的展望：人们的居住意识、居住行为以及审美观念的演变，从一定的程度上而言，可以从民居建筑的发展演变之中凸显出来。房屋住居，满足了人们的安全庇护以及最起码的生活需求，随着在这一层次的满足，人们才有可能进一步去追寻精神性、社会性更高层次的东西。各民族在居住意识与行为等各方面的表现，都是对自然环境与社会环境双重制约的反应，自然、社会和人三大因素的调和与参与，也制约着民居建筑的发展演变，最后达到民居建筑、人以及自然的和谐，即人的生活与生命达到和谐。这也是民居建筑变动与革新的动力。

从对黔西北民居建筑现有的研究与调查中，我们看到，黔西北各民族在他们的历史生活中没有出现过较多类型的建筑，主要能够代表他们建筑主体的类型就是朴实无华的民居建筑，因此，对于黔西北民居建筑文化的研究而言，对民居建筑的考察与分析应当成为研究主体。本书在对民居建筑单体做出分析后，进一步分析了由其客观实体所反映的民族文化主体。基于此，为黔西北民族文化的理解和挖掘作出补充式的实证，这同时也是用建筑及建筑文化为民族文化的挖掘作补充性实证的一次尝试，这是因为：

首先，需要在更大的地域范围对黔西北传统民居建筑文化进行研究。黔西北地区村落的乡土民居建筑文化在“小传统”上存在或多或少的差异，受许多因素影响，本书难以对黔西北地域广阔的传统民居进行多方位的文化解读，而是仅从民族文化的“大传统”上整体把握，同时对黔西北地区个别村落的聚落文化与民居建筑营建的“小传统”有所兼顾。需要进行更广泛的实地考察，对更大范围内民居建筑的“小传统”进一步开展研究，这将是以后的研究必须拓展的重要内容。

其次，20世纪80年代以来，黔西北在现代化大潮的冲击下城市化建设明显加速，只是其深度与广度与其他地区有所不同而已。虽然传统文化的力量依然强大，但如今黔西北地区的政治、经济、文化环境和乡土社会的原有格局已今非昔比，较为封闭的文化环境被打破。在人们追求更高的舒适性以及更大经济利益的过程中，由于外来文化的影响，人们的审美观与价值观已无声无息地发生了变化。人口的快速增长与过度集中带来的环境压力更显紧迫，生态系统异常脆弱……随之而至的是，黔西北传统民居建筑中原有的自然、人与社会的平衡关系也必然会发生变化。作为一种复杂的社会现象，城市化对黔西北乡土社会以及民居建筑的冲击将是个长期而艰巨的课题。由于我自身能力有限，所以将研究的侧重点放在解读黔西北民居建筑某些关键问题的文化逻辑之上，而将在城市化与现代化进程中，该文化逻辑将会如何发展的问题，作为未尽的工作留待进一步的探究。

再次，向往现代化的生活，传承与更新传统的文化，这既体现了黔西北各族人民的根本利益与愿望，同时也符合人类社会不断向前发展的规律。城市化、城市文明、城市生活方式与价值观念向乡村地区的渗透与扩散，使黔西北各民族的传统生活方式在现代文明的影响下，正在悄无声息地发生改变，人们对生活的舒适性要求随之不断提高。同时，为避免有割断历史之嫌，民居建筑空间上的更新应当是自然演化的过程，在演化的过程中对外来文化进行选择性的重构，在尊重地域文化与民族宗教信仰的同时，需要消化与融合到现代文明的历史潮流之中。

最后，结合现代建筑材料与建造方法，更新黔西北民居建筑的构造方法。新型建筑材料进入该区域，给民居建造带来了一定的便利，如普遍使用钢筋混凝土、玻璃等现代建筑材料，使得大面积开窗成为轻而易举之事。建筑过程中使用混凝土预制板，那种传统屋面繁复琐屑的施工过程得以简化。大量使用现代防水材料，使得使用秸草、泥瓦等材料屋面容易漏水、耐久性差等问题得到有效的解决。但是，在材料更新过程中，传统民居原有的良好的环境适应性可能遭到破坏，譬如，由于有些屋面使用预制板而不做保温层，从而导致了室内舒适性较差，甚而冬冷夏热。关键之处在于，传统民居建筑的优势如何在现代材料的使用过程中体现，二者能有机地结合起来彰显出生态的适应性，这应该是值得进一步深入探讨的内容。

由于笔者自身理论水平有限，深刻体会到本书在挖掘民居建筑生态适应性方面所做的工作还有许多不足，需要进一步加以研究与探索：

一是生态民居建筑的形成与发展，是和各种因素以及生态性休戚关联的，这两种特质之间相互影响、相互融合的机理也是一个需要重点探讨的问题；

二是由于经费不足、时间紧迫和能力有限，再加上研究面的宽度比较大，调研点数量较少，分布不均，从而使得研究的基础非常薄弱，难以避免会使研究成果会有失偏颇。

三是研究时所涉及的学科比较少，仅从生态学、文化学和民俗学等角度进行了思考，学科领域比较狭窄，再加上对各学科的运用较为孤立，各学科之间交叉运用不够充分。

四是所得的启示较为宏观，还不够细化，因而使得实施性不强，需要在以后的研究中进一步加强。

本书是我试图从民居建筑审美文化生态适应性研究的视点出发，对常见的民居村落进行调查与观察时所得出的思考，是对黔西北民居进行多次调查与分析的个人化理解，但我仍然想在这里强调：这种理解不一定接近真理或具有普遍价值。可是，之所以仍然希望将其展示给各位，是因为个人的偏见究竟离真实差距多远，或许只有旁观者更加明晰。本书的写作将要结束，愈发察觉到自身能力实在有限，早期的许多构想以及想要达成的目标远远不尽如人意，方才深知求学求知的艰辛。在参考、梳理、归纳总结他人论著的过程中，深感成书立论是多么的不易。

论著中有许多偏颇和疏漏之处，诚挚地恳请各位专家、老师多加批评、指正、关心与帮助，我也将以此为起点，在这一领域中进行更加深入的研究和思考。

参考文献

中文专著

[1] 贵州省民族研究所. 明实录·贵州资料辑录 [M]. 贵阳：贵州人民出版社，1983.

[2] 刘敦桢. 中国古代建筑史 [M]. 北京：中国建筑工业出版社，1984.

[3] 费孝通. 乡土中国 [M]. 北京：三联书店，1985.

[4] 荆其敏. 中国传统民居百题 [M]. 天津：天津科学技术出版社，1985.

[5] 贵州省地方志编纂委员会. 贵州省志·地理志 [M]. 贵阳：贵州人民出版社，1988.

[6] 吴良镛. 广义建筑学 [M]. 北京：清华大学出版社，1989.

[7] 刘致平. 中国居住建筑简史 [M]. 北京：中国建筑工业出版社，1990.

[8] 汪正章. 建筑美学 [M]. 北京：东方出版社，1991.

[9] 王其亨. 风水理论与研究 [M]. 天津：天津大学出版社，1992.

[10] 罗德启. 老房子——贵州民居 [M]. 南京：江苏美术出版社. 1994.

[11] 大方县地方志编纂委员会. 大方县志 [M]. 北京：方志出版社，1996.

[12] 威宁彝族回族苗族自治县民族事务委员会. 威宁彝族回族苗族自治县民族志 [M]. 贵阳：贵州民族出版社，1997.

[13] 韩增禄，何重义. 建筑·文化·人生 [M]. 北京：北京大学出版社，1997.

[14] 徐祖华. 建筑美学原理及应用 [M]. 南宁：广西科技出版社，1997.

[15] 毕节地区地方志编纂委员会. 大定府志 [M]. 北京：中华书局，2000.

[16] 赫章县地方志编纂委员会. 赫章县志 [M]. 贵阳：贵州人民出版社，2000.

[17] 王振复. 中国建筑的文化历程 [M]. 上海：上海人民出版社，2000.

[18] 国家民委民族问题研究中心. 中国民族 [M]. 北京：中央民族大学出版社，2001.

[19] 吴良镛. 人居环境导论 [M]. 北京：中国建筑工业出版社，2001.

[20] 王振复. 大地上的宇宙——中国建筑文化理念 [M]. 上海：复旦大学出版社，2001.

[21] 万书元. 当代西方建筑美学 [M]. 南京：东南大学出版社，2001.

[22] 贵州省地方志编纂委员会. 贵州省志·民族志 [M]. 贵阳：贵州民族出版社，2002.

[23] 李秋香. 中国村居 [M]. 天津：百花文艺出版社，2002.

[24] 齐康. 中国古代建筑史纲 [M]. 武汉：湖北教育出版社，2002.

[25] 王鲁民. 中国建筑史纲 [M]. 武汉：湖北教育出版社，2002

[26] 陆元鼎. 中国民居建筑 [M]. 广州：华南理工大学出版社，2003.

[27] 吴良镛. 建筑·城市·人居环境 [M]. 石家庄：河北教育出版社，2003.

[28] 李明华. 人在原野：当代生态文明观 [M]. 广州：广东人民出版社，2003.

[29] 毕节地区地方志编委会. 毕节地区志 [M]. 贵阳：贵州人民出版社，2004.

[30] 封孝伦. 人类生命系统中的美学 [M]. 合肥：安徽教育出版社，2004.

[31] 孙大章. 中国民居研究 [M]. 北京：中国建筑工业出版社，2004.

[32] 单德启. 从传统民居到地区建筑 [M]. 北京：中国建材工业出版社，2004.

[33] 刘敦桢. 中国住宅概说 [M]. 天津：百花文艺出版社，2004.

[34] 熊明. 建筑美学纲要 [M]. 北京：清华大学出版社，2004.

[35] 高中华. 环境问题抉择论——生态文明时代的理性思考 [M]. 北京：社会科学文献出版社，2004.

[36] 刘湘溶. 人与自然的道德话语：环境伦理学的进展与反思 [M]. 长沙：湖南师范大学出版社，2004.

[37] 潘谷西. 中国建筑史 [M]. 北京：中国建筑工业出版社，2004.

[38] 楼庆西. 中国古建筑二十讲 [M]. 北京：生活·读书·新知三联书店，2004.

［39］刘锋，龙耀宏. 贵州黎平县九龙村调查［M］. 昆明：云南大学出版社，2004.

［40］贵州省毕节地区地方志编纂委员会. 毕节地区志·土地志［M］. 贵阳：贵州人民出版社，2005.

［41］梁思成. 中国建筑史［M］. 天津：百花文艺出版社，2005.

［42］褚瑞基. 建筑历程［M］. 天津：百花文艺出版社，2005.

［43］熊康宁. 喀斯特文化与生态建筑艺术［M］. 贵阳：贵州人民出版社，2005.

［44］梁思成. 中国建筑艺术二十讲［M］. 北京：线装书局，2006.

［45］汉宝德. 中国建筑文化讲座［M］. 北京：生活·读书·新知三联书店，2006.

［46］黄丹麾. 生态建筑［M］. 济南：山东美术出版社，2006.

［47］罗哲文，王振复. 中国建筑文化大观［M］. 北京：北京大学出版社，2007.

［48］左满堂，白宪臣. 河南民居［M］. 北京：中国建筑工业出版社，2007.

［49］罗哲文，王振复，王其均. 中国古建筑语言［M］. 北京：机械工业出版社，2007.

［50］罗德启. 贵州民居［M］. 北京：中国建筑工业出版社，2008.

［51］尹国均. 西方建筑的7种图谱［M］. 重庆：西南大学出版社，2008.

［52］彭一刚. 建筑空间组合论［M］. 北京：中国建筑工业出版社，2008.

［53］赵宪章，王雄. 西方形式美学［M］. 南京：南京大学出版社，2008.

［54］冉茂宇，刘煜. 生态建筑［M］. 武汉：华中科技大学出版社，2008.

［55］刘先觉. 生态建筑学［M］. 北京：中国建筑工业出版社，2009.

［56］王昀. 传统聚落结构中的空间概念［M］. 北京：中国建筑工业出版社，2009.

［57］楼庆西. 中国古代建筑［M］. 北京：中国国际广播出版社，2009.

［58］吴大华，杨昌儒. 生态环境民族文化与专论［M］. 贵阳：贵州民族出版社，2009.

［59］吴洪. 生态建筑入门［M］. 南京：东南大学出版社，2010.

［60］钱正坤. 中国建筑艺术史［M］. 长沙：湖南大学出版社，2010.

［61］诸山. 生态学视阈下的城市文化［M］. 南昌：江西人民出版社，2010.

[62] 杨庭硕，田红. 本土生态知识引论 [M]. 北京：民族出版社，2010.

[63] 曾坚，蔡良娃. 建筑美学 [M]. 北京：中国建筑工业出版社，2010.

[64] 贾卫列，刘宗超. 生态文明观：理念与转折 [M]. 厦门：厦门大学出版社，2010.

[65] 李平凡，颜勇. 贵州世居民族迁徙史 [M]. 贵阳：贵州人民出版社，2011.

[66] 王耘. 江南古代都会建筑与生态美学 [M]. 北京：社会科学文献出版社，2012.

[67] 王辉. 建筑美学的形与意 [M]. 北京：中国建筑工业出版社，2012.

[68] 石开忠. 侗族鼓楼文化研究 [M]. 北京：民族出版社，2012.

[69] 汤里平. 中国建筑审美的变迁 [M]. 上海：同济大学出版社，2012.

[70] 胡兆量. 地理环境与建筑 [M]. 北京：高等教育出版社，2012.

[71] 季翔. 建筑的表皮语言 [M]. 北京：中国建筑工业出版社，2012.

[72] 宣裕方，王旭烽. 生态文化概论 [M]. 南昌：江西人民出版社，2012.

[73] 夏云. 生态可持续建筑 [M]. 北京：中国建筑工业出版社，2013.

[74] 赵永东，闫成德. 房屋建筑学 [M]. 北京：国防工业出版社，2013.

[75] 封孝伦. 美学之思 [M]. 贵阳：贵州人民出版社，2014.

[76] 崔明昆. 民族生态学理论方法与个案研究 [M]. 北京：知识产权出版社，2014.

[77] 李耀辉，董建辉，冯旭. 建筑文化概论 [M]. 西安：西北大学出版社，2015.

[78] 奥斯瓦尔德·斯宾格勒. 西方的没落 [M]. 齐世荣，田农，译. 北京：商务印书馆，1963.

[79] 马林诺夫斯基. 多维视野中的文化理论 [M]. 庄锡昌，顾晓鸣，顾云深，译. 杭州：浙江人民出版社，1987.

[80] 怀特. 文化科学 [M]. 曹锦清，译. 杭州：浙江人民出版社，1988.

[81] 朱利安·斯图尔德. 文化变迁的理论 [M]. 张恭启，译. 台北：远流出版事业股份有限公司，1989.

[82] 克里斯蒂安·诺伯格-舒尔兹. 存在·空间·建筑 [M]. 尹培桐，译. 北京：中国建筑工业出版社，1990.

[83] 狄特富尔特·瓦尔特. 人与自然 [M]. 周美琪，译. 北京：生活·读

书·新知三联书店，1993.

[84] 摩尔根. 古代社会 [M]. 杨东纯，马雍，马巨，译. 北京：商务印书馆，1997.

[85] 米歇尔·福柯. 知识考古学 [M]. 谢强，马月，译. 上海：三联书店，1998.

[86] 伽达默尔. 真理与方法 [M]. 洪汉鼎，译. 上海：上海译文出版社，1999.

[87] 克利福德·格尔兹. 文化的解释 [M]. 韩莉，译. 上海：上海人民出版社，1999.

[88] 卡斯腾·哈里斯. 建筑的伦理功能 [M]. 申嘉，陈朝晖，译. 北京：华夏出版社，2001.

[89] 帕高·阿森西奥. 生态建筑 [M]. 侯正华，宋晔皓，译. 南京：江苏科学技术出版社，2001.

[90] 拉德克里夫-布朗. 社会人类学方法 [M]. 夏建中，译. 北京：华夏出版社，2002

[91] 阿摩斯·拉普卜特. 建成环境的意义 [M]. 黄谷兰，译. 北京：中国建筑工业出版社，2003.

[92] 克里斯·亚伯. 建筑与个性——对文化和技术变化的回应 [M]. 张磊，司玲，侯正华，译. 北京：中国建筑工业出版社，2003.

[93] 克里斯蒂安·诺伯特-舒尔茨. 西方建筑的意义 [M]. 李路珂，欧阳恬之，译. 北京：中国建筑工业出版社，2005.

[94] 德内拉·梅多斯，乔根·兰德斯，丹尼斯·梅多斯. 增长的极限 [M]. 李涛，王智勇，译. 北京：机械工业出版社，2006.

[95] 约翰·罗斯金. 建筑的七盏明灯 [M]. 谷意，译. 济南：山东画报出版社，2006.

[96] 斯蒂芬·加得纳. 人类的居所：房屋的起源和演变 [M]. 于培文，译. 北京：北京大学出版社，2006.

[97] 阿摩斯·拉普卜特. 宅形与文化 [M]. 常青，徐菁，李颖春，等译. 北京：中国建筑工业出版社，2007.

[98] 迪耶·萨迪奇. 权力与建筑 [M]. 王晓刚，张秀芳，译. 重庆：重庆出版社，2007.

[99] 勒·柯布西耶. 现代建筑年鉴 [M]. 治棋，译. 北京：中国建筑工业

出版社，2011.

［100］理查德·桑内特. 肉体与石头——西方文明中的身体与城市［M］. 黄煜文，译. 上海：上海译文出版社，2011.

［101］彼得·F. 史密斯. 美观的动力学——建筑与审美［M］. 邢晓春，译. 北京：中国建筑工业出版社，2012.

［102］勒·柯布西耶. 走向新建筑［M］. 陈志华，译. 北京：商务印书馆 2016.

英文期刊专著

［103］HOLMES ROLSTON. Environmental Ethics［M］. Philadelphia：Temple University Press，1988.

［104］BERKES F，FOLKE C，GADGIL M. Traditional Ecological Knowledge，Biodiversity，Resilience and Sustainability［M］. Berkeley：Springer Netherlands，1995.

［105］MATIN W L. The Myth of Continents：A Critique of Metageography［M］. Berkeley：University of California Press，1997.

［106］WOLF，ERIC R. Europe and the People Without History［M］. Berkeley：University of California Press，2005.

［107］JAMES C S. The Art of Not Being Governed：an Anarchist History of Upland Southeast Asia［M］. New Haven：Yale University Press，2009.

［108］HOLMES ROLSTON. A New Environmental Ethics：the Next Millennium for Life on Earth［M］. London：Routledge，2012.

［109］LEACH，EDMUND RONALD. Political Systems of Highland Burma：a Study of Kachin Social Structure［J］. Journal of Asian Studies，1954，14（2）：284-285.

［110］BARTH，FREDRIK. Ecologic Relationships of Ethnic Groups in Swat，North Pakistan［J］. American Anthropologist，1956，58（6）：1079-1089.

［111］MOERMAN，MICHAEL. Ethnic Identification in a Complex Civilization：Who are the Lue?［J］. American Anthropologist，1965（5）：1215-1230.

［112］RIEGL A. The Modern Cult of Monuments：Its Character and Its Origin［J］. Oppositions，1982（25）：20-51.

［113］FORSTER K W. Monument，Memory and the Mortality of Architecture（Editor's Introduction）［J］. Oppositions，1982（25）：2-19.

[114] RINGBOM S. Vernacular Archicture and Cultural Identity [M] //RINGBOM S, SARMELA M, GSCHWEND M, et al. Vernacular Architecture. Helsinki: Finnish National Commission for Unesco, 1984: 7-8.

[115] KELLY J G. Context and Process: an Ecological View of the Interdependence of Practice and Research [J]. American Journal of Community Psychology, 1986, 14 (6): 581-589.

[116] LANE B. What is Rural Tourism [J]. Journal of Sustainable tourist 1994, 2 (1): 7-21.

[117] KURUPPU I. Managing Change in Urban Heritage: Some Conceptual Remarks for a Broader Approach [J]. Ancient Ceylon, 1996 (18): 167-171.

[118] DAVID B W. Magnitude of Ecotourism in Costa Rica and Kenya [J]. Annals of Tourism Research, 1999, 26 (4): 792-816.

[119] GRIFFEY R Z. All Cultural Tourism in Rural Communities: The Residents Perspective [J]. Annals of Tourism Research, 1999, 2 (4): 1999-2009.

[120] VANESSA SLINGER. Ecotourism in the Last Indigenous Caribbean Com-munity [J]. Annals of Tourism Research, 2000, 27 (2): 520-523.

[121] SERAGELDIN M. Preserving the Historic Urban Fabric in a Context of Fast-paced Change [M] //RAMI E A, MASON R, DE LA TO RRE M. Values and Heritage Conservation. Los Angeles: The Getty Conservation Institute, 2000: 51-58.

[122] GURKAN S K. Environmental Taxation and Economic Effects: A Computable General Equilibrium Analysis for Turkey [J]. Journal of Policy Modeling, 2003 (8): 795-810.

[123] WHITEHILL W M. The Rights of Cities to Be Beautiful [M] //SMITH L. Cultural Heritage: Critical Concepts in Media and Cultural Studies. London: Routledge, 2007: 160-179.

[124] BOWDLER S. Repainting Australian Rock Art [M] //SMITH L. Cultural Heritage: Critical Concepts in Media and Cultural Studies. London: Routledge, 2007: 40-49.

[125] SULLIVAN S. Cultural Values and Cultural Imperialism [M] //SMITH L. Cultural Heritage: Critical Concepts in Media and Cultural Studies. London: Routledge, 2007: 160-171.

[126] SMITH L, MORGAN A, VAN DER MEER A. Community-driven Re-

search in Cultural Heritage Management: the Waanyi Women's History Project [M] //SMITH L. Cultural Heritage: Critical Concepts in Media and Cultural Studies. London: Routledge, 2007: 218-234.

[127] TUNBRIDGE J E, ASHWORTH G J. Dissonance and the Uses of Heritage [M] //SMITH L. Cultural Heritage: Critical Concepts in Media and Cultural Studies. London: Routledge, 2007: 206-248.

[128] PEARSON M, SULLIVAN S. Looking After the Past: an Introduction to the Management of Heritage Places [J] //SMITH L. Cultural Heritage: Critical Concepts in Media and Cultural Studies. London: Routledge, 2007: 193-223.

[129] TUNNARD C. Landmarks of Beauty and History [M] //SMITH L. Cultural Heritage: Critical Concepts in Media and Cultural Studies. London: Routledge, 2007: 180-189.

[130] BYRNE D. Western Hegemony in Archaeological Heritage Management [M] //SMITH L. Cultural Heritage: Critical Concepts in Media and Cultural Studies. London: Routledge, 2007: 152-159.

[131] JOKILEHTO J. The Idea of Conservation: an Overview [M] //LIPP M S F W, TOMASZEWSKI A. Conservation and Preservation - Interactions between Theory and Practice. In Memoriam Alois Riegl. Firenze: Edizioni Polistampa, 2010: 21-36.

图表说明

第四章　黔西北民居建筑中人的精神生命实现的诗意栖居

第五章　黔西北民居建筑中人的社会生命记忆的实现路径

第六章　生态适应性：黔西北民居建筑文化的传承与发展

后　记

书稿临近停笔之际，我一时间思绪纷飞、感慨万千。回想种种调查与写作过程中的往事，既有完成任务之后的如释重负，又有一丝留恋与不舍，那些在田野中与书案前的日日夜夜如今终于通过这本书呈现在世人面前。

本书是在我的博士论文基础上完成的。其间的撰写过程，不仅仅是一次集中高效的知识梳理和积累，更是一种治学态度的养成和治学方法的领悟，一种生命意义的升腾与超越。面对这份论稿，期许作些浅陋的文字，聊以纪念。

（一）

我出生在黔西北边远农村的一个小山村，那里生活着我祖祖辈辈日出而作、日落而息的父老乡亲。父母是目不识丁、朴素得无以复加的农民。在梦里依稀的记忆里，在家乡的日子，是一段平凡而又痛楚的历程。

常常忆起一家人围坐在土墙屋的角落里咀嚼着苦荞洋芋的四季：有春日光着脚丫穿梭在山梁上放牛、打柴割草的幼小身影；有在盛夏夜晚皎洁的月光下于村头小溪的泥塘里摸鱼虾嬉戏的喧闹声；有在秋日的庄稼地里跟着父母收获的匆忙场景；也有在冬日的寒风中跟随父亲进出低矮煤窑挖煤的黢黑的身影。

常常梦回坐在大木瓦房的屋檐下倾听爷爷讲述他所经历过的几多陈年旧事：有大方坡脚汪家和猫场李家打火线的常年械斗往事；有爷爷被国民党抓壮丁最后想方设法逃脱的惨烈经历以及由于他的这个“污点”而后殃及子女不能入学求取功名的人生遗憾；也有谈及银氏一族在当地发家致富以及最后衰落的历史。

常常铭记坐在父亲花费了一生心血筑就的田字形砖混结构的平房前看见的几多人情冷暖：有奶奶病逝后全家穷得揭不开锅而邻里相赠油盐柴米的温馨；

有因棉布赊销手拿白条企图逼债而中饱私囊的乡邻恶差；有因鸡毛蒜皮等事而怒砸父亲垒砌的牛圈的族人；也有因子女考取大学而邻人村头相送的场景。

……

（二）

别人的故乡在家乡，我的故乡在路上。

蹚过了小小年纪就要起早摸黑地远到村子几千米之外的地方求学的艰难岁月，在小学高年级时有幸到在县城谋生的大伯父家寄学，同时也在大伯父家那雨天漏雨冬天漏风的小小破屋里感受着人世间的世态炎凉。有幸在大伯父的严厉管教和谆谆教诲之下，我们弟兄几人寒窗苦读，我也在初中毕业后就考取了中等师范学校（兄弟们之后也纷纷考取了不同的大学），在师范学校学习的三年，幸遇班主任唐兴明老师，是他把我引向文学的华丽殿堂，使我在青春的时光里对文学热爱有加，每每作文，唐老师都会在班上诵读。

从中等师范学校毕业后，我分配到离县城十多千米远的沙包小镇上教书，工作两年后，我真正远离故土，第一次到远山之外的省城再度求学，这使我在不断求知的小路上摸索爬行、走向深远。

（三）

在我成长的每一个关键时刻，都能得到贵人相助，这是我今生的幸运。心怀感恩之心，我必须向他们致以最诚挚的谢意。

首先，感谢我的导师封孝伦先生。自 2007 年（当时我是先生门下的硕士研究生）起拜门求学，先生不嫌我愚陋，不弃我懒散，时刻给予教诲和敦促。在研究生学习生涯中，无论是在德行操守还是在学业素养的诸多方面都得到先生的指点与点拨，生活中也常常得到先生一家无微不至的悉心关照。我也常会犯错，先生有别于父母亲教子般的耳提面命，而是于谆谆教诲中对我启迪以道理，使我受益匪浅。从先生身上，我感受到了一种榜样力量以及润物于无声的智慧。先生虽政务缠身，然而对我求学期间的论文选题至定稿，数度斟酌，倾注大量心血，提出了诸多宝贵意见，给予了我智慧和启迪；同时，先生知识渊博、治学严谨，对待工作兢兢业业，同样使我受益匪浅；而其无私奉献、豁达乐观以及宽厚胸怀，亦让我视为楷模！恩师育我如斯，学生铭记于心。先生的教诲，是我一生中最宝贵的精神财富。

刘锋教授，虽非我导师，实将我视为教外别传之弟子，我常和先生等人在夕阳下于校园的林荫小路上漫步交谈，探讨人类生命的本真意义。

刘济明教授，既为我传道授业解惑，又以其一贯秉承的学术良知以及对后生的无私关爱，引领着我在求学的艰难道路上慢慢前行。

纳日碧力戈教授，以其开阔的人类学视界，启迪着我进入人类学前沿的大门；何跃军教授、谢双喜教授，感谢他们用生态学的知识丰富着我的世界。而石开忠教授、唐坤雄教授等，为我论文的写作中给予的点拨，让我茅塞顿开。

诸师学极浩博、慷慨真挚，于我有指导敦促、传道解惑、无私帮助之恩，言谢甚轻！

感谢贵州师范学院文学与传媒学院原院长吴俊先生，没有吴老师的启迪和帮助，我难以走上今天对美学、生态民族学的追求之路。

感谢纳雍县委宣传部的领导和朋友们，在我进行田野调研时，他们给予了我太多的关心与支持，同时也感谢田野点上为我提供无偿帮助的父老乡亲们。

感谢所有曾经教诲过我的师长，关心过我的朋友、同学，丰满的人生总是充盈着你与我。尤其是同门师姐杨未，从领导、老师以及大姐姐般的不同角度给予我无微不至的关怀。

在此书的出版过程中，我要感谢贵州师范学院文学与传媒学院杨波院长等领导和同事们的关心。同时，光明日报出版社编辑老师们的认真与负责也使我心生敬意！

太多的感谢一时难以言表：有求学期间结识的众多良师益友，有在工作期间仗义执言和无私帮助的领导同事，有在人生道路上含辛茹苦不计报酬的家人和无言相助的亲朋好友。

自古以来，师德师恩都是重要的文明力量，是珍贵的人间情感。封孝伦先生、吴俊先生，是我工作、学习与生活中的恩师，二位先生在百忙之中为本书作序，使本书增色不少，借本书出版之际，再次向二老致以诚挚的敬意！

未来的路还很长，求知的心依旧迫切，我将带着这份感怀与念叨，背起思想的行囊，不忘初心、砥砺前行……

（四）

白驹过隙，逝者如斯。一转眼，人生最美妙的青春年华，已然遁逝。人活着的意义，不只为了躯体的存在而活着，而是应该有价值、有诗意地活着。

然则时至今日，学术研究的范式早已跨越仅仅将各自单一理论强加于他人之上的年代，太多的成果，必定只有建立在前人的研究基础之上方能推陈出新、循序渐进。正是基于此，众多专家、学者的研究理论，指引着我向前探究的方向，使我得以徜徉于民居建筑的唯美世界。假若本文尚得以管窥一二，这也必与前人研究理论密不可分。

这，仅是一个逻辑循环的开始。在未来人生奋进之道路上，既然选择远方，我将会以更从容的心态和更饱满的热情，风雨兼程。

文字上因为成稿之中有种种工作上的干扰尚还有许多值得提升和推敲的地方，但我的整个关于生境、生命与民居的思考的核心都在这里了。虽然基本思路和框架已经成型，但思考与探索仍在继续。

同时，由于自身水平能力有限，再加之建筑领域蕴含的知识如汪洋大海，故而自己的探索仅仅为沧海一粟。论文中存在着的疏漏以及谬误，恳请老师们批评指正。

我始终坚信：生命不息，追求永无停止！

2021 年 9 月 25 日于贵阳